城市既有建筑改造类
社区养老服务设施
设计图解

程晓青　尹思谨　李佳楠　左　杰——著

清华大学出版社
北　京

图书在版编目（CIP）数据

城市既有建筑改造类社区养老服务设施设计图解 / 程晓青等著. — 北京：清华大学出版社，2021.7
ISBN 978-7-302-56673-1

Ⅰ. ①城… Ⅱ. ①程… Ⅲ. ①建筑物-改造-建筑设计-中国-图解 ②养老-社区服务-研究-中国
Ⅳ. ①TU746.3-64 ②D669.6

中国版本图书馆CIP数据核字（2020）第203629号

责任编辑：张占奎
封面设计：陈国熙
责任校对：刘玉霞
责任印制：杨　艳

出版发行：清华大学出版社
网　　址：http://www.tup.com.cn, http://www.wqbook.com
地　　址：北京清华大学学研大厦A座　　邮　　编：100084
社 总 机：010-62770175　　邮　　购：010-62786544
投稿与读者服务：010-62776969, c-service@tup.tsinghua.edu.cn
质量反馈：010-62772015, zhiliang@tup.tsinghua.edu.cn
印 装 者：三河市铭诚印务有限公司
经　　销：全国新华书店
开　　本：210mm × 285mm　　印　　张：15.25　　字　　数：361千字
版　　次：2021年8月第1版　　印　　次：2021年8月第1次印刷
定　　价：88.00元

产品编号：085079-01

前言

社区养老服务设施指位于社区中为居家老年人提供以日间生活照料为主、兼顾托养入住服务的建筑（含场地），是解决我国大多数老年人在原有生活环境中“居家养老”的重要配套设施。目前，城市中的此类设施大多为既有建筑改造类社区养老服务设施，即利用原有用房进行功能转换或空间品质提升，其建筑环境往往受到原有用房的制约，而现行标准对改造类项目的关注尚有不足，亟待有针对性的改造设计技术指导。

为了解决上述问题，由清华大学牵头，联合相关单位成立研究小组，依据国发〔2017〕13号文《“十三五”国家老龄事业发展和养老体系建设规划》、国办发〔2019〕5号文《国务院办公厅关于推进养老服务发展的意见》和《老年人照料设施建筑设计标准》（JGJ 450—2018）等有关规定，研究编制了《城市既有建筑改造类社区养老服务设施设计导则》（T/LXLY 0005—2020）（简称《导则》），2020年11月由中国老年学和老年医学学会发布，并配套出版《城市既有建筑改造类社区养老服务设施设计图解》（简称《图解》）。

《图解》和《导则》基于对全国范围内既有建筑改造类社区养老服务设施的调研成果进行编制，研究小组在调研过程中全面收集了相关设施信息与数据，以符合老年人生理、心理、行为特点及运营服务需要为前提，从常见问题出发，充分利用原有用房的优势条件，提供关键性改造设计技术措施，改善其建筑环境的不足。《图解》通过图文并茂的形式详细分析现有问题并提出改造设计策略，基于使用者、建设者和设计者的不同特点，在保证专业性的同时提高可读性，希望为相关实践提供参考和借鉴，为完善我国养老服务体系建设做出贡献。

编者

2021年4月

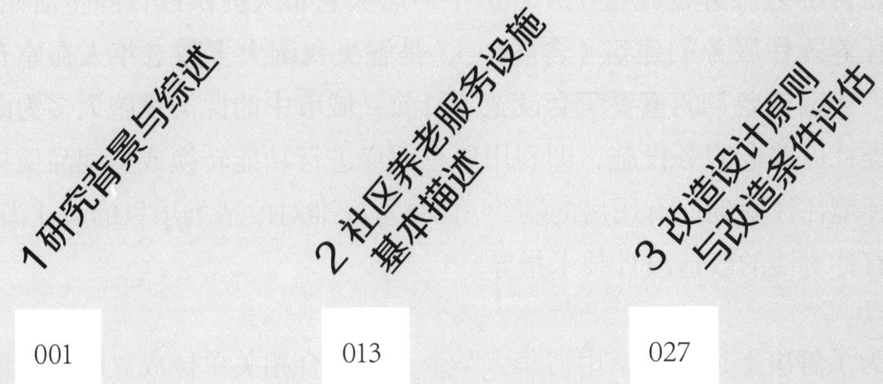

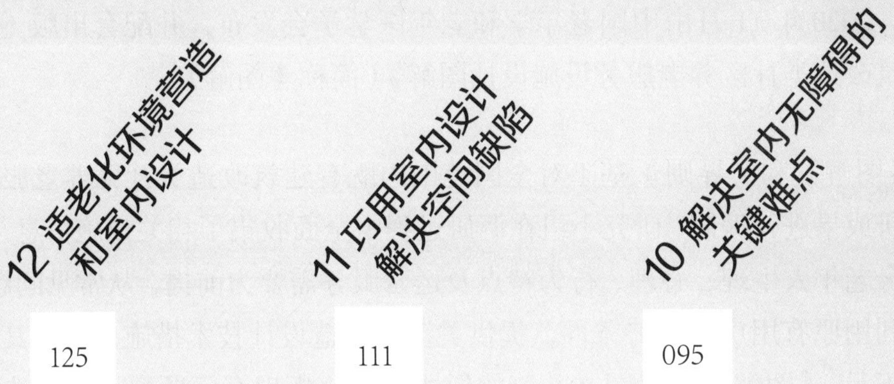

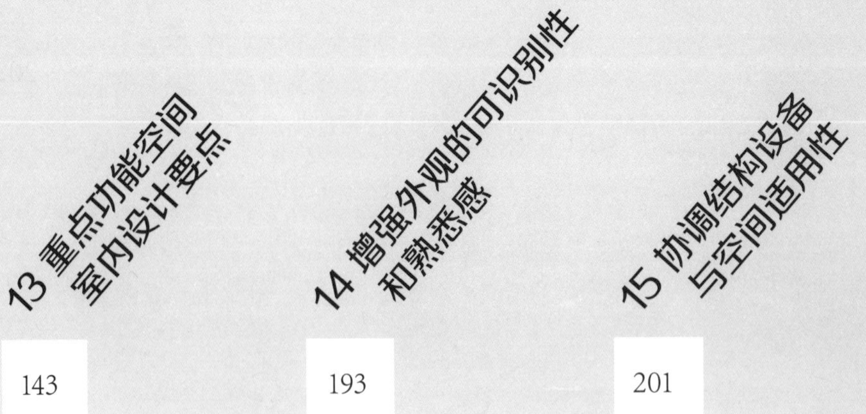

目 录

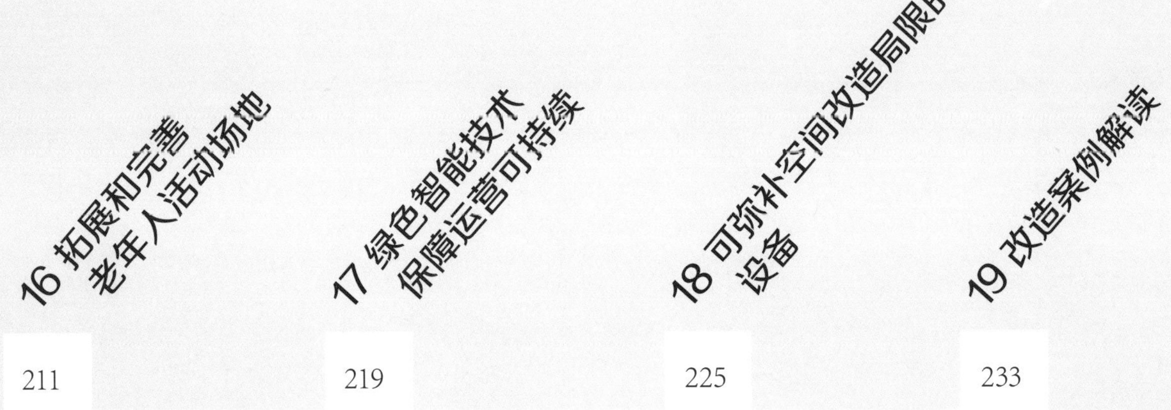

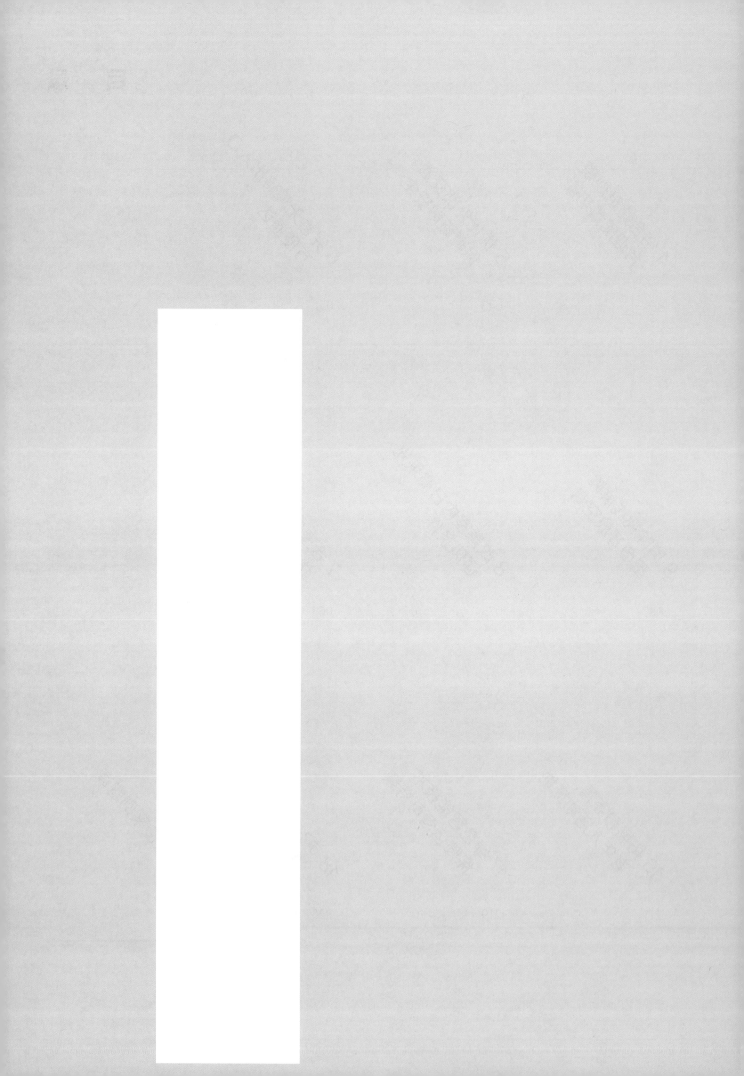

研究背景与综述

目标解析：

随着人口老龄化程度的加深，社区养老服务设施的建设尤为重要。然而现有设施多为既有建筑改造类设施，因原有用房的诸多限制导致多存在建筑规模较小、空间和流线设计不合理、无障碍设计缺项和错误较多、室内装修简陋、通风采光不佳、用地环境封闭、室外活动场地配置不佳、室内外标识缺失等问题。

1 研究背景与综述

研究背景

社区养老服务设施是当前我国养老体系的发展重点之一。根据第七次全国人口普查，我国60岁及以上老年人口数量达2.64亿，占人口总数的18.7%。[1]随着人口老龄化程度的日益加深，家庭和社会面临的老年人照护压力正在持续加重。近年来，基于"居家为基础、社区为依托、机构为补充、医养相结合"的养老体系发展目标，国家连续出台了各类相关政策，支持在社区层面发展建设养老服务设施。

①数据来源：第七次全国人口普查公报。

城市既有建筑改造类设施是社区养老服务设施发展建设的"重中之难"。由于历史原因，城市中老旧小区的人口老龄化压力往往大于新建社区，对社区养老服务设施的需求量增长迅速，但其用地用房资源普遍十分紧张，新建项目难以在此实现，许多社区只能利用原有用房进行建筑功能转换或空间品质提升，建设既有建筑改造类社区养老服务设施。相较于新建项目，既有建筑改造类设施由于受到原有用房条件的制约，在建筑改造中存在很多困难和问题，亟待科学的技术指导。

现行标准规范中既有建筑改造类设施的相关内容严重不足。在现行社区养老服务设施的相关标准规范中，大多数条文是为养老机构、新建项目而定，对社区养老服务设施特别是既有建筑改造类设施的关注尚有不足。与新建项目相比，既有建筑改造类设施因原有用房条件的限制，在建设过程中具有特殊性，需要解决的问题侧重点也不尽相同，而现行标准的规定往往内容笼统单一、灵活性不足，难以适用既有建筑改造类设施，因此，亟待进行相关标准的完善。本书作为《城市既有建筑改造类社区养老服务设施设计导则》的配套图解，基于对全国范围内相关项目的调研成果进行编制，为推进社区养老服务设施建设提供有针对性的技术指导。

研究目的与意义

《图解》和《导则》从常见问题出发，旨在为既有建筑改造类设施提供关键性改造设计技术指导，解决重点问题，提高空间环境的适老性。

《图解》和《导则》的意义包括：①理论意义：补充了社区养老服务设施的基本规定，包括设施定位、服务功能、空间配置等，为相关研究奠定基础。

②实践意义：为既有建筑改造类设施的建设提供了技术指导，根据改造设计流程对各类常见问题提出具体改造措施。

术语

1.1　社区养老服务设施（community-based elderly care facilities）

指位于社区中为居家老年人提供以日间生活照料为主、兼顾托养入住服务的建筑（含场地）。

1.2　既有建筑改造类社区养老服务设施（community-based elderly care facilities altering from existing buildings）

指通过对原有用房进行改扩建，以提高建筑环境品质或转换成新的使用功能而建设的社区养老服务设施。下文中对此类设施统一简称为既改类设施。

1.3　适老化设计（design for the aged）

指根据老年人心理、生理和行为特点，以及养老服务需要而进行的设计。

1.4　适老化家具和设备（furniture and equipment for the aged）

指供老年人使用，符合其人体尺度、生理需要和行为特点的家具和设备。

1.5　老年人生活空间（living space for the aged）

指供老年人使用的室内空间（用房）。

1.6　后勤服务空间（service space for the staff）

指为了给老年人提供服务而供员工使用的室内空间（用房）。

1.7　老年人活动场地（activity field for the aged）

指供老年人使用的室外区域。

1.8　后勤服务场地（service field for the staff）

指为了给老年人提供服务而供员工使用的室外区域。

1.9　通行净宽（clear width）[②]（图 1.1）

指走廊、楼梯两侧墙面或固定障碍物之间的水平净距离。当设置扶手时，按扶手中心线计算。

1.10　开启净宽（clear opening width）[③]（图 1.2）

指门扇开启后，门框内缘与开启门扇内侧边缘之间的水平净距离。

②③参见《无障碍设计规范》(GB 50763—2012)。

1.11　轮椅回转空间（wheelchair turning space）（图 1.3）

指为方便乘轮椅者旋转以改变方向而设置的空间。

1.12　回游动线（recurrent route）（图 1.4）

指为方便老年人通行而设置的环形交通流线，又称循环动线。

1.13　无障碍机动车停车位（accessible vehicle parking lot）[①]（图 1.5）

指为方便行动障碍者使用的机动车停车位。

1.14　无障碍落客区（accessible drop-off area）

指可供行动障碍者上下机动车，并无阻碍地抵达建筑出入口的室外区域。

① 参见《无障碍设计规范》（GB 50763—2012）。

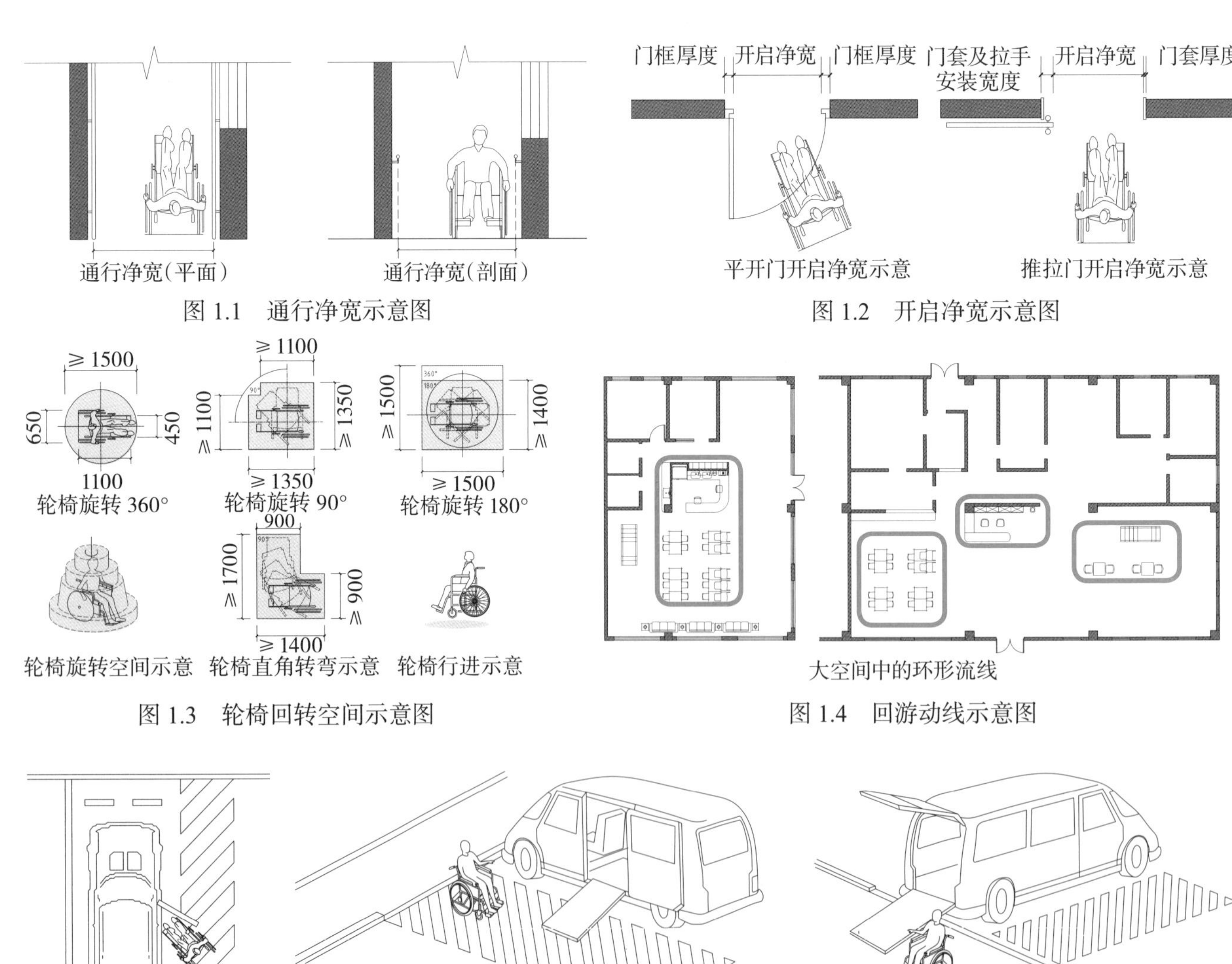

图 1.1　通行净宽示意图

图 1.2　开启净宽示意图

图 1.3　轮椅回转空间示意图

图 1.4　回游动线示意图

图 1.5　无障碍机动车停车位示意图

原有用房特点

1.15　根据对北京、上海等典型城市现有社区养老服务设施的调研，[②]现有设施用房类型多样（图 1.6）：

（1）按照原有功能，一般包括养老服务、居住、商业、办公、旅馆、会所、文教、医疗和工业等。

（2）按照建筑类型，一般包括平房（含院落）、单层大空间、多层和高层建筑等。

（3）按照建筑使用方式，一般包括独立式和依附式。前者为该设施独用；后者则为与其他功能的设施合用，如常见设置在居住、商业、办公等建筑中。

（4）按照结构体系，一般包括木结构、砖混结构、框架结构、剪力墙结构、筒体结构和钢结构等。

②本书作者及团队受邀参与北京市民政局发起的“2016 年北京市居家养老相关服务设施摸底普查”和“2020 年北京市养老机构建设和运营状况摸底调查”，并开展对上海等典型城市相关设施调查，合计采集 5500 余个社区养老服务设施的建筑信息。

图 1.6　现有设施用房类型多样

常见问题

①参见程晓青著《北京市养老服务设施建筑环境分析》(2018年)。

1.16　根据调研分析，现有既改类设施存在以下常见问题：[①]

(1)设施规模普遍较小，面积指标偏低。例如：北京市四成左右社区养老服务设施的建筑面积不足100 m^2，严重制约了其养老服务功能的拓展，仅有少数社区养老设施能够提供综合养老服务，其他设施则往往由于空间过小，难以开展更多服务，无法满足老年人居家养老的多样化的需求(图1.7)。

(2)空间和流线设计不合理，重点空间灵活性不足。例如：北京市仅有少数现有社区养老服务设施的就餐区、多功能活动区等主要公共活动空间采用开放式布局，多数设施由于原有用房为砖混或剪力墙结构，导致室内空间比较封闭、狭小，不能灵活组织多种活动，空间之间也因为缺乏视线沟通，对优化护理方式造成了障碍(图1.8)。

图1.7　规模较小，室内局促

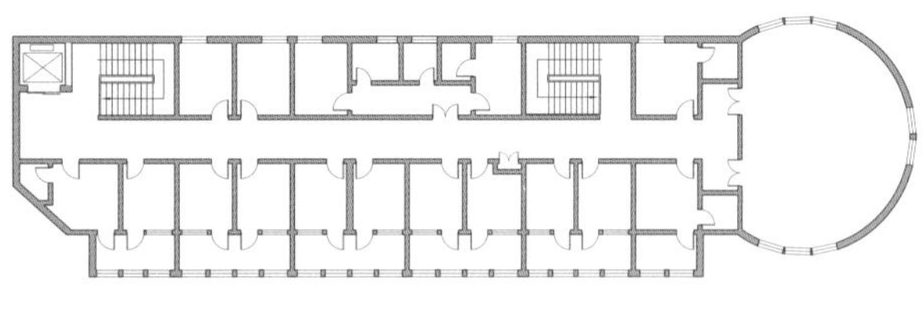

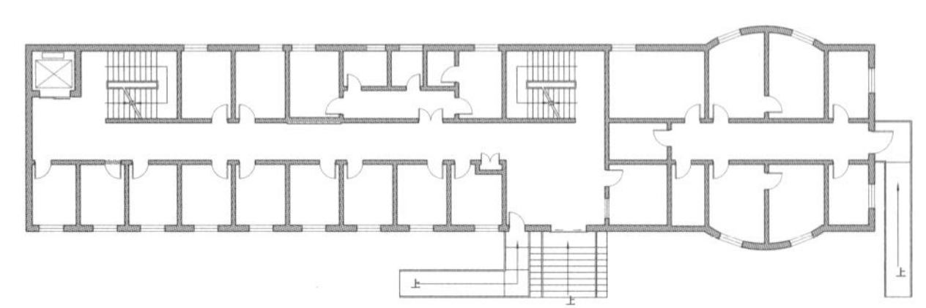

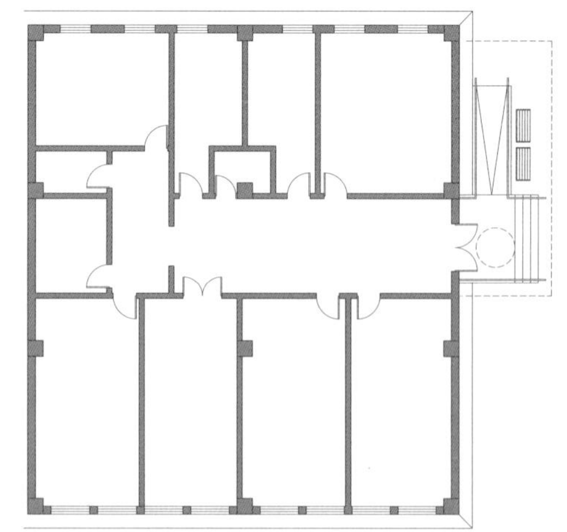

图1.8　流线单一，空间封闭缺乏灵活性

（3）无障碍设计缺项和错误较多，安全隐患严重。现有社区养老服务设施中虽有一部分已经进行了一定的无障碍改造，但仍存在很多错误。例如：多层设施未设置电梯；设施出入口无障碍设计不当，存在未设置坡道或坡道坡度太陡、不安或错安扶手、入口门槛过高、没有过渡雨棚、地面不防滑等问题；门洞、走廊等处通行宽度不足；设施室内地面选材不当，很多设施采用不具防滑性能的光面地砖、石材作为老年人公共空间的地面，安全性堪忧；卫生间和浴室等空间洁具设备选型不当，扶手安装错误；对无障碍设施管理和维护不当，如有的把扶手当作晾衣竿、在通道的扶手下面放置花盆、杂物等，导致扶手“形同虚设”（图 1.9）。

建筑出入口存在室内外高差，设置了一步台阶，却并未设置轮椅坡道

建筑出入口上方缺少遮雨设施，休息平台、台阶、轮椅坡道缺少雨棚遮蔽

建筑出入口存在室内外高差，虽设置了无障碍坡道，但外门仍留有门槛，阻碍通行

室内公共走廊地面选用了硬质光面材料，防滑和防跌性能欠佳，且存在眩光

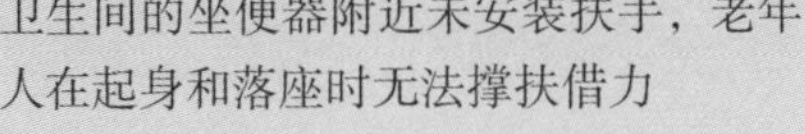

卫生间的坐便器附近未安装扶手，老年人在起身和落座时无法撑扶借力

卫生间盥洗池选型不佳，使得乘坐轮椅的老年人无法靠近，使用不便

图 1.9　无障碍设计缺项和错误较多

（4）室内装修简陋，家具笨重，使用不便。现有社区养老服务设施的室内环境对环境色彩、装修选材、照明灯具、家具选型、细部设计和设备配置等适老化要素明显考虑不足；部分设施建筑环境简陋、家具设备陈旧，整体环境品质亟待提升。同时，由于对社区养老服务设施环境氛围的定位缺乏正确认识，有的模仿医院、旅馆的装修形式，有的则与办公建筑相似，有明显的医疗感和机构感，缺乏社区养老服务设施应该呈现的温馨家庭氛围（图 1.10、图 1.11）。

门厅采用白色天花顶棚和墙面涂料，除电视屏幕外室内无其他陈设与装饰，较为单调

室内走廊，墙面无装饰，加大了单调、狭长感

图 1.10　装修简陋

就餐区采用“食堂式”固定餐桌椅，用途单一，造成空间资源的浪费

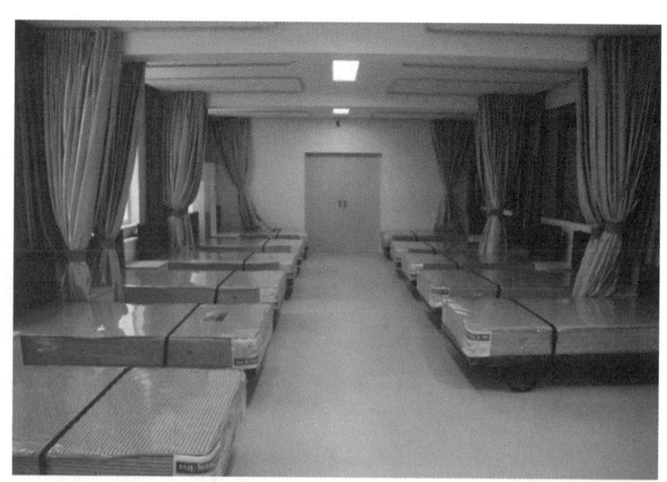

日间休息区内采用固定式床位，难以进行功能复合和转换，空间使用效率低

图 1.11　家具笨重使用不便

（5）通风采光不佳，日照遮挡严重。现有部分社区养老服务设施的用房由于自身朝向不佳、立面开窗受限、开窗面积不足等原有用房的限制，存在室内采光通风困难的问题。如：有的设施由底商建筑改造而成，进深较大且侧墙无法开窗，导致采光通风受限；有的设施位于高密度老旧小区内，日照间距不足，且被周围建筑遮挡，导致室内光线不足（图 1.12）。

（6）用地环境封闭，对外疏散困难。现有部分社区养老服务设施由于用地局促，对外开口受限，常存在交通疏散困难的问题。例如：有的设施位于历史街区中，周边道路狭窄，难以满足消防、救护等机动车通行的需求；有的设施因受周边环境影响，其内部场地被其他建筑围绕，无法直接对外开口，难以满足消防疏散的要求。

（7）室外活动场地配置不佳，适老健身设备缺失。部分现有社区养老服务设施的室外活动场地采用了地砖、水泥、石材等硬质地面，防滑、防跌性能明显不足，缺乏对老年人活动的安全防护。在室外设备配置方面，有的设施虽然配置了健身器材，但主要是力量型的器械，不适合老年人使用；而老年人喜爱的休息座椅、棋牌桌凳和球类运动设备的配置率相对较低。此外，在绿化景观设计方面，缺乏对轮椅使用者和老年人的针对性设计，无法发挥绿化景观对老年人的辅助康复作用（图 1.13）。

（8）室外名称标牌不统一，室内标识缺失。例如：现有部分社区养老服务设施在建筑入口处虽悬挂了明确的名称标牌，但是这些标牌并未进行过统一的设计，

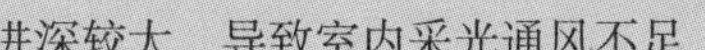

进深较大，导致室内采光通风不足

与周边建筑相邻，无法开窗，通风采光不佳

图 1.12　室内通风采光不佳

内容缺少规范性，名称标牌形式各异，缺乏自明性，导致老年人很难通过外观判断该设施的类型和功能。此外，设施的消防疏散和楼层导引等标牌也存在缺失与不完善（图 1.14）。

（9）结构安全性不足，市政基础薄弱。现有部分社区养老服务设施由于建设年代较早，其结构等级偏低，且因日常维护不佳，往往存在结构安全性不够的问题。同时部分位于老旧小区或历史街区内的社区养老服务设施由于市政基础薄弱，自身机电、给排水、供暖等条件落后，为设备改造和增容增加难度。

（10）建设年代久远，建设条件不明。现有部分社区养老服务设施的原有用房由于建设年代久远、历经多次改造、空间环境复杂，且基础图纸、文档、材料缺失，存在建设条件不明的问题，增加了后续改造设计的实施难度。

老年人室外活动场地地面凹凸不平，存在安全隐患

老年人活动场地采用硬质铺地，防滑、防跌性能不足

场地内仅设置健身器材，缺乏休息座椅等其他设施

健身器械高度过高，不适合老年人使用

图 1.13　室外场地配置不佳，适老健身设备缺失

图 1.14　设施名称标牌不统一

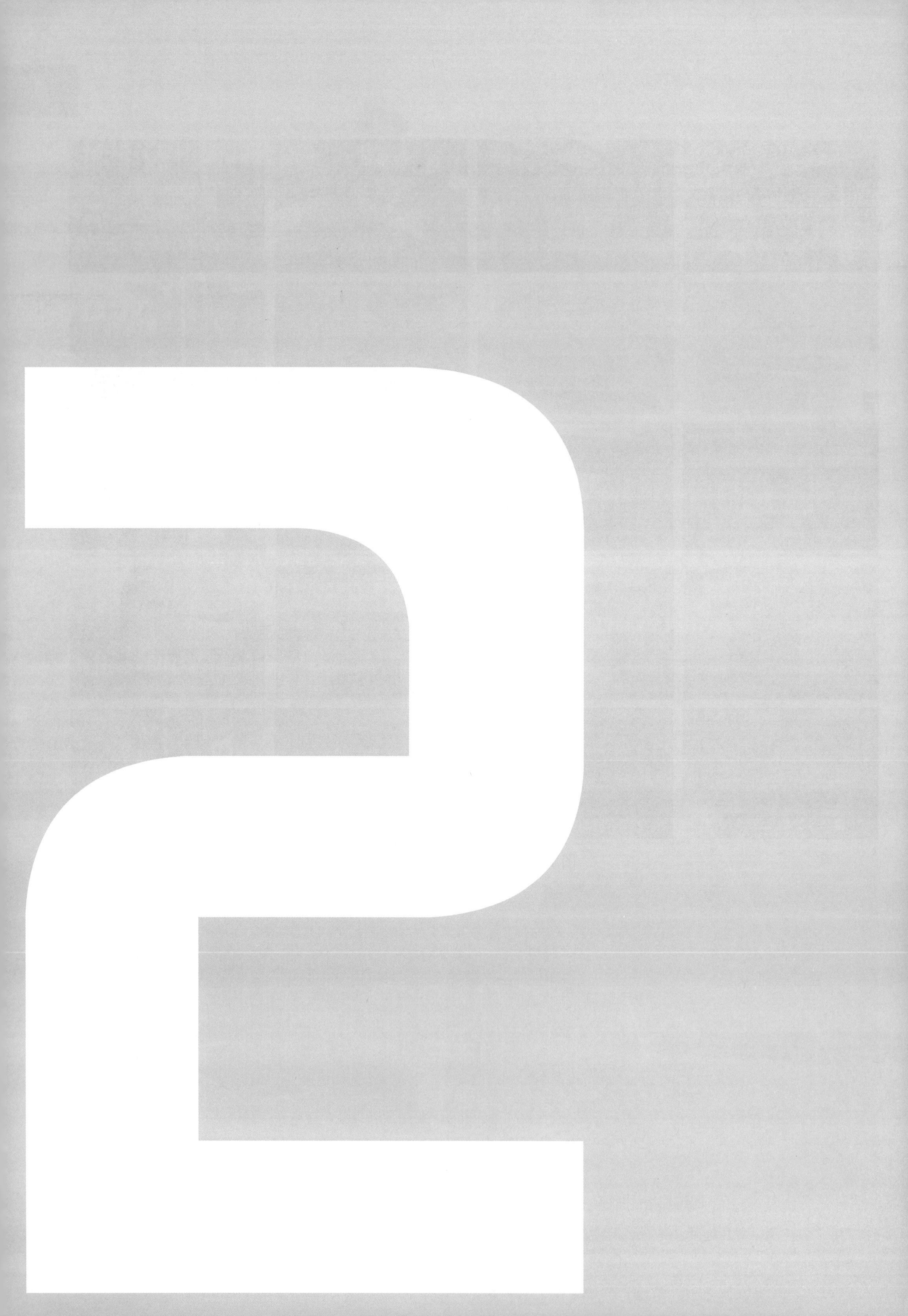

社区养老服务设施基本描述

目标解析：

社区养老服务设施隶属于老年人照料设施，因其立足于社区、为居家老年人提供以日间生活照料为主、兼顾托养入住服务的定位，故其服务对象、设置方式、空间构成必然与其他类型的养老设施有所区别。在项目策划时应厘清社区养老服务设施的基本概念，使建筑设计与后期运营相互适应匹配。

2 社区养老服务设施基本描述

设施定位

2.1 根据"以居家养老为基础、社区养老为依托、机构养老为补充"的养老体系发展目标，社区养老服务设施指位于社区中为居家老年人提供以日间生活照料为主、兼顾托养入住服务的建筑（含场地），属于《老年人照料设施建筑设计标准》（JGJ 450—2018）所规定的老年人照料设施[①]。目前各地使用的名称还包括老年人日间照料中心、社区养老服务驿站、老年人日间照料室、日托站、养老照料中心、托老所等（图 2.1）。

①参见《老年人照料设施建筑设计标准》(JGJ 450—2018)，老年人照料设施包括老年人全日照料设施和老年人日间照料设施。

此外，根据《城市居住区规划设计标准》（GB 50180—2018），社区养老服务设施属于 5 分钟生活圈内的居住配套设施。

服务功能

2.2 社区养老服务设施的服务内容以老年人日间生活照料为主、兼顾托养入住，前者包括在设施中的服务和对外服务，后者包括长、短期托养入住服务。需要说明的是，随着未来老年人养老需求的发展变化，社区养老服务设施的服务功能还可进行相应调整（表 2.1）。

图 2.1 社区养老服务设施在居家养老体系中的定位

表 2.1　社区养老服务设施的服务功能

服务功能			内容解析
日间生活照料	在设施中的服务	接待咨询	为老年人提供接待问询、指引、预约、登记等
		膳食供应	为老年人提供餐食和协助就餐
		日间休息	供老年人午间睡眠、日间休憩
		文化娱乐	供老年人开展各类有益于身心健康的文化娱乐活动，如：观影、联欢、学习、会议、棋牌、书画、手工、音乐、舞蹈、网络等
		保健康复	1. 健康指导：为老年人量血压、测血糖、开展健康教育等
			2. 康复护理：协助老年人恢复和重建已经丧失的身体功能
		心理慰藉	陪同老年人聊天交谈，消除其不良情绪，促进心理健康
		个人清洁	1. 助浴服务：协助老年人洗浴、更换衣物等
			2. 个人清洁：为老年人理发、剃胡须、修剪指甲、洗手、洗脚、洗发、口腔清洁、协助排泄等
		辅具租赁	展示、体验、租售助行、康复等辅助器具等
		交通接送	提供专用车辆接送往来设施的老年人
	对外服务	呼叫代办	响应老年人通过电话、网络、智能终端等提出的需求，为老年人呼叫紧急救助、代购商品、代领物品、代缴费用等
		入户服务	委派人员上门送餐或协助老年人洗浴、保洁、做饭等
		陪同外出	委派人员陪同老年人外出活动、就医等
托养入住		短期托养	为无人照顾或有托养需求的老年人提供住宿和生活照料

服务对象

2.3　社区养老服务设施的服务对象为能力完好和轻、中度失能（含认知症）的老年人[②]（表 2.2）。

②参见《老年人照料设施建筑设计标准》（JGJ 450—2018）中老年人日间照料设施的服务对象。

表 2.2　社区养老服务设施的服务对象

设施类型	服务对象			
	能力完好老年人	失能（含认知症）老年人		
		轻度	中度	重度
社区养老服务设施	●	●	●	—
备注	1. ●表示适合的服务对象。 2. 根据《老年人照料设施建筑设计标准》（JGJ 450—2018），重度失能老年人是护理型老年人全日照料设施的服务对象。			

设置方式

2.4 社区养老服务设施一般依托社区中的用房、用地进行建设。在不同的社区中，由于建设条件的差异导致其设置方式存在一定的区别，可分为两类：其一为独立设置，即用房、用地均是专用的；其二为共同设置，即用房、用地是与其他设施共用的。

室内室外空间构成

2.5 社区养老服务设施的室内空间包括老年人生活空间、后勤服务空间（表 2.3）；室外空间包括老年人活动场地、后勤服务场地和交通场地（表 2.4、图 2.2）。

表 2.3 社区养老服务设施室内空间构成

空间构成	主要用途	空间名称
老年人生活空间	供老年人问询登记、临时休息、暂存物品等	接待区
	供老年人集中取餐、就餐等	就餐区
	供老年人进行各类文娱活动，可包括集体活动、小组活动或个人活动，如：观影、联欢、学习、会议、棋牌、书画、手工、音乐、舞蹈、上网等	多功能活动区
		专项活动区
	供老年人量血压、测血糖，接受服务人员的健康指导，并在其协助下进行康复训练、按摩理疗等，还可体验和试用各类老年人用品及辅具	健康指导区
		康复理疗区
		辅具展示区
	供老年人与服务人员聊天交谈，接受心理辅导	心理慰藉区
	供老年人午间睡眠和日间休憩等	日间休息区
	供老年人在服务人员的协助下进行洗浴	助浴区
	供老年人进行理发、修脚、手足护理等	理发区
		手足护理区
	可供老年人如厕、盥洗	公共卫生间
	设置于托养入住区中，供入住老年人就餐、休闲、交流等	入住区起居厅
	设置于托养入住区中，供入住老年人起居、睡眠	老年人居室
	设置于老年人居室中，供入住老年人如厕、盥洗、洗浴、洗衣等	居室卫生间
后勤服务空间	供服务人员加工食物、存放食材、清洁餐具等	厨房
	供服务人员进行分餐、现场售卖等	备餐区
	供服务人员值班管理、文件收纳、更衣休息等，并可设置呼叫服务、安全监控等	办公区
	供服务人员清洗、消毒各类被服和老年人衣物	洗衣区
	供老年人物品、家具设备和服务用品存放	储藏区
	设置于托养入住区中，供服务人员为入住老年人提供生活照料	入住区护理站

表 2.4　社区养老服务设施的室外空间构成

类别	主要用途	空间名称
老年人活动场地	供老年人进行健身、休息、交流和种植等	休闲健身区
		绿化景观区
后勤服务场地	供晾晒被服、衣物，临时存放物品和垃圾等	晾晒区
		储藏区
交通场地	供访客车辆、接送车辆、送餐车辆、服务人员车辆等停放	机动车停车场
		非机动车停车场
	供访客车辆、接送车辆临时停靠和老年人上下车	无障碍落客区
	供各类车辆和人员通行	内部道路

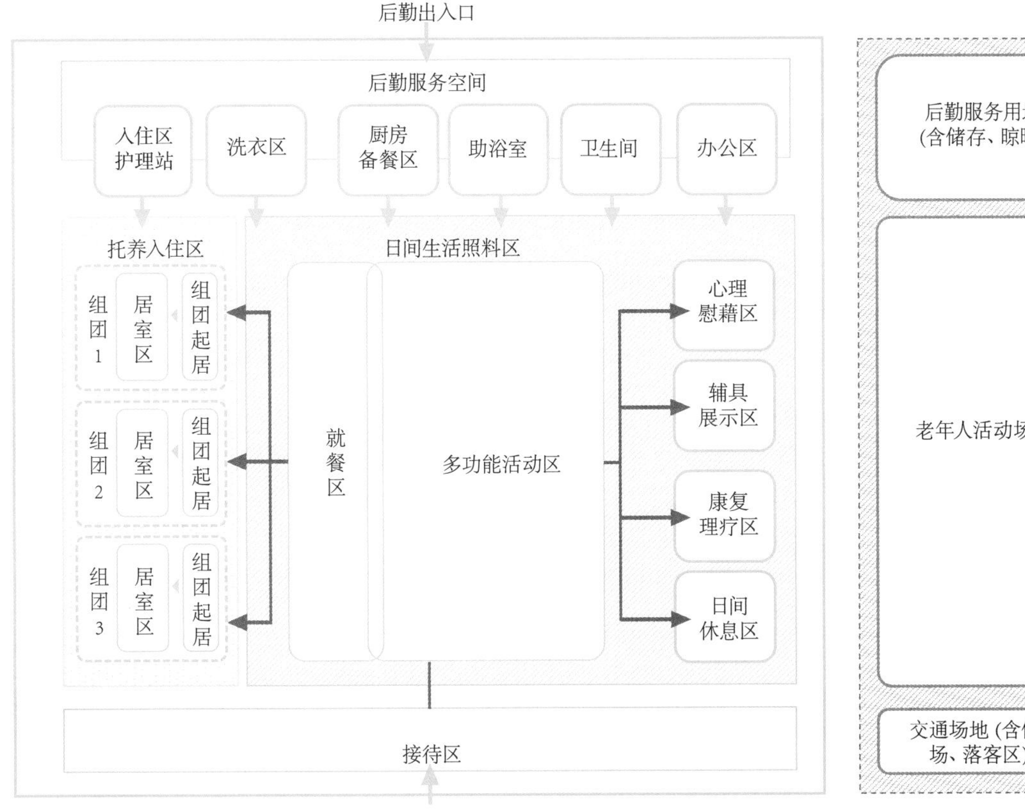

图 2.2　社区养老服务设施室内外空间的构成关系

典型案例

2.6　为了帮助读者更加形象地了解社区养老服务设施的功能配置和空间设计，本部分选取了国内外一些不同规模、不同类型的既改类社区养老服务设施的建筑实例，对其基本信息和设计特点进行分析以便参考和借鉴。

2 社区养老服务设施基本描述

案例一

项目名称： 万科城市花园智汇坊

项目区位： 上海市万科城市花园社区

建筑面积： 1250 m²

设置方式： 独立设置，主体 1 层，局部 2 层

主要功能： 膳食供应、日间休息、文化娱乐、保健康复、短期托养、长期托养等

本设施位于上海市一个建成于 1994 年的大型社区当中，由于老年人比例较高，为满足日益增长的养老服务需求，社区将原来的会所改造为社区养老服务设施，主要面向居住在社区当中的老年人提供社区和居家养老服务。设施共划分为四个主要功能区：东侧（含局部二层）为入住服务区，中部为日托服务区，西北侧紧邻物业中心的部分为管理咨询区，西南侧为后勤服务区。各个功能区分别设置对外出入口，具有明确独立的分区和动线，便于管理。与此同时，各分区内部又相互联系，便于服务的开展和空间资源的共享。例如：白天日托服务区和入住服务区可共享活动空间，而夜间入住服务区又可实现独立管理（图 2.3~图 2.5）。

图 2.3　万科城市花园智汇坊主入口①

阳光走廊

临窗休息区

图 2.4　万科城市花园智汇坊内部空间②

①②图 2.3~图 2.4 来源：周燕珉工作室。

康复训练室

就餐区兼多功能活动区

连接入住区与日托区的走廊

入住服务区首层起居厅

图 2.4 （续）

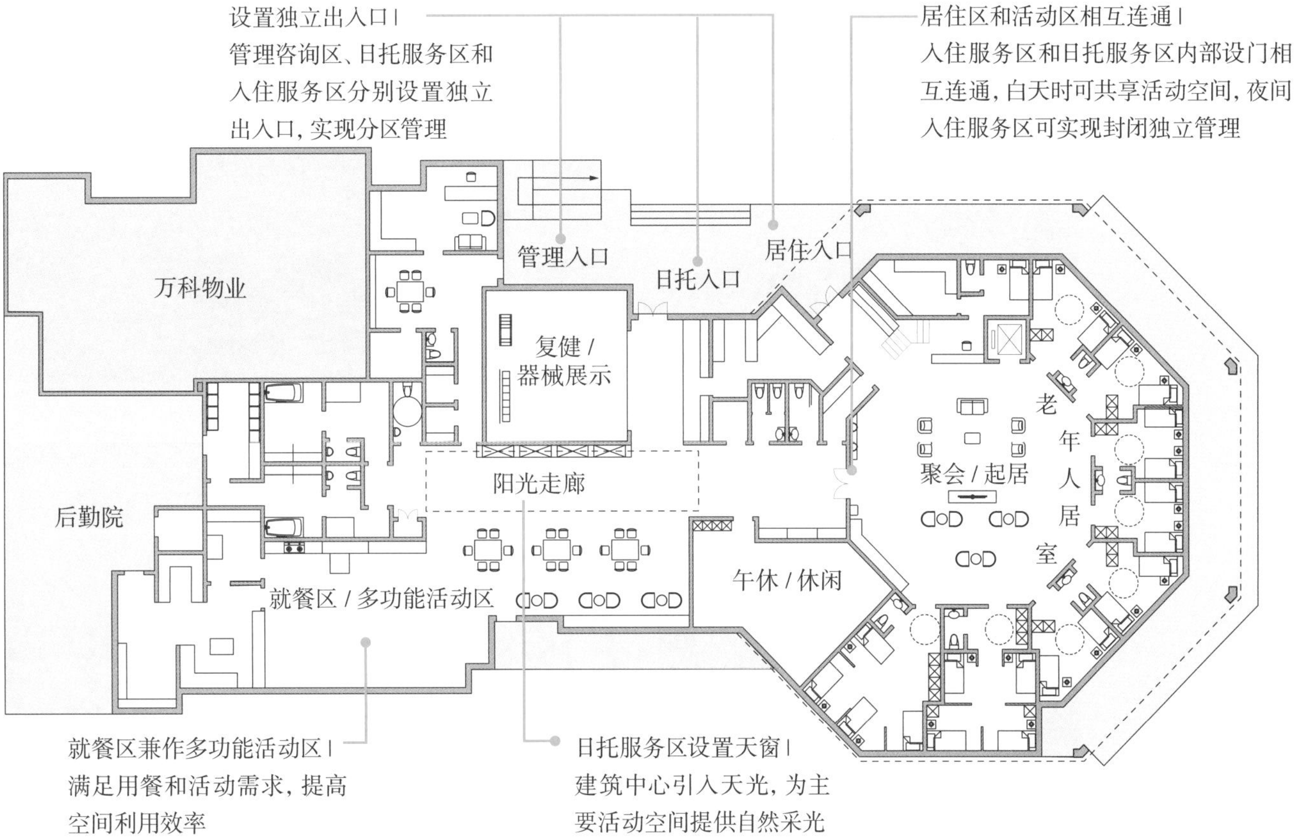

设置独立出入口 |
管理咨询区、日托服务区和入住服务区分别设置独立出入口，实现分区管理

居住区和活动区相互连通 |
入住服务区和日托服务区内部设门相互连通，白天时可共享活动空间，夜间入住服务区可实现封闭独立管理

万科物业
管理入口
日托入口
居住入口
复健 / 器械展示
后勤院
阳光走廊
聚会 / 起居
老年人居室
午休 / 休闲
就餐区 / 多功能活动区

就餐区兼作多功能活动区 |
满足用餐和活动需求，提高空间利用效率

日托服务区设置天窗 |
建筑中心引入天光，为主要活动空间提供自然采光

图 2.5 万科城市花园智汇坊首层平面图

案例二

项目名称：椿树街道养老照料中心 56 号院

项目区位：北京市西城区椿树街道

建筑面积：380 m²

设置方式：独立设置，共 1 层

主要功能：膳食供应、日间休息、文化娱乐、保健康复、长期托养、上门服务等

本设施位于北京市中心城区的历史街区，所在街道的人口老龄化程度高，高龄、独居老年人数量较多，长期照护需求大，街道利用腾退出的传统四合院植入养老照料功能，立足社区，在照料入住老人的同时，也面向居家老人提供多方面的服务。改造过程中通过加建四季厅作为公共空间，打破了传统养老设施的走廊式布局，为老年人提供了适宜活动的大空间，同时也继承了传统四合院的空间格局，营造出老年人熟悉的生活氛围。该设施在保留老北京传统建筑风貌的同时，补充了社区所缺失的养老服务功能，是旧城更新过程中值得参考借鉴的优秀案例（图 2.6~图 2.7）。

主入口

四季厅

康复室

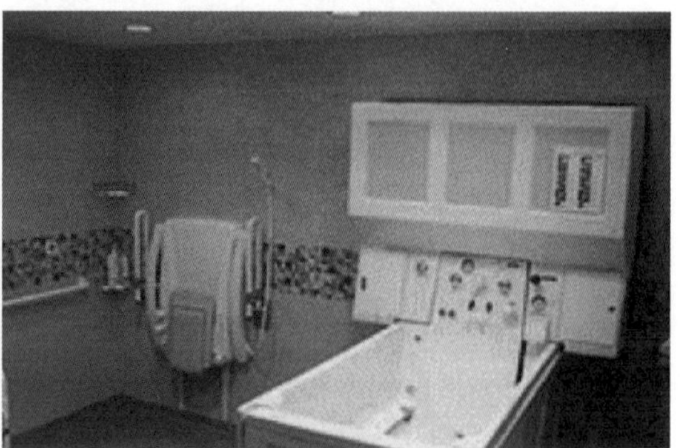

公共浴室

图 2.6　椿树街道养老照料中心 56 号院内部空间

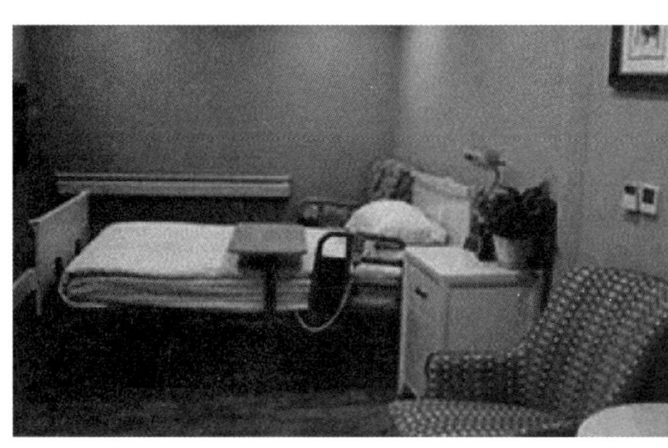

单人居室

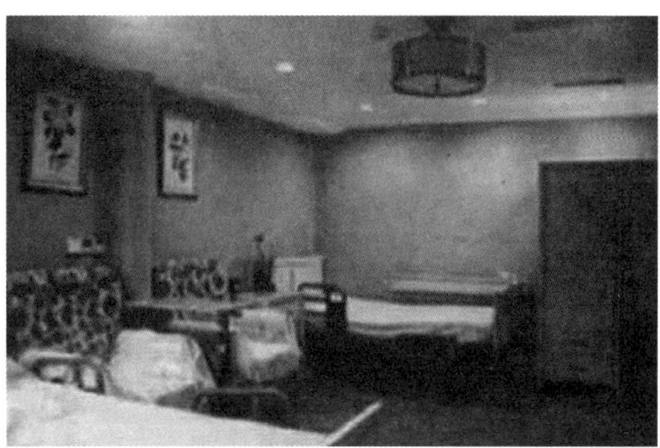

双人居室

图 2.6 （续）

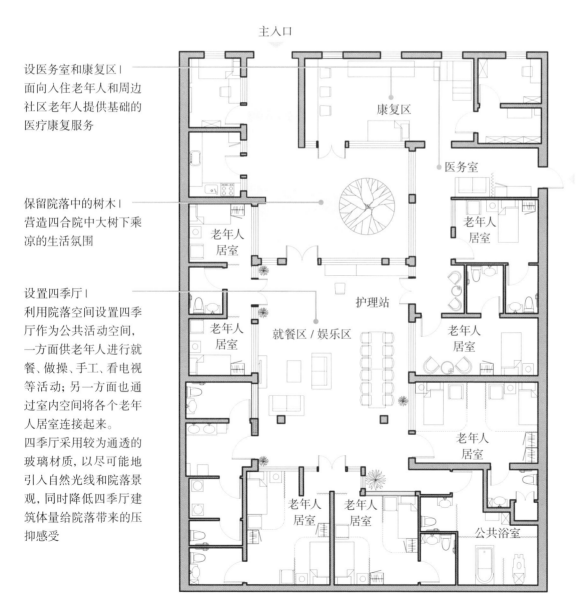

设医务室和康复区 |
面向入住老年人和周边社区老年人提供基础的医疗康复服务

保留院落中的树木 |
营造四合院中大树下乘凉的生活氛围

设置四季厅 |
利用院落空间设置四季厅作为公共活动空间，一方面供老年人进行就餐、做操、手工、看电视等活动；另一方面也通过室内空间将各个老年人居室连接起来。
四季厅采用较为通透的玻璃材质，以尽可能地引入自然光线和院落景观，同时降低四季厅建筑体量给院落带来的压抑感受

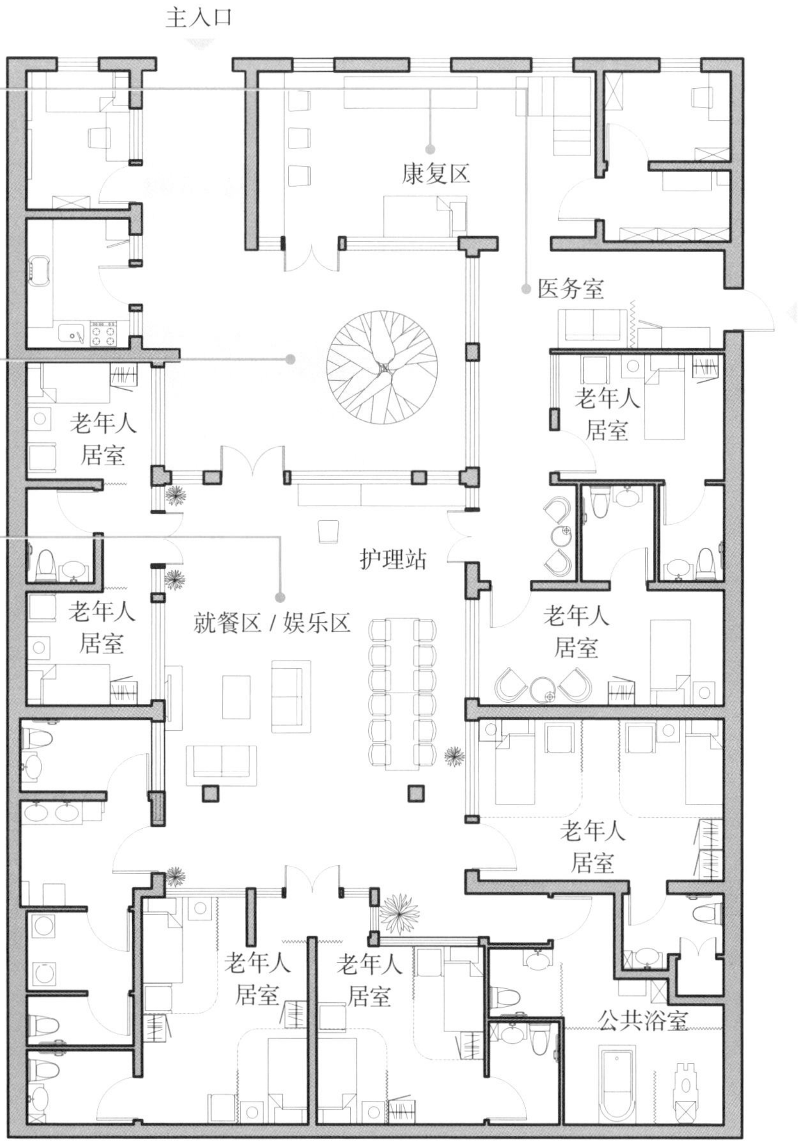

主入口
康复区
医务室
老年人居室
老年人居室
护理站
老年人居室
就餐区 / 娱乐区
老年人居室
老年人居室
老年人居室
老年人居室
老年人居室
公共浴室

图 2.7 椿树街道养老照料中心 56 号院首层平面图

案例三

项目名称：圣安娜日间照料中心

项目区位：德国卡尔斯鲁厄市

建筑面积：271 m²

设置方式：与老年公寓和长期照料设施结合设置，社区服务功能设于首层

主要功能：日间休息、膳食服务、文化娱乐、个人护理

本设施位于德国卡尔斯鲁厄市中心区的一处养老服务综合体的首层，与长期照料设施和老年公寓共用一组建筑。设施面向周边社区的老年人提供早餐、午餐、日间活动、洗浴等服务，老年人可通过家人接送，或付费由中心派车接送往返设施。公共活动厅是老人们的主要活动空间，面向室外庭院设置大面积玻璃窗，引入自然光线和优美景色，活动厅划分为用餐区和休息区两部分，并在一角设有开放式厨房，老年人可参与到餐食准备当中。除了公共活动厅，设施内还设有小活动室，供老年人开展小规模的兴趣活动。此外，设施内还设有公共卫生间、助浴室、办公室等辅助功能空间（图 2.8~图 2.10）。

图 2.8　圣安娜日间照料中心透视[①]

主入口

面向花园设大玻璃窗和休闲座椅

图 2.9　圣安娜日间照料中心内部概览[②]

①②图 2.8~ 图 2.9 来源：周燕珉工作室。

老年人在公共活动大厅开展活动

开放式厨房

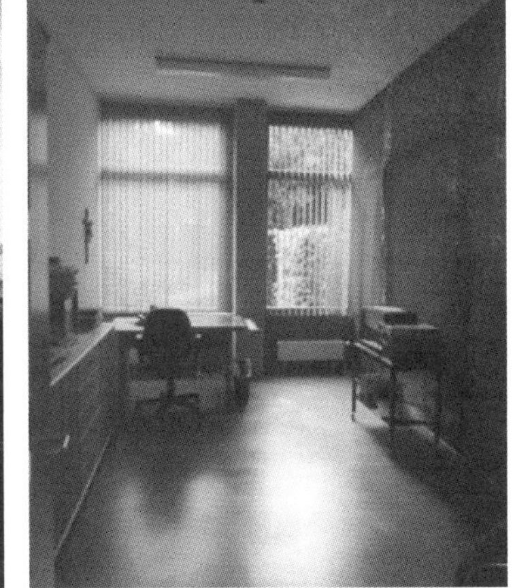

小活动室

图 2.9 （续）

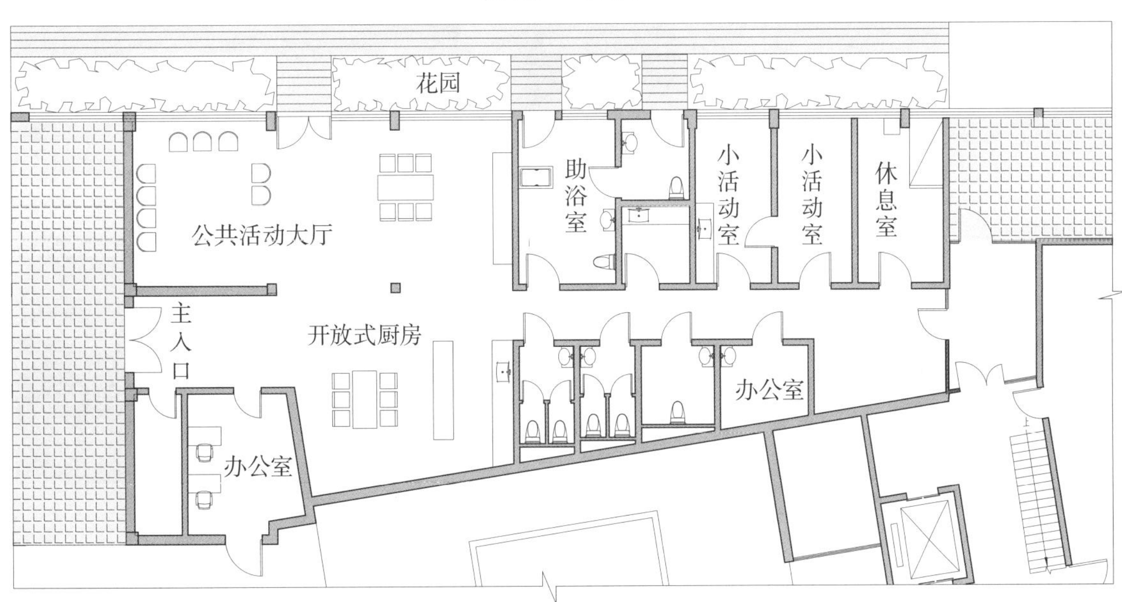

图 2.10 圣安娜日间照料中心首层平面图

案例四

项目名称：结缘福老年人日间照料设施

项目区位：日本大阪市西淀川区

建筑面积：510 m²，养老综合体总计 2615 m²

设置方式：与养老服务综合体结合设置，社区服务功能位于首层

主要功能：膳食供应、文化娱乐

本设施位于社区内的一处养老服务综合体内，建筑采用围合形的平面布局形式，由三栋 3 层的主体建筑和 1 栋 1 层的附属建筑组成。其中，A、B、C 三栋主体建筑内共设有 53 间老年公寓居室，A 栋首层设有前台和多功能室，C 栋首层设有认知症老年人照护之家，附属建筑主要功能为就餐区、图书室和储藏（夹层）。就餐区、图书室和多功能室等公共活动空间除供老年人使用外，还面向周边的社区居民开放，定期举办课程、演出等活动，是养老综合体入住老年人和周边社区居民重要的交流及活动场所（图 2.11~图 2.13）。

图 2.11　结缘福养老综合体[①]

主入口

就餐区入口

图 2.12　结缘福室内外空间[②]

①②图 2.11~图 2.12 来源：周燕珉工作室。

老年人和儿童在图书室互动

老年人在多功能室练瑜伽

图 2.12 （续）

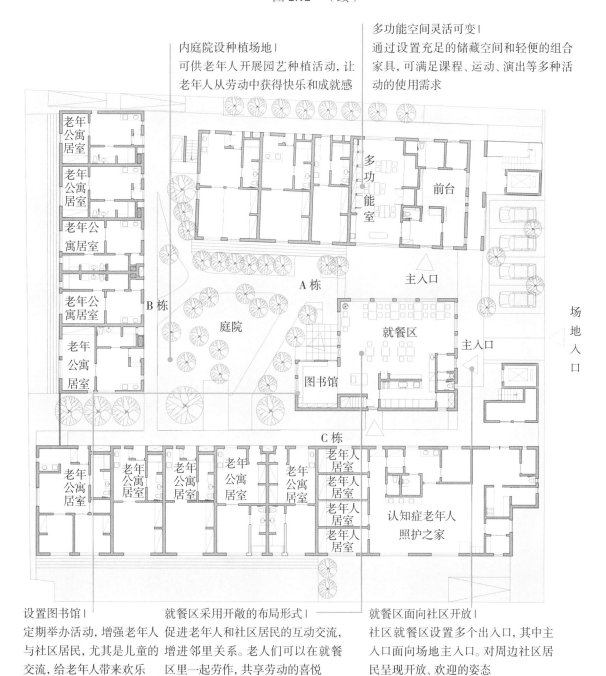

多功能空间灵活可变|
通过设置充足的储藏空间和轻便的组合家具，可满足课程、运动、演出等多种活动的使用需求

内庭院设种植场地|
可供老年人开展园艺种植活动，让老年人从劳动中获得快乐和成就感

设置图书馆|
定期举办活动，增强老年人与社区居民，尤其是儿童的交流，给老年人带来欢乐

就餐区采用开敞的布局形式|
促进老年人和社区居民的互动交流，增进邻里关系。老人们可以在就餐区里一起劳作，共享劳动的喜悦

就餐区面向社区开放|
社区就餐区设置多个出入口，其中主入口面向场地主入口。对周边社区居民呈现开放、欢迎的姿态

图 2.13 结缘福养老综合体首层平面图

改造设计原则与改造条件评估

目标解析：

社区养老服务设施的服务对象是老年人，由于其生理、心理和行为的特殊性，对建筑环境的安全性、健康性和便捷性的要求严格，并不是所有的用房都能适用。部分既改类设施由于原有用房建设年代久远、历经多次改造、空间环境复杂、基础材料缺失，存在建设条件不明的问题。此外，由于此类项目的所处环境一般为既有社区，对于原有用房的改造是否会对周围环境带来不利影响也需要进行分析。因此，在开展设计之前应进行改造条件评估，以便提出有针对性的设计策略。

3 改造设计原则与改造条件评估

改造设计原则

3.1　既改类设施应遵循以下改造设计原则：

（1）既改类设施设计应符合老年人生理、心理和行为特点，并满足老年人和运营服务的需要，体现安全、健康、便捷、可持续、具有地域特色的理念。

（2）既改类设施设计宜采用评估先行、设计联动的工作流程，改造设计基于对原有用房的适用性评估，并避免对环境的不利影响。

（3）既改类设施设计宜遵循因地制宜的设计原则，分析原有用房的具体条件，针对具体问题提出适宜的改造措施。

（4）既改类设施设计宜注重建筑、结构和设备等各专业的协同设计，避免由于不同专业设计之间的脱节影响建筑环境品质。

（5）既改类设施设计宜注重空间改造设计与家具设备选型相协同，通过引进适老化家具设备，弥补空间改造的局限。

（6）既改类设施设计在保证建筑安全、适用、美观的前提下，宜合理控制建设和运营成本。

改造评估内容

3.2　既改类设施在改造设计前应进行改造可行性评估，评估内容包括：原有用房适用性评估和对周边环境影响评估[①]（图 3.1）。原有用房适用性的评估对象为原有用房和基地，包括建筑可行性评估、消防安全性评估、结构可靠性评估和设备基础条件评估等。

①具体评估内容与评估结果详见各章节“重点评估项”。

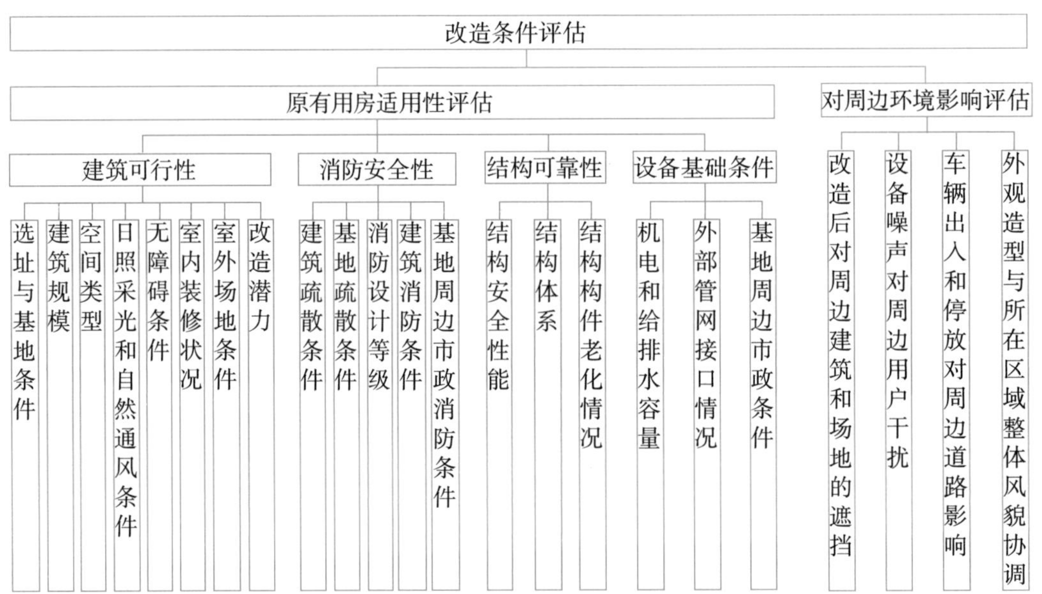

图 3.1　既改类设施改造条件评估内容框架图

建筑可行性评估

3.3　建筑可行性评估的目的是分析原有用房是否适用和存在哪些需要改善的问题，内容包括对原有用房的区位条件、建筑规模、空间类型、日照采光和自然通风、无障碍条件、室内装修状况、室外场地条件和改造潜力的分析。

（1）选址与基地条件分析：目的是明确拟建项目的选址是否恰当，通过分析在社区中的位置是否方便周围居民使用、外部道路是否方便通达和安全疏散、是否方便与其他公用设施和活动场地整合共用等。

（2）建筑规模分析：目的是明确拟建项目的级别，根据原有用房的建筑面积判断其是否符合该级别的要求、适合配置哪些服务功能、需要满足哪些消防和设备等相关要求等。

（3）空间类型分析：目的是判断原有用房的空间条件与使用功能是否相符，通过分析原有用房的平面形式、剖面形式和结构体系，判断其是否符合社区养老服务设施所需的空间布局和交通组织要求、具备什么优化潜力和改造制约等。

（4）日照采光和自然通风条件分析：目的是判断原有用房的室内自然采光和通风条件是否满足相关标准，通过测算原有用房的日照和通风情况，分析哪些空间符合要求、存在什么室内外制约和改善条件等。

（5）无障碍条件分析：目的是判断原有用房是否满足无障碍要求，通过研究重点部位的空间尺寸和状况，分析是否具备增设和改造坡道和楼房电梯、拓宽通行空间和设置无障碍卫生间（厕位）等改造条件等。

（6）室内装修状况分析：目的是判断原有室内装修存在什么问题、是否可局部保留，如室内布局、色彩设计、界面材质、照明设计、声学设计、装修细节和家具设备等。

（7）室外场地条件分析：目的是判断原有用房能否满足老年人室外活动的需求，分析原有用地内是否有充足的室外场地、室外场地的分布特点、存在什么问题和不足、是否具备场地拓展和改造条件等。

（8）改造潜力分析：目的是判断是否具备室内外加建的条件，如原有用房的室内高度是否允许设置夹层、是否有可覆盖的室外空间、规划条件是否允许加建等。

消防安全性评估

3.4 消防安全性评估的目的是分析原有用房的消防安全条件是否适用和存在什么需要改善的问题，内容包括对原有用房的建筑疏散条件、基地疏散条件、消防设计等级、基地周边市政消防条件的分析。

（1）建筑疏散条件分析：目的是判断原有用房的室内安全疏散条件是否符合目标要求，重点分析室内重点部位，如出入口、楼（电）梯、走廊、疏散门的数量、尺寸和位置是否符合相关标准、是否具备改善条件、适宜采用哪种改造方式等。

（2）基地疏散条件分析：目的是判断原有用房的室外安全疏散条件是否符合目标要求，重点分析用地的开口数量和位置、周边的通道和道路的宽度、是否具备消防扑救条件、是否具备改善条件等。

（3）消防设计等级分析：目的是判断原有用房属于哪个消防设计等级，结合其建筑规模分析改造设计需要达到的消防等级、需要哪些消防措施、有哪些需要提升的内容。

（4）基地周边市政消防条件分析：目的是判断原有用房自身和所在区域的消防市政条件是否满足目标要求，重点分析原有消防水电条件、是否具备增容和调整的条件、适宜采用哪种改造方法等。

结构可靠性评估

3.5 结构可靠性评估的目的是分析原有结构是否适用和存在什么需要改善的问题，内容包括对原有结构的安全性能、结构体系、结构构件老化情况的分析。

（1）结构安全性能分析：目的是明确原有结构的安全性能是否达标，根据原有用房的建设年代和使用功能，确定原有结构的安全性能和结构抗震性能等，分析其与目标等级的差距等。

（2）结构体系分析：目的是判断原有结构体系是否会给空间调整带来影响，通过明确原有用房的结构形式，分析承重体系的优缺点、适宜采用什么改造加固方式等。

（3）结构构件老化情况分析：目的是判断原有结构的稳固程度，可采用现场取样的方法，检查主体结构的外观和内部状况、构件的老化情况，确定原有结构是否需要进行耐久性改造。

设备基础条件评估

3.6　设备基础条件评估的目的是分析原有用房的设备条件是否适用和存在哪些需要改善的问题，内容包括对原有机电和给排水容量、与外部管网的接口情况、基地周边市政条件的分析，以便确定其是否满足目标要求、能否承载设备的增容需求、适宜采用哪种改造方式等。

（1）机电和给排水容量分析：目的是了解原有建筑给排水、采暖、空调和电气等专业的相应情况，掌握原有用水量、用电量和空调、采暖等设备的技术参数，结合其建筑规模和改造要求，判断原有用量和设备是否满足，分析适宜采用哪种改造手段。

（2）外部管网接口情况分析：目的是了解原有建筑水暖电外部管网接口情况，结合其建筑规模和改造要求，分析原有水暖电外部管网接口是否符合改造布局，以便结合原有用房建筑情况，研讨适宜的改造方法。

（3）基地周边市政条件分析：目的是了解原有建筑周边市政条件情况，判断原有市政条件是否具备增容条件，结合其建筑规模改造要求，分析适宜的增容改造策略。

对周边环境影响评估

3.7　对周边环境影响的评估对象为项目所在地的周边环境，内容包括原有用房改造后对周边建筑和场地的遮挡、设备噪声对周边用户的干扰、车辆出入和停放对周边道路的影响、外观造型与所在区域整体风貌协调等。

（1）针对可扩建的项目，测算扩建部分是否会对周边用户的日照条件产生影响。

（2）针对会产生噪声的厨房、设备的拟放位置，分析其是否与周边用户相邻，是否会造成对周边用户的噪声干扰。

（3）针对拟增设的出入口、停车场和落客区的位置，分析其与外部道路的关系，是否会造成交通阻塞。

（4）针对位于具有整体风貌要求区域的项目，提前了解相应的规划条件和要求，保证造型设计与整体区域的协调。

结合建筑规模合理配置功能

目标解析：

从满足居家老年人的需求出发，社区养老服务设施需提供的服务功能非常多样，而在既有的社区环境中，由于用地、用房资源有限，常常难以找到非常理想的用房。部分既改类设施的原有用房由于建筑面积小，与使用需求有一定差距，存在建筑规模不足的问题。因此，在改造设计中，一方面需要结合所在社区老年人的需求和原有用房的建筑规模，优先配置基本功能，酌情选设附加功能；另一方面也需要通过灵活组织各类功能，充分利用有限的面积，提高空间利用效率；此外，还可挖掘建筑平面和剖面中的改造潜力，拓展使用空间，在有限空间中尽可能为老年人提供更多的服务。

4 结合建筑规模合理配置功能

改造设计常见问题

（1）原有用房在建筑规模方面应满足什么基本要求?

（2）既改类设施的服务功能配置应如何确定?

（3）建筑规模受限时，应如何组织空间以便提供更多服务功能?

（4）如何巧妙利用家具设备在有限的空间中配置更多的服务功能?

（5）当具备内部加建条件时，宜采用何种方法拓展使用空间?

重点评估项 如何判断原有用房的建筑规模是否满足要求?

4.1 既改类设施的服务功能与空间配置应基于对养老需求的调查分析和对原有用房建筑规模、空间类型和改造潜力的评估分析，评估主要内容参考如下：

（1）原有用房的建筑面积是多少？ □ m^2

（2）根据所在区域老年人需求，拟建项目需配置哪些服务功能？ □

（A. 接待咨询 B. 膳食供应 C. 日间休息 D. 文化娱乐 E. 保健康复 F. 心理慰藉 G. 个人清洁 H. 辅具租赁 I. 交通接送 J. 呼叫代办 K. 入户服务 L. 陪同外出 M. 短期托养 N. 长期托养 O. 其他）

（3）根据对拟建项目建筑规模的评估，宜配置哪些服务功能？ □

（A. 接待咨询 B. 膳食供应 C. 日间休息 D. 文化娱乐 E. 保健康复 F. 心理慰藉 G. 个人清洁 H. 辅具租赁 I. 交通接送 J. 呼叫代办 K. 入户服务 L. 陪同外出 M. 短期托养 N. 长期托养 O. 其他）

（4）原有用房的建筑规模是否能够满足使用需要？ □（A. 是 B. 否）

（5）根据规划条件和原有用房状况，可以进行哪些加建？ □

（A. 室内加建 B. 室外加建 C. 不可加建）

（6）原有用房有哪些可以挖掘的空间潜力？ □

（A. 室内层高较高可做夹层 B. 有内部院落可加建屋顶 C. 有室内中庭可加楼板 D. 扩建部分用房 E. 其他 F. 没有）

评估结果提示： 如果第（4）项的结果为“否”，说明原有用房建筑面积紧张，需要充分利用空间，并挖掘潜力拓展使用空间，其他项的结果则可作为改造设计的依据。

常见问题 01 原有用房在建筑规模方面应满足什么基本要求?

4.2 为了满足社区养老服务设施综合性养老服务的功能要求，既改类设施所选择的原有用房的建筑面积不宜小于 200 m^2。[1]

4.3 为了满足就餐区、多功能活动区等老年人生活空间的使用要求，既改类设施所选择的原有用房应至少有一处大空间[2]，建议面积不宜小于 50 m^2。

4.4 为了满足心理咨询、个人清洁等老年人个人服务的空间使用要求，既改类设施所选择的原有用房应至少有（或改造后可有）一个相对封闭的房间。

① 此为参考值，可视各设施服务功能的多少和需求进行调整。

② 大空间是指可供多人同时使用、形状较为完整、较少结构遮挡，且面积较大的空间，在社区养老服务设施中一般为就餐区、多功能活动区等。

常见问题 02 既改类设施的服务功能配置应如何确定?

4.5 既改类设施的服务功能与空间配置应基于对养老需求的调查分析和对原有用房建筑规模、空间类型和改造潜力的评估分析，在满足所在辖区老年人的需求的前提下，根据原有用房的建筑规模进行灵活配置。

4.6 既改类设施可根据服务功能对空间进行模块划分。当建筑规模受限、难以配置全部服务功能时，在基础模块以外宜结合养老需求选设最急需的功能模块（表 4.1）。

表 4.1 既改类设施功能模块划分

模块类型		老年人用房	后勤服务用房
基础模块		接待区、公共卫生间	办公区、储藏区
功能模块	文娱模块	多功能活动区、专项活动区	—
	膳食模块	就餐区	厨房、备餐区
	健康模块	健康指导区、康复理疗区、辅具展示区、心理慰藉区	—
	日间模块	日间休息区	洗衣区
	清洁模块	助浴室、理发区、手足护理区	洗衣区
	托养模块	入住区起居厅、老年人居室、居室卫生间	入住区护理站、洗衣区
	入户服务模块	—	办公区

常见问题 03 建筑规模受限时，应如何组织空间以便提供更多服务功能?

4.7 当建筑规模受限时，宜采用适宜的空间形式，通过各类空间布局方式的灵活处理，以便提供更多的服务功能，提高空间利用效率。

（1）采用功能定期周转的方法，合并部分功能所需的空间，如辅具租赁、康复理疗、理发和手足护理等个人清洁可共用一个空间，每日轮流提供不同的服务（图 4.1）。

安装镜子方便理发时使用

设置水池和置物台方便清洁并放置和收纳物品

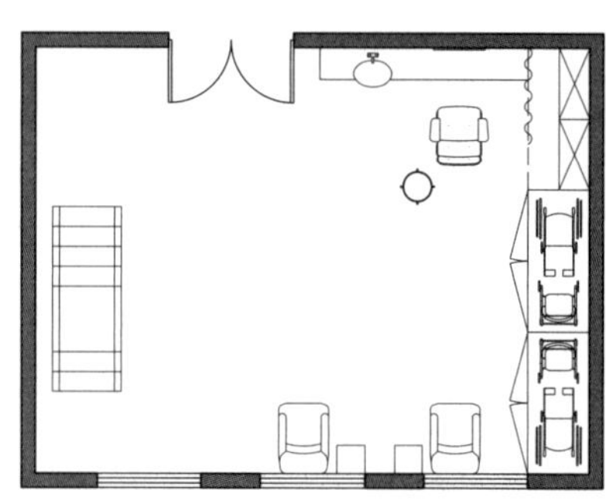

作为理发室（左：局部透视图；右：平面示意图）

必要装置放置于适宜的位置，并预留机电条件

将活动家具收纳起来，留出必要空间进行康复训练

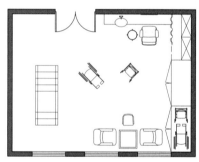

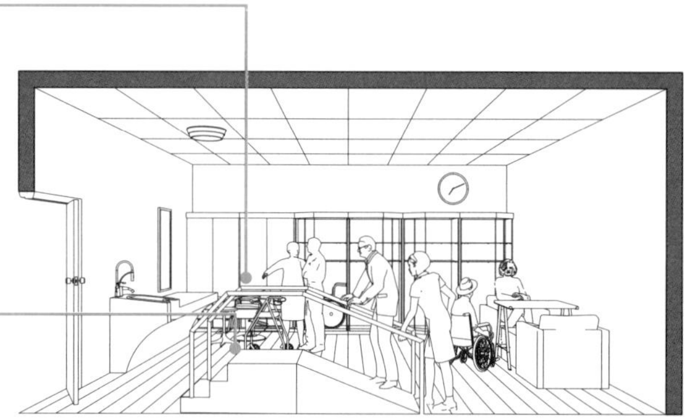

作为辅具展示 / 康复训练室（左：局部透视图；右：平面示意图）

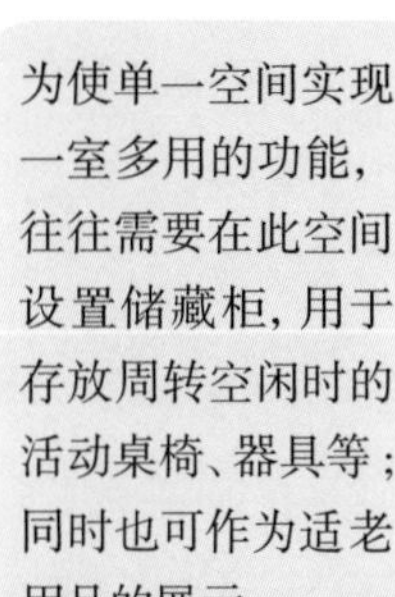

为使单一空间实现一室多用的功能，往往需要在此空间设置储藏柜，用于存放周转空闲时的活动桌椅、器具等；同时也可作为适老用品的展示

采用可折叠沙发床或按摩椅，兼顾理疗按摩、手足护理等需求

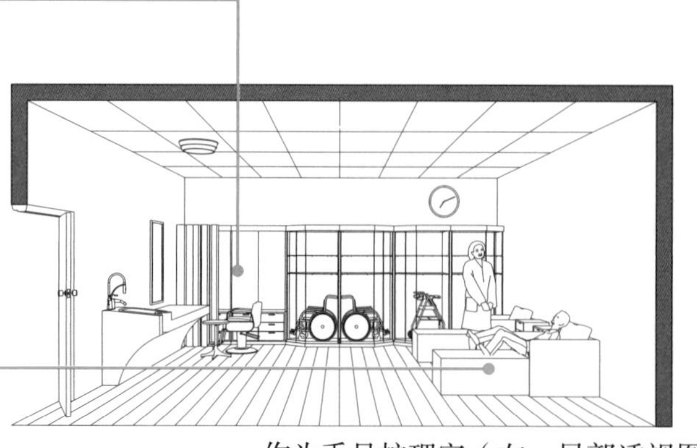

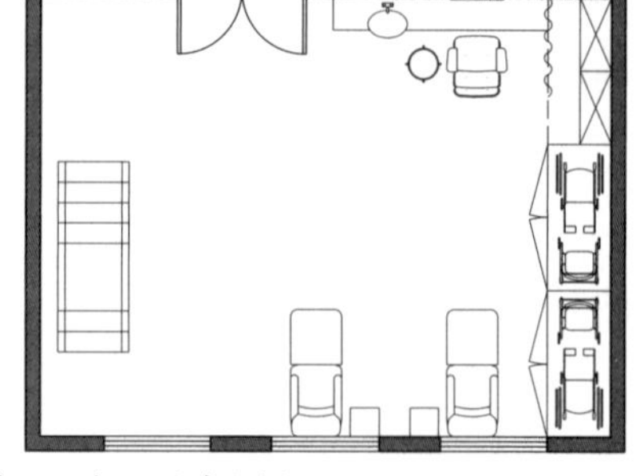

作为手足护理室（左：局部透视图；右：平面示意图）

图 4.1 定期周转功能空间示意图

（2）采用空间分时利用的方法，将不同功能融合在一个空间中，如就餐区采用可灵活组合的桌椅，用餐时间以外成为文化娱乐空间；日间休息区采用可折叠沙发、按摩床等可转换式床具，午休时间以外成为文化娱乐或康复理疗空间（图 4.2、图 4.3）。

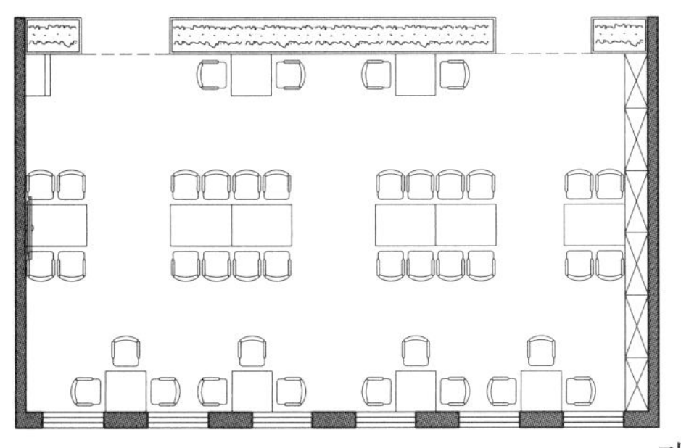

设置储藏柜，以便功能转换时收纳不用的家具设备

功能一：就餐模式

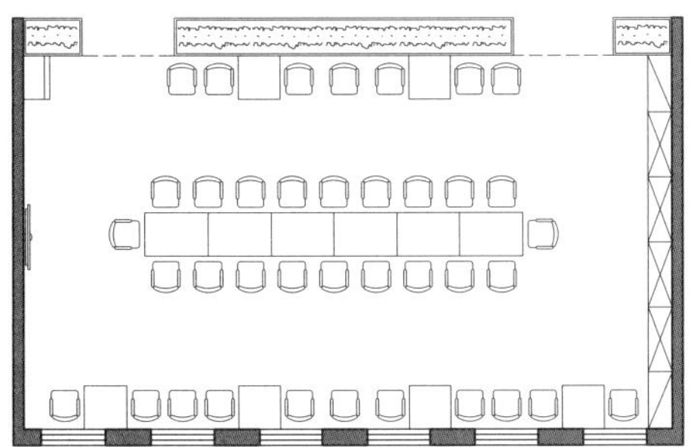

采用尺寸统一、可以组合、稳固轻便的家具，以便根据使用功能需要灵活摆放

功能二：活动模式

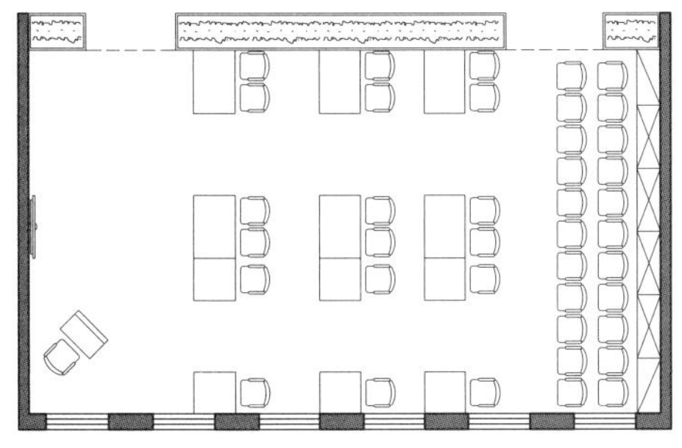

设置电源插座，均匀布置，以便灵活使用

功能三：讲座模式

图 4.2　就餐区的分时利用示意图

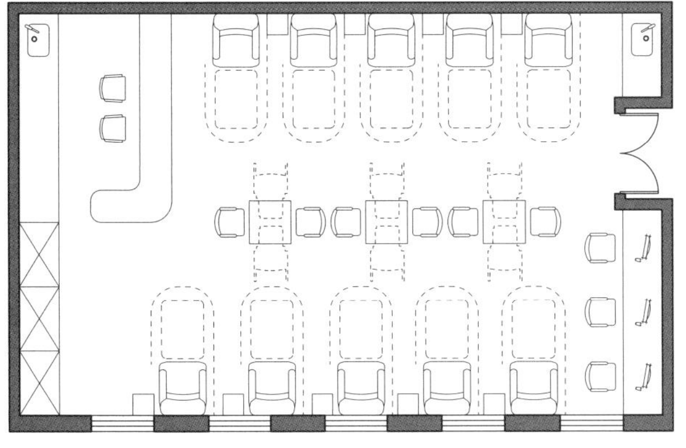

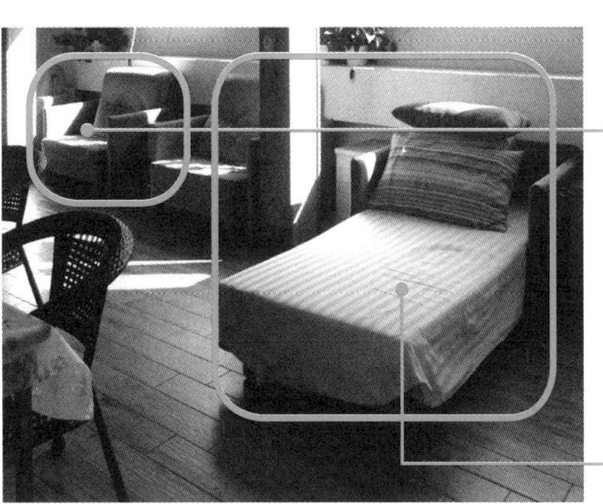

当沙发床合上时，可以满足老年人平常坐姿休息

当沙发床打开时，可以满足老年人午间躺卧的需求

图 4.3　日间休息区采用可转换式床具

（3）部分老年人生活空间采用开放式的布局方法，以节约交通面积，最大化地利用有限的空间，如多功能活动区采用开放式布局，将空间内外的交通面积融合在一起，实现空间的充分利用（图 4.4）。

（4）部分后勤服务空间采用开放式的布局方法，以节约后勤服务面积，如将接待区和办公区结合在一起，以综合服务台的形式设置在就餐区、多功能活动区中，在实现空间充分利用的同时还可方便老年人与服务人员交流互动（图 4.5）。

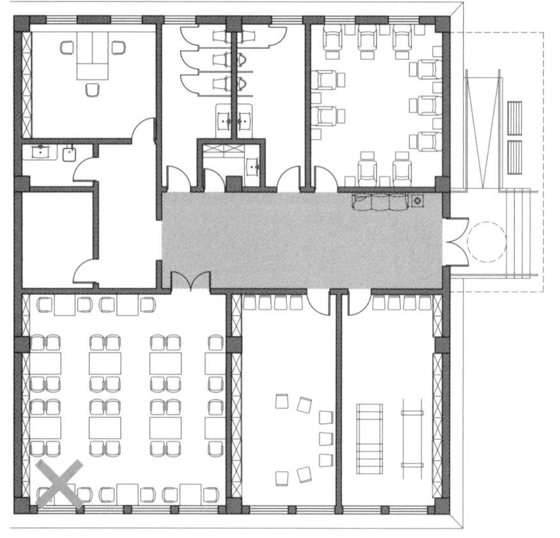

改造前：原有平面布局较为死板，空间被划分成多个小空间，空间利用率较低

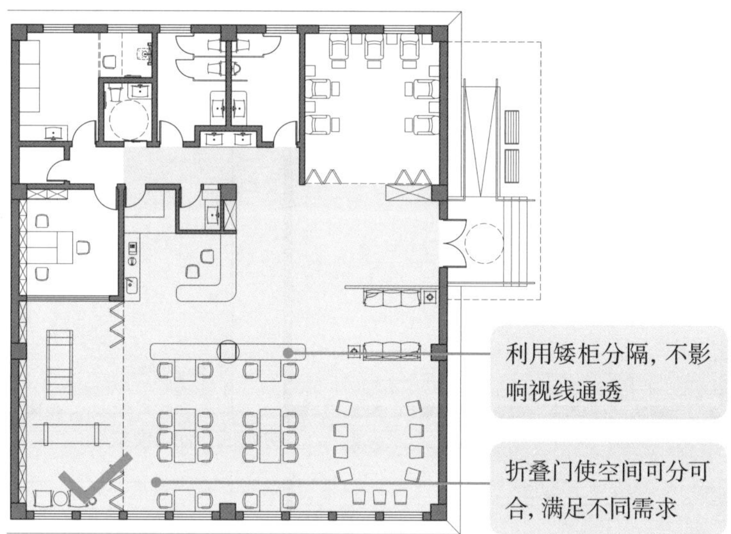
利用矮柜分隔，不影响视线通透
折叠门使空间可分可合，满足不同需求

改造策略：将原有墙体打开，形成开放的大空间，并利用矮柜和可折叠的屏风进行空间分隔，满足不同活动的需求

图 4.4　老年人活动区域开放式布局方式示意图

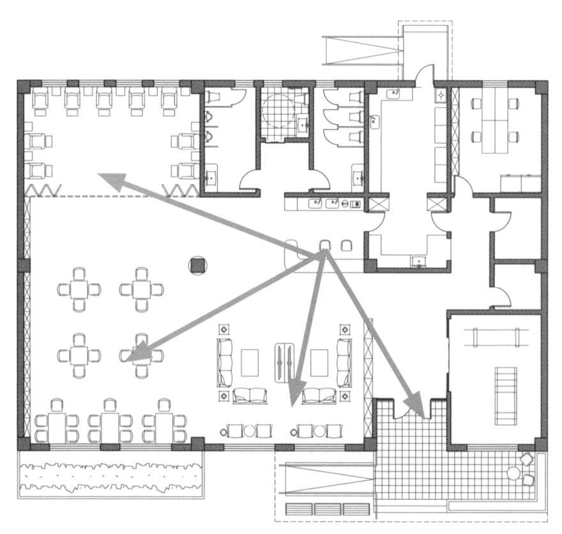

开放式服务台可使老年人与服务人员视线通达，提升其安全感

图 4.5　开放式服务台设置示意图

（5）形成可灵活分割的大空间，如在较大的空间中采用折叠门、推拉门等可变隔断，以便根据不同功能要求既可集中使用，又可分区使用（图 4.6）。

（6）利用交通空间进行康复训练，如利用走廊、楼梯等交通空间进行老年人行走机能的康复训练，既模拟了日常生活环境，又充分利用了交通空间（图 4.7）。

①图 4.7 来源：周燕珉工作室。

图 4.6　灵活分割的大空间形式

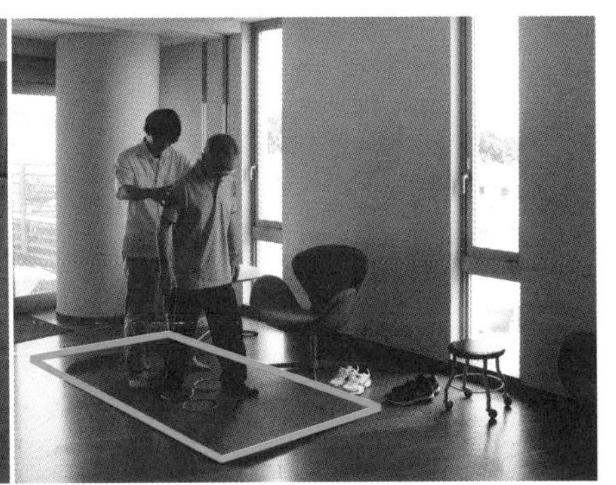

图 4.7　利用交通空间进行康复训练[①]

常见问题 04 如何巧妙利用家具设备在有限的空间中配置更多的服务功能？

4.8 选用可以灵活变换的家具，方便根据需要进行功能转变，实现空间的充分利用：

（1）采用可组合的家具，如采用有相同尺寸模数的桌子，既可单独使用，又可组合在一起，以便通过对家具的不同组合实现使用功能的多样性（图 4.8）。

（2）采用可转换功能的家具，如日间休息的床具采用可折叠的沙发床、沙发椅、理疗椅等[①]，以便在休息时间以外作其他用途。

（3）设置集约式的固定家具设备，如将尺寸相近的家具组织在一起，形成紧凑的“家具墙”，避免由于零散摆放的家具、设备造成空间浪费（图 4.9）。

4.9 为了实现空间使用功能的多样性和灵活性，应设置充足的储藏空间，如结合开放空间设置储藏间或壁柜，以便功能转换时解决家具、设备的储存问题（图 4.10）。

①参考：在德国老年人日间照料设施中多采用沙发椅、躺椅或电动折叠椅，平均每个设施仅 1.61 张床且多作为治疗床。

②图 4.10 来源：周燕珉工作室。

图 4.8 可组合的家具

活动室设置了家具设备“墙”——集合各类功能，折叠可动镜面方便功能转换

图 4.9 采用集约式的家具设备

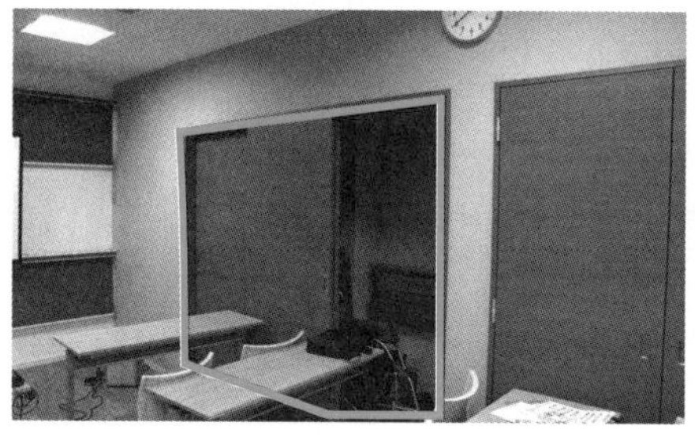

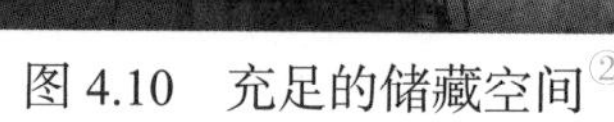

图 4.10 充足的储藏空间[②]

常见问题 05 当具备内部加建条件时，宜采用何种方法拓展使用空间？

4.10 当原有用房具备加建条件时[3]，可采用以下针对性的加建策略：

（1）如室内的高度较为充足，可设置夹层，拓展使用空间（图 4.11）。

（2）如原有用房有可封闭的院落，可通过设置屋顶将其转换成使用空间（图 4.12）。

（3）如原有用房室内设有中庭，可通过增设楼板拓展使用空间。

[3] 涉及加建、外立面调整等项目应符合相关规划要求，需考虑办理相应的规划及消防等报批手续。

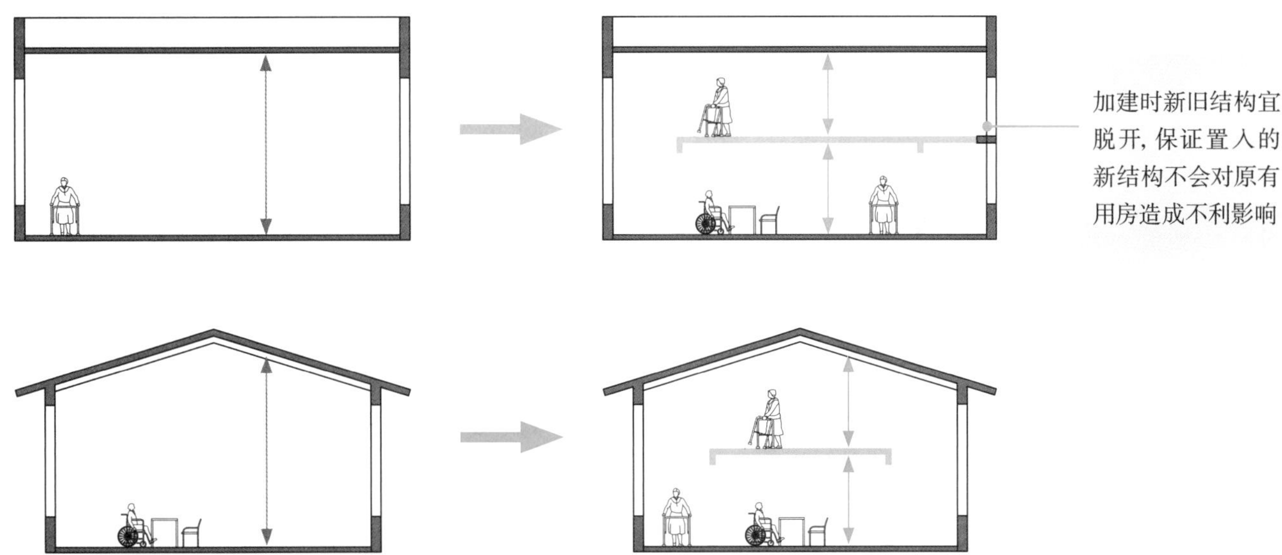

加建时新旧结构宜脱开，保证置入的新结构不会对原有用房造成不利影响

图 4.11 设置夹层拓展使用空间

原有院落空间加设屋顶，转换成使用空间

图 4.12 封闭院落增设屋顶

优化外部交通保障疏散安全

目标解析：

交通便利是社区养老服务设施选址的重要依据，一般应设有供老年人使用和供后勤使用的两类出入口，其数量和位置应方便日常使用，并保障紧急情况下的安全疏散。部分既改类设施的原有用房受周围建筑环境的影响，用地环境封闭、对外开口受限、周边道路狭窄，存在对外交通和安全疏散困难的问题。在改造设计中，需要对原有用房的建筑和场地出入口进行优化，以保障使用者出入方便和安全疏散。

改造设计常见问题

（1）既改类设施的出入口数量和位置应该如何确定？
（2）原有用房出入口的外部交通条件应该满足什么基本要求？
（3）如何根据原有用房的条件合理设置老年人出入口？
（4）如何根据原有用房的条件合理设置后勤服务出入口？
（5）当场地对外开口受限时，应该如何解决交通和疏散的问题？
（6）当建筑对外开口受限时，应该如何解决交通和疏散的问题？

重点评估项 如何判断原有用房是否满足交通疏散要求？

5.1 既改类设施的外部交通优化方案基于对原有用房的选址与基地条件、建筑疏散条件和场地疏散条件的评估分析，评估主要内容参考如下：

（1）原有用房共有几个建筑出入口？ □（A. 1 个 B. 2 个 C. 3 个及以上）

（2）原有用房是否有机动车可通达的出入口？ □（A. 是 B. 否）

（3）原有用房共有几个机动车可通达的出入口？ □
（A. 1 个 B. 2 个 C. 3 个及以上）

（4）机动车可通达的出入口外部道路是否满足消防车通行要求？ □
（A. 是 B. 否）

（5）机动车可通达的出入口外部空间是否符合消防扑救条件？ □（A. 是 B. 否）

（6）短边长度＞ 24 m 的内部院落是否有消防车出入口？ □
（A. 是 B. 否 C. 无此类场地）

（7）是否有供车辆落客和临时停放的外部空间？ □（A. 是 B. 否）

（8）是否具备增设建筑出入口的条件？ □（A. 是 B. 否）

（9）是否具备增设场地出入口的条件？ □（A. 是 B. 否）

评估结果提示： 第（2）（4）（6）项为社区养老服务设施的必备条件，如果该 3 项的结果为“否”，说明原有用房不适用；否则，其他项的结果可作为改造设计的依据。

常见问题 01 既改类设施的出入口数量和位置应该如何确定？

5.2 拟建项目的建筑出入口数量和位置既应符合使用要求，又应符合安全要求，以便保证日常使用方便和紧急情况下的疏散安全（图 5.1）。

5.3 原有用房的建筑出入口数量是否满足要求，可结合该项目的建筑面积等进行判断，若不满足要求则应进行增设。[1]

5.4 供老年人使用和供后勤服务使用的建筑出入口宜分别设置，以便合理组织老年人流线和后勤服务流线，避免二者发生交叉干扰。

[1] 判断依据可参考相关规范，如《老年人照料设施建筑设计标准》（JGJ 450—2018）、《建筑设计防火规范》（GB 50016—2014）等。

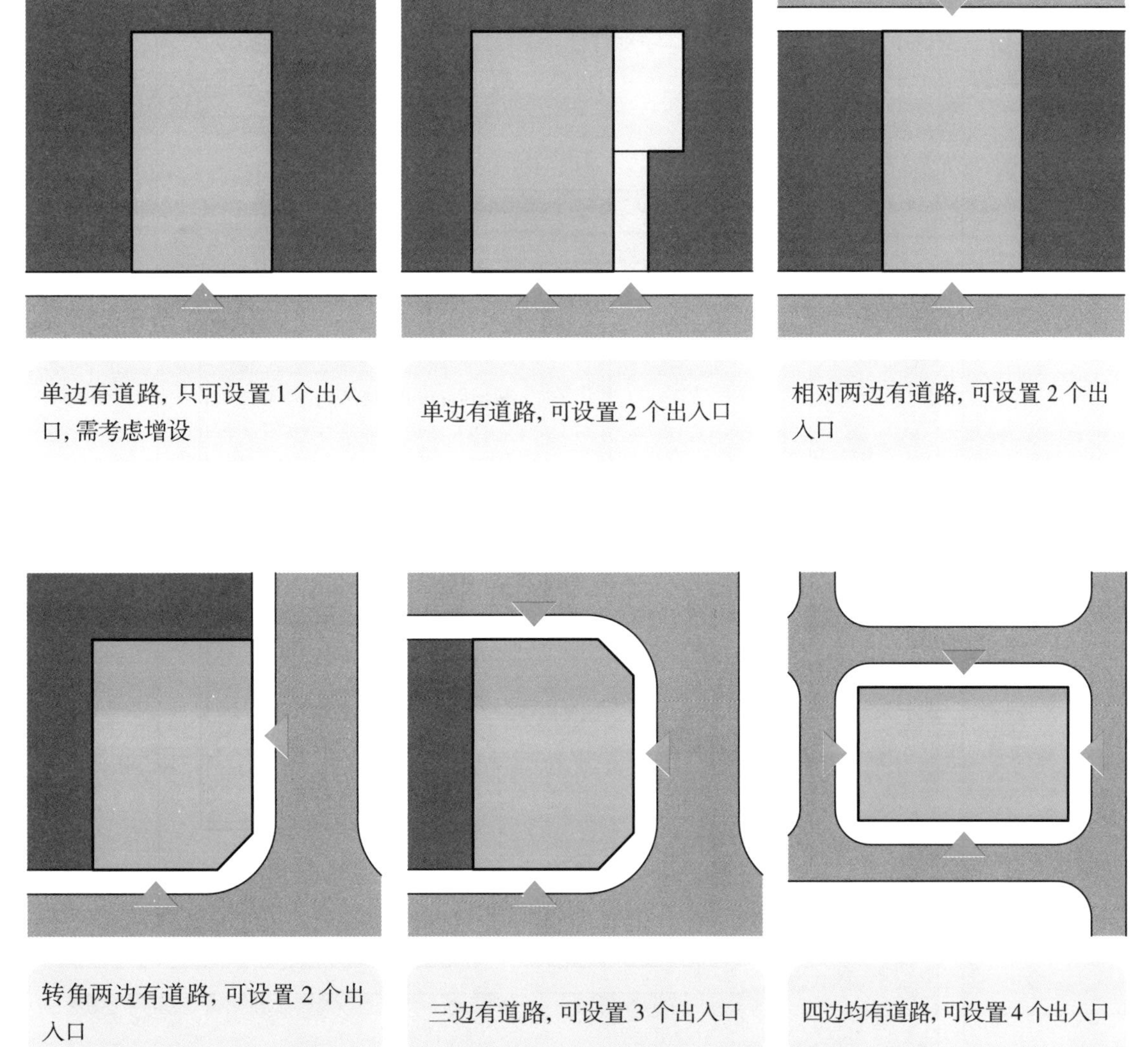

单边有道路，只可设置 1 个出入口，需考虑增设
单边有道路，可设置 2 个出入口
相对两边有道路，可设置 2 个出入口
转角两边有道路，可设置 2 个出入口
三边有道路，可设置 3 个出入口
四边均有道路，可设置 4 个出入口

图 5.1 不同用地条件下的建筑出入口类型示意图

常见问题 02 原有用房出入口的外部交通条件应该满足什么基本要求?

5.5 原有用房至少应有 1 个可供机动车通达的出入口，以便满足接送老年人、对外送餐和后勤运输等车辆的需要（图 5.2）。

5.6 原有用房可供机动车通达的出入口外部的道路空间应符合临时停车、落客和消防扑救要求，以便满足消防、救护等机动车辆的需求。

5.7 原有用房的外部环境应有可供车辆落客和临时停放的空间，包括机动车[1]和非机动车。

①有条件的情况下可设置无障碍机动车停车位。

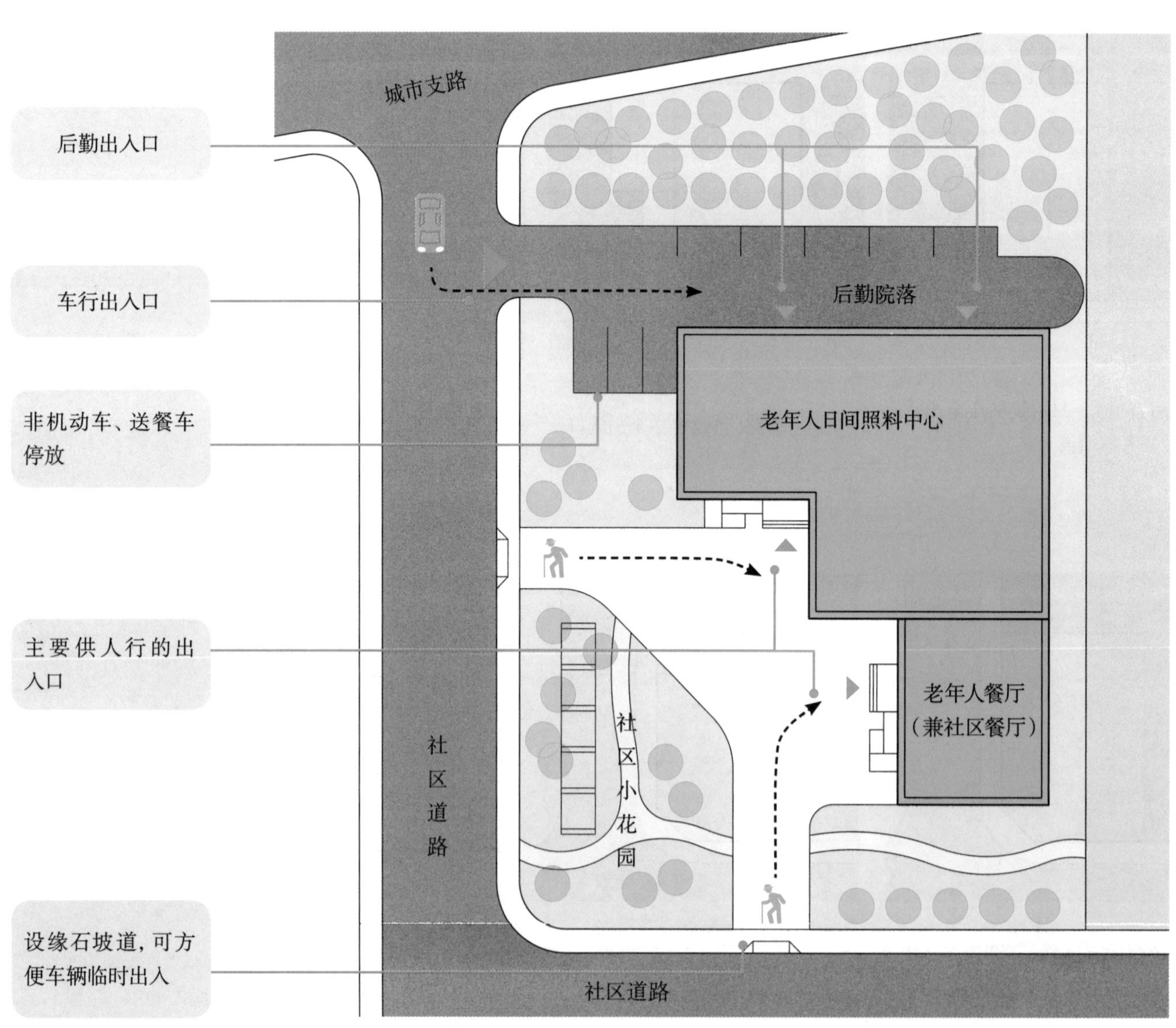

图 5.2 某社区养老服务设施出入口外部交通条件分析

常见问题 03 如何根据原有用房的条件合理设置老年人出入口？

5.8 优选具备良好交通和疏散条件的位置设置老年人出入口，以便保证老年人使用方便。

5.9 老年人出入口的外部环境应能够保证老年人的出入安全，与其相连的外部道路或场地宜为城市次干道、城市支路、社区级道路或活动场地，避免直接通向城市主干道。

5.10 老年人出入口外应有可供人员、轮椅、各类老年代步车辆短暂停留和回转的缓冲空间[②]，并设置必要的安全措施（图 5.3）。

②其中轮椅回转空间可参考图 1.3。

5.11 老年人出入口处应满足无障碍通行的需求，如具备设置无障碍轮椅坡道、台阶、休息平台、升降设备等的空间条件。

5.12 老年人出入口宜就近车辆落客和临时停放的区域，以方便老年人乘车。

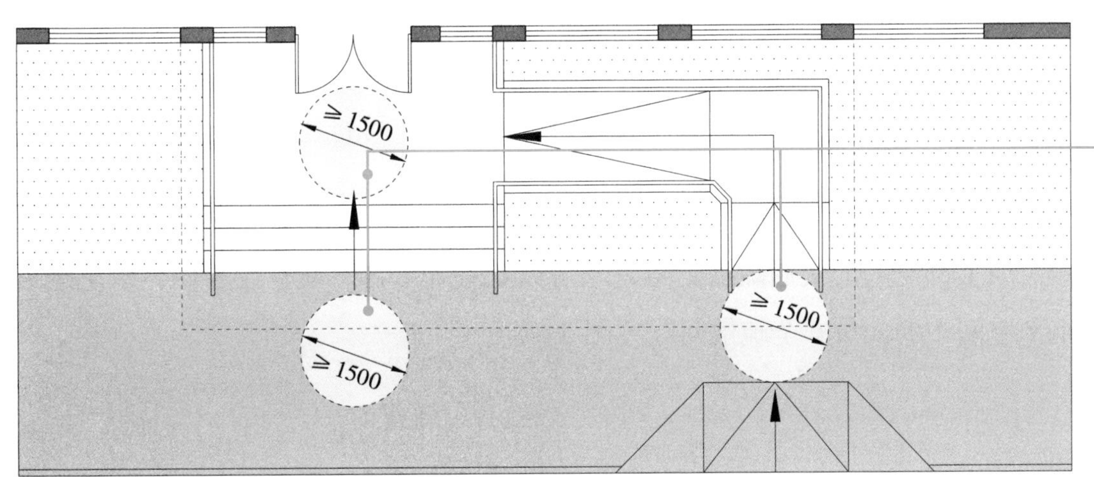

图 5.3 老年人出入口处的缓冲空间

常见问题 04 如何根据原有用房的条件合理设置后勤服务出入口？

5.13 选择可直接向外部道路或活动场地开口的位置设置后勤服务出入口，以便保证运输方便。

5.14 就近后勤出入口宜设置供送餐车辆、接送车辆等后勤车辆的临时或长期停放区域。

常见问题 05 当场地对外开口受限时，应该如何解决交通和疏散的问题?

5.15 当内部场地受周边环境的影响无法对外直接开口时，应采用灵活方法解决交通疏散问题。如局部打通首层建筑，形成过街楼，保证内部场地可达[①]（图 5.4）。

①此外还应注意：根据《建筑设计防火规范》(GB 50016—2014) 的要求，有封闭内院或天井的建筑物，当内院或天井的短边长度大于 24 m 时，宜设置进入内院或天井的消防车道。此时，过街楼车道的净宽度和净空高度均不应小于 4.0 m。

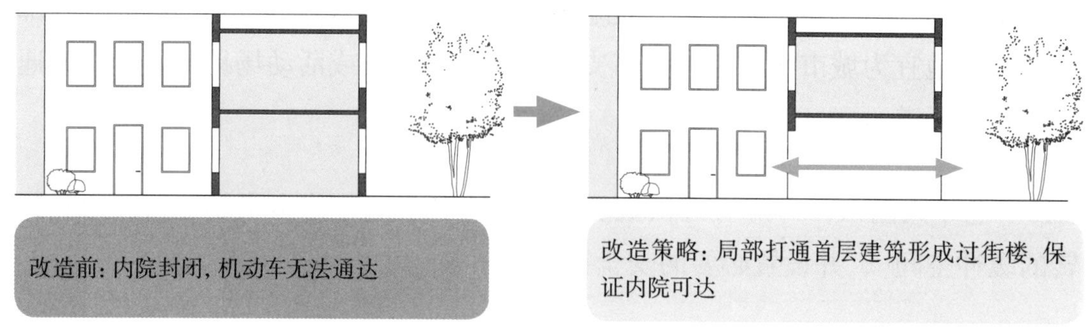

改造前：内院封闭，机动车无法通达
改造策略：局部打通首层建筑形成过街楼，保证内院可达

图 5.4 封闭场地对外开口受限时增加对外出入口

常见问题 06 当建筑对外开口受限时，应该如何解决交通和疏散的问题?

5.16 当原有用房受周边环境的影响无法对外直接开口或开口数量受限时，应采用灵活方法解决室内交通疏散问题。

（1）内部道路和场地具备直接对外开口的条件时，可将建筑的出入口开向可直接对外开设出入口的室外场地（图 5.5）。

（2）当上部空间的交通疏散受阻时，可设置室外平台、坡道或楼梯，解决建筑上部空间中的人员安全疏散问题（图 5.6）。

改造策略：建筑内部的出入口朝向内部道路或场地开放，以解决交通和疏散问题

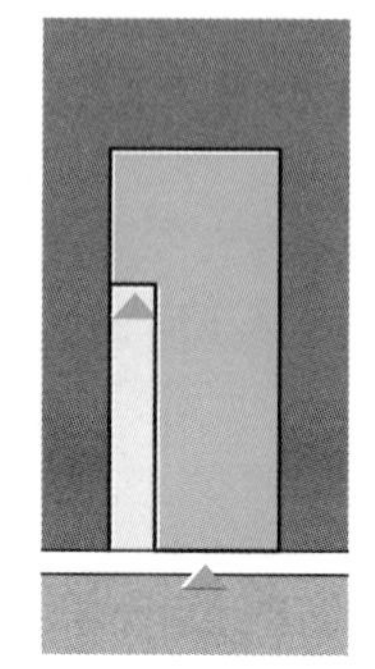
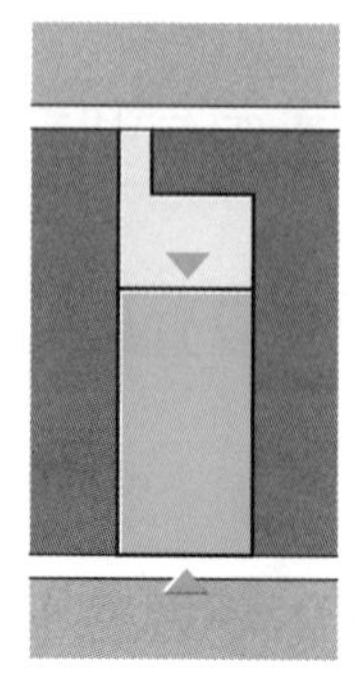
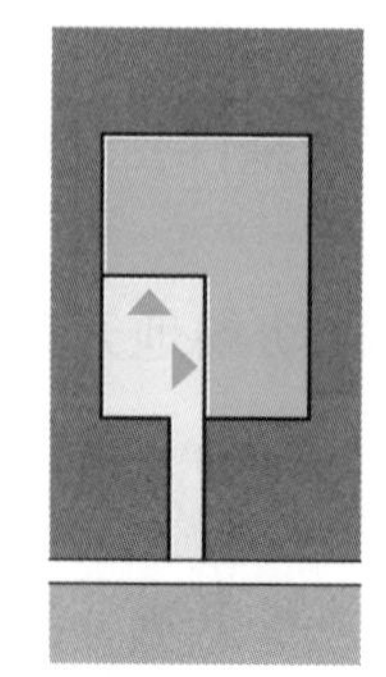
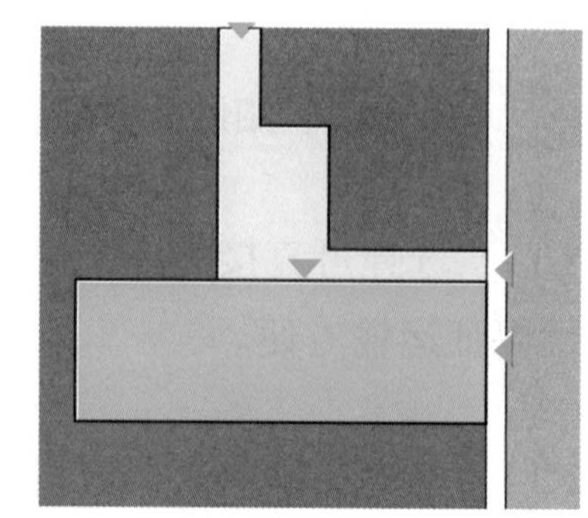

图 5.5 出入口朝向内部道路或场地

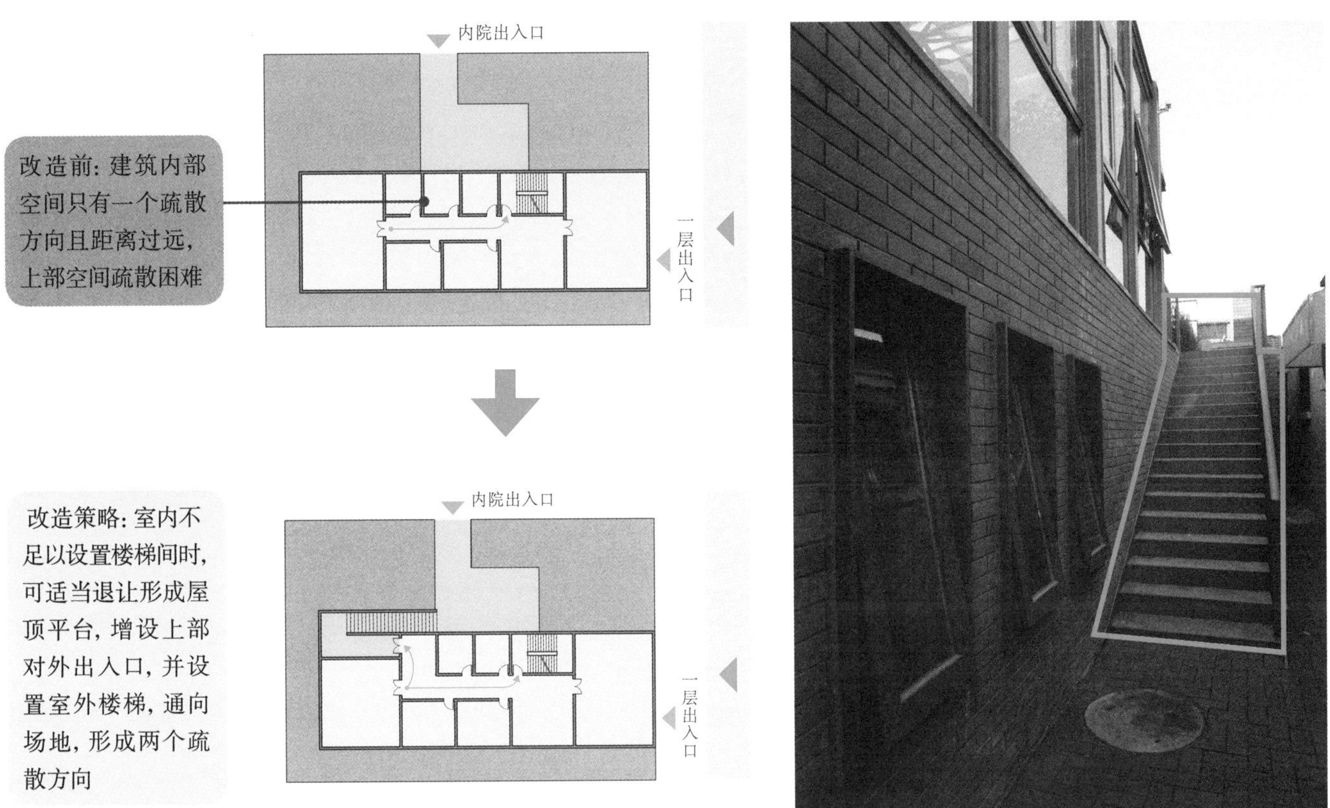

内院出入口
改造前：建筑内部空间只有一个疏散方向且距离过远，上部空间疏散困难
一层出入口
改造策略：室内不足以设置楼梯间时，可适当退让形成屋顶平台，增设上部对外出入口，并设置室外楼梯，通向场地，形成两个疏散方向
内院出入口
一层出入口

图 5.6　室外楼梯保证疏散要求

6

完善无障碍出入口方便通达

目标解析：

通行无障碍是社区养老设施设计的关键内容，建筑出入口是其中的关键节点之一，是老年人能够安全抵达的重要保障。部分既改类设施由于受到原有用房的局限，出入口空间比较局促，存在休息平台宽度不足、地面有高差、缺少轮椅坡道、缺少雨棚、缺少扶手、门槛未消除等问题，给老年人的出入安全带来隐患。因此，在对供老年人使用的主入口进行改造设计时，需要根据现场条件酌情采用可行方法，满足无障碍设计要求，方便老年人通达。此外，为了实现接送老年人的服务，还应考虑无障碍落客区的设计。

6 完善无障碍出入口方便通达

改造设计常见问题

（1）既改类设施应如何满足无障碍出入通行的基本需要？

（2）室外空间受限时，如何解决出入口无障碍改造与外部道路的关系？

（3）如何根据出入口室外空间条件合理解决无障碍高差过渡？

（4）如何根据出入口室外空间条件正确设计扶手？

（5）如何根据出入口室外空间条件正确设计雨棚？

（6）如何根据出入口室外空间条件正确选择外门的形式？

（7）如何根据出入口室外空间条件正确设计无障碍落客区？

（8）地面材料无法更换时，应如何对地面进行防滑处理？

重点评估项 如何判断原有用房是否满足无障碍出入要求？

6.1 既改类设施出入口的无障碍优化方案基于对原有用房出入口处无障碍条件的评估分析，评估主要内容参考如下：

（1）原有用房是否有满足相关规范的无障碍出入口？ □（A. 是 B. 否）

（2）原有用房拟设的无障碍出入口处存在什么问题？ □

（A. 没有休息平台或休息平台不正确 B. 没有坡道或坡道不正确 C. 没有台阶或台阶不正确 D. 地面太滑 E. 没有扶手或扶手不正确 F. 没有雨棚或雨棚不正确 G. 存在门槛 H. 门的选型不正确 I. 出入口宽度不足 J. 其他）

（3）拟设的无障碍出入口处的高差是多少？ □ mm

（4）拟设的无障碍出入口与外部道路之间的距离是多少？ □ m

（5）根据所在区域的规划条件，拟设的无障碍出入口外部空间允许做哪些无障碍改造？ □

（A. 拓展或改造休息平台 B. 增设或改造台阶 C. 增设或改造坡道 D. 增设或拓展雨棚 E. 增设升降设备 F. 设置乘车落客区 G. 都不允许）

评估结果提示： 如果第（1）项的结果为“否”，说明原有用房不具备无障碍出入条件，需要进行无障碍改造，其他项的结果则可作为改造设计的依据。

常见问题 01 既改类设施应如何满足无障碍出入通行的基本需要?

6.2 社区养老服务设施建筑应设置无障碍出入口，以满足老年人出入通行、临时停留、高差过渡、乘车落客等需要，其基本构成要素和设计要求参见表 6.1、图 6.1。[①]

6.3 既改类设施至少应有一处满足相关规范的建筑无障碍出入口，且应结合供老年人使用的主要出入口设置。

6.4 既改类设施老年人出入口无障碍改造设计应根据原有用房出入口无障碍条件而定，重点关注外部人行道路、台阶和坡道、休息平台等部位。

①参见《无障碍设计规范》(GB 50763—2012)。

表 6.1 建筑无障碍出入口的基本构成要素和设计要求

项目	构成要素	重点尺寸要求	主要设计要点
出入通行	门斗*	—	满足门开启和轮椅回转需要；北方地区的建筑北侧和西侧的出入口应设置门斗
	通行净宽	宜≥1500 mm	出入口处内外的空间净宽
	门的选型	门开启净宽≥800 mm[②] 不设门槛或门槛高度≤15 mm	消除或降低门槛；应选用玻璃门或设置观察窗；具备条件时，建议选用自动门[③]
临时停留	休息平台	—	门开启后应可满足轮椅停留和回转需要
	雨棚	—	应完整覆盖休息平台；具备条件时，宜完整覆盖台阶、坡道和落客区
高差过渡	台阶	100 mm≤踏步高度≤150 mm 踏步宽度≥300 mm	
	坡道	高长比参见相关规范 通行净宽≥1.2 m	坡道转折处的平台应满足轮椅回转需要
	升降设备*	电梯、垂直或斜挂式升降设备	适用于高差较大、空间受限的无障碍出入口
	扶手	850 mm≤高度≤900 mm	多于三步高差的休息平台、台阶和坡道两侧应设置扶手
乘车落客	落客区*	—	宜就近建筑无障碍出入口，且满足相关规范
备注	标“*”处为需视具体情况而设置的内容。		

②有条件时，门扇开启净宽不宜小于 900 mm。

③自动门开启后通行净宽不应小于 1.00 m。

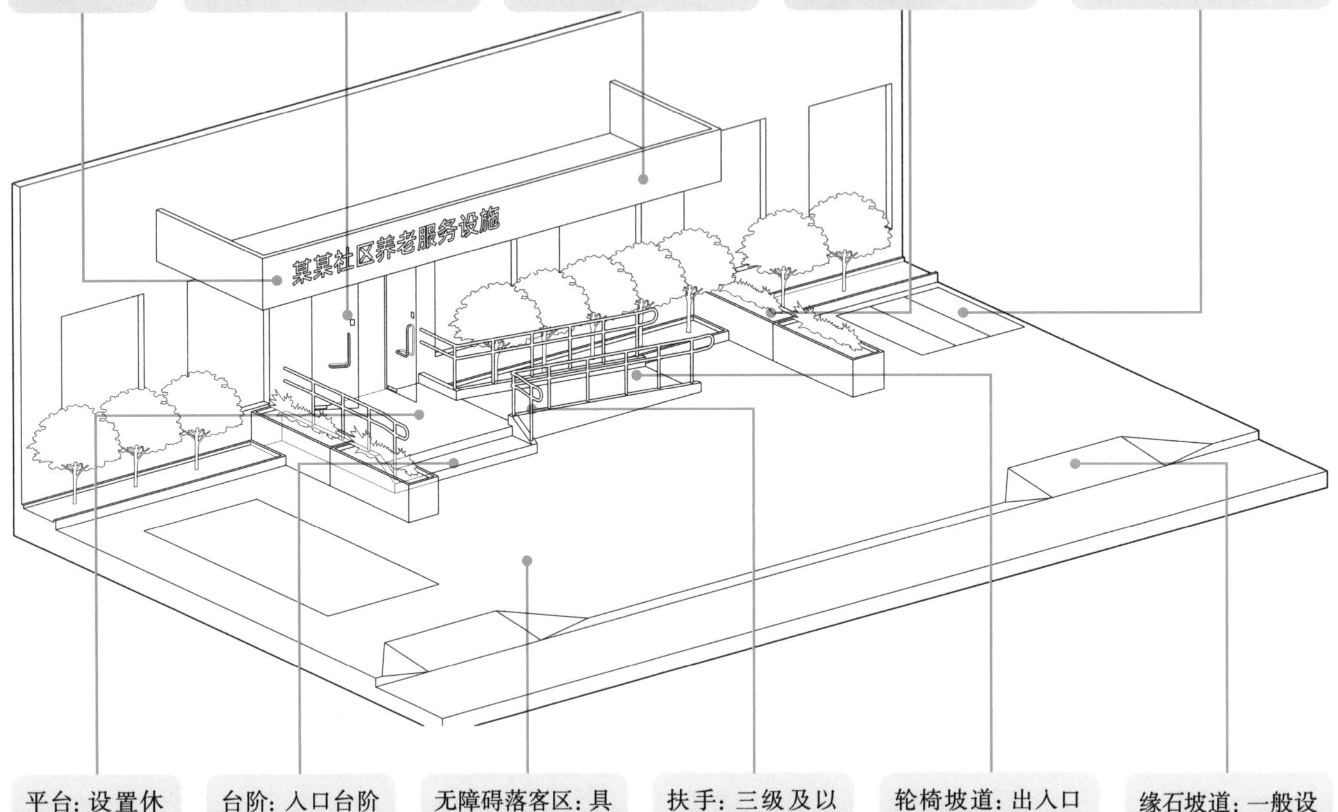
标识：入口应设置规范明显的养老设施标识，方便老年人识别
门：采用易开启的门，满足门扇开启净宽，具备条件时可选用电动门。门扇尽量选择通透材质，方便使用者观察门内外的状况
雨棚：适当扩大雨棚，宜覆盖到平台、台阶、轮椅坡道等区域，方便老年人在雨雪天撑伞，并防止滑倒
景观花箱：花箱的设置一方面将老年人和车辆进行分离，营造一个安全的通行条件；另一方面植物景观可增进设施的亲切感
停车位：出入口附近宜设置一定数量的停车位，包括机动车停车位和非机动车停车位，方便老年人日常接送和出行
某某社区养老服务设施
平台：设置休息平台，在门完全开启的状态下平台的净深度不应小于 1.5 m
台阶：入口台阶踏步应防滑，踏步宽度不宜小于 300 mm、高度不宜大于 150 mm，并不应小于 100 mm
无障碍落客区：具备条件时，设置无障碍落客区，方便老年人安全上下车
扶手：三级及以上的台阶和坡道应在两侧设置扶手，方便轮椅人士和老年人步行时使用
轮椅坡道：出入口存在高差时应设置轮椅坡道，其宽度、坡度满足相关规范
缘石坡道：一般设置于人行道口或设施出入口外人行道边，方便轮椅进入人行道行驶

图 6.1　无障碍出入口设计要点示意图

6.5 既改类设施出入口无障碍改造设计的内容一般包含：改善门斗设计，加大休息平台尺寸，调整台阶踏步的高、宽尺寸，增设或改善轮椅坡道，增设或改善扶手，增设、提升或加大雨棚覆盖范围，选择正确的门形式，地面的防滑处理，设置乘车落客区等（表 6.2）。

表 6.2 既改类设施老年人出入口无障碍改造重点部位和内容

重点部位		无障碍高差处理	消除门槛和地面小高差	留出回转空间	保证通行净宽	地面防滑处理	无障碍部品选配和细部设计	标识标志和信息系统配置
老年人出入口	外部人行道路	●	●	●	●	●	—	—
	台阶和坡道	●	—	●	●	●	●	●
	休息平台	●	●	●	—	●	●	●
备注		●表示应着重关注。						

常见问题 02 室外空间受限时，如何解决出入口无障碍改造与外部道路的关系？

6.6 既改类设施出入口处需要进行无障碍改造时，避免对外部通行、消防救护和安全疏散造成干扰。由于受到原有用房的制约，不同项目出入口处室外空间尺寸存在差异，因此应结合具体情况正确处理无障碍改造与外部空间的关系（图 6.2）。

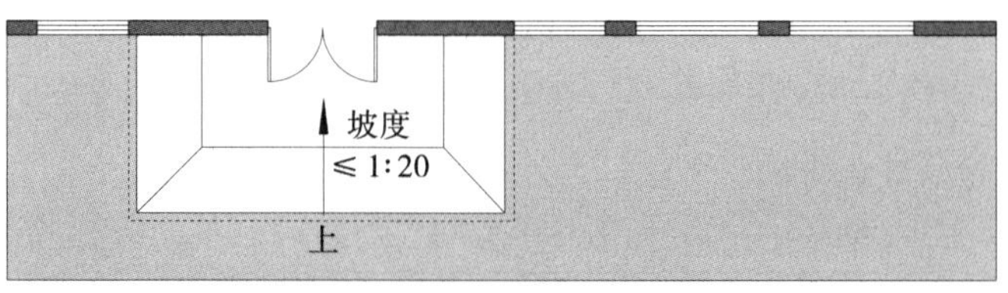

室内外高差小，采用不大于 1:20 的缓坡过渡方式，可以不做台阶

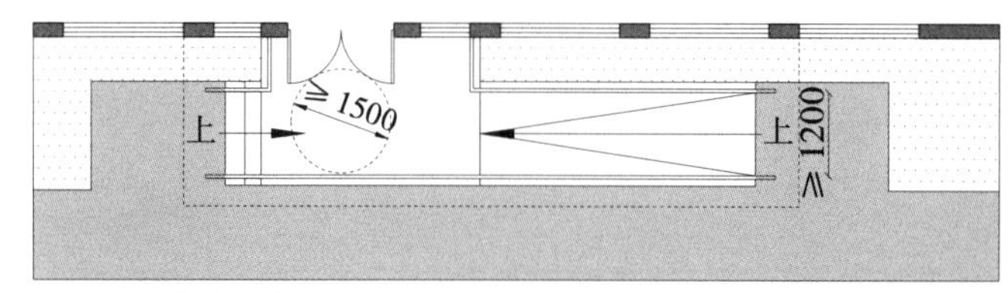

台阶与轮椅坡道相对设置。注意避免开启扇阻碍轮椅通行

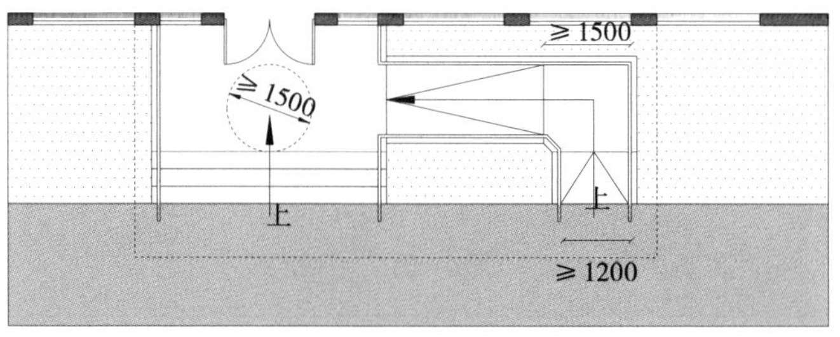

室内外高差较大，采用 L 形轮椅坡道。注意休息平台应满足轮椅回转需要

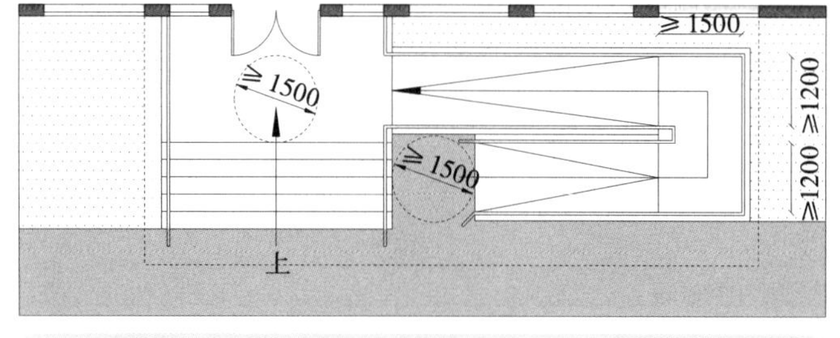

室内外高差较大，采用折返形轮椅坡道。注意休息平台应满足轮椅回转需要

图 6.2 不同高差的无障碍出入口平面示意图

（1）根据规划条件应维持出入口外部原有控制线不变时，可通过调整台阶和轮椅坡道的方向，在原尺寸之内实现加大休息平台、方便轮椅回转的改造（图 6.3）。

（2）当无障碍出入口距外部道路较近时，轮椅坡道的方向不宜直接通向外部道路，以免老年人乘轮椅或步行出门下行时与外部交通车辆、行人发生冲撞（图 6.4）。

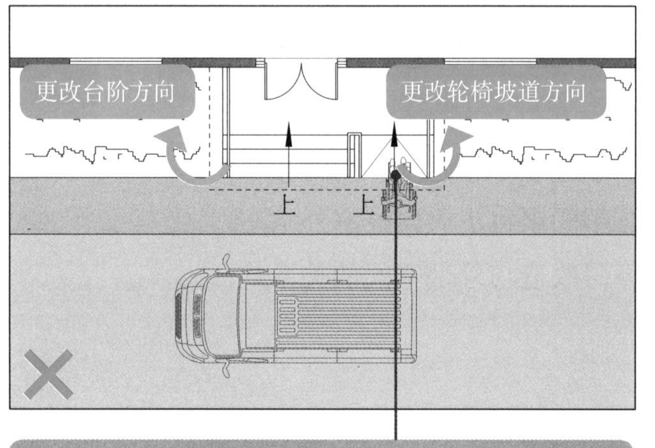

改造前：轮椅坡道长度过短，坡度陡，不符合规范要求且直冲马路，容易与行人发生碰撞

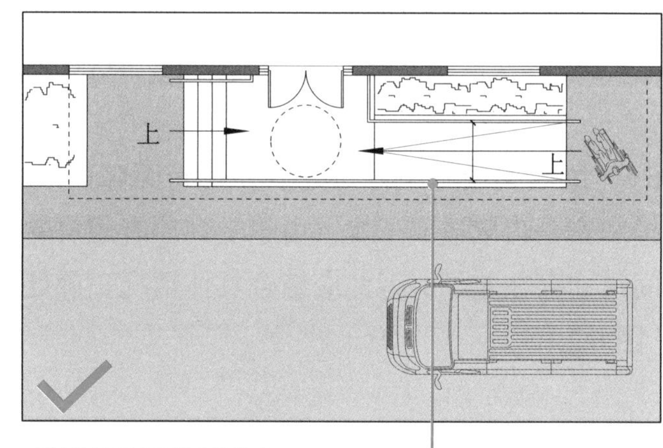

改造策略：在原有控制线以内，更改入口台阶及轮椅坡道方向，延展轮椅坡道长度，避免与行人碰撞

图 6.3　调整台阶轮椅坡道方向

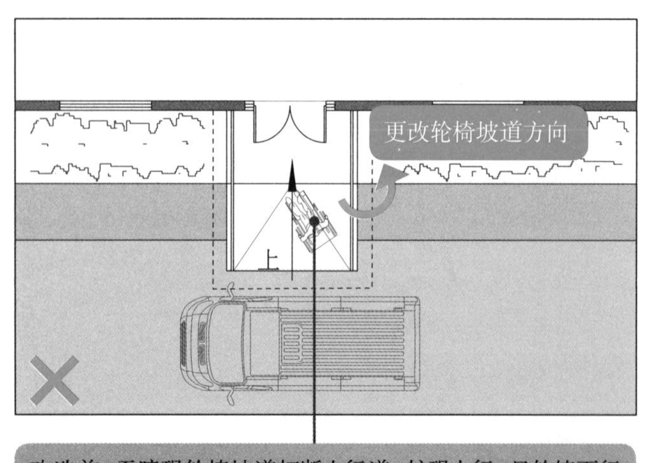

改造前：无障碍轮椅坡道打断人行道，妨碍人行，且轮椅下行易与车辆发生冲撞

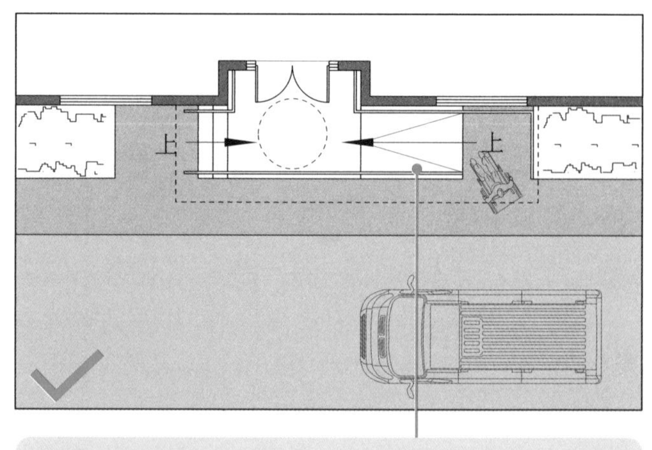

改造策略：更改轮椅坡道方向，保持人行道的连贯性，保障轮椅下行时的安全

图 6.4　避免轮椅坡道方向直通外部道路

（3）当有多个位置较近的出入口时，可将其用休息平台连通在一起，以便统一进行无障碍高差处理，减少对室外空间的占用（图 6.5）。

（4）当无障碍出入口室外空间狭窄、不具备无障碍改造条件时，可采用出入口内缩的设计方式，通过门的位置适当内移，将部分或全部休息平台、台阶、轮椅坡道设置在建筑外墙轮廓以内，减少对外部环境的占用（图 6.6）。

（5）当无障碍出入口室外空间不具备无障碍改造条件，而室内空间相对充足时，可将全部或部分休息平台、台阶、轮椅坡道设置在室内，以便缩小出入口处的地平高差，减少对室外空间的占用（图 6.7）。

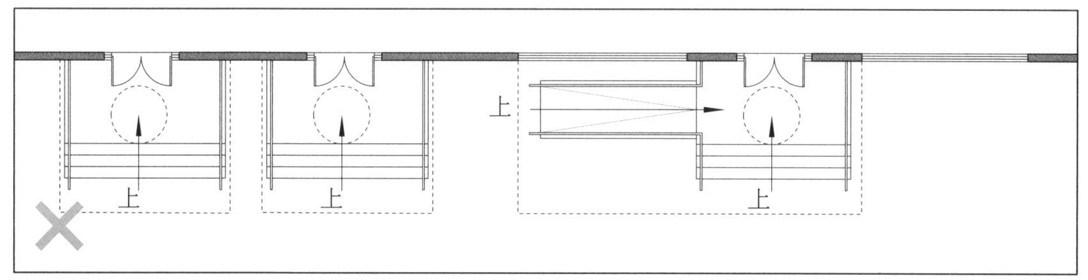

改造前：相邻的几个出入口分散设置，空间不足，无法分别设置坡道，难以满足无障碍要求

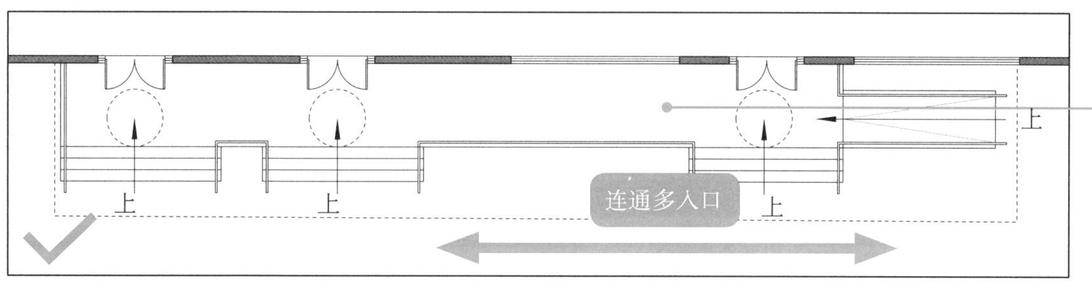

改造策略：用平台将相近入口连接，统一设置无障碍坡道，既节省空间，又增加了老年人可活动的室外空间

图 6.5　多个相邻出入口共设坡道

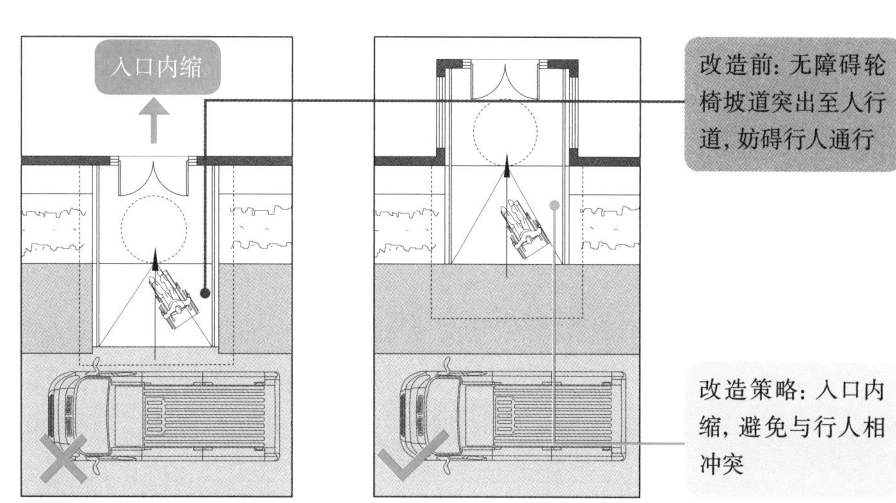

改造前：无障碍轮椅坡道突出至人行道，妨碍行人通行

改造策略：入口内缩，避免与行人相冲突

图 6.6　入口内缩避免过多占用外部道路

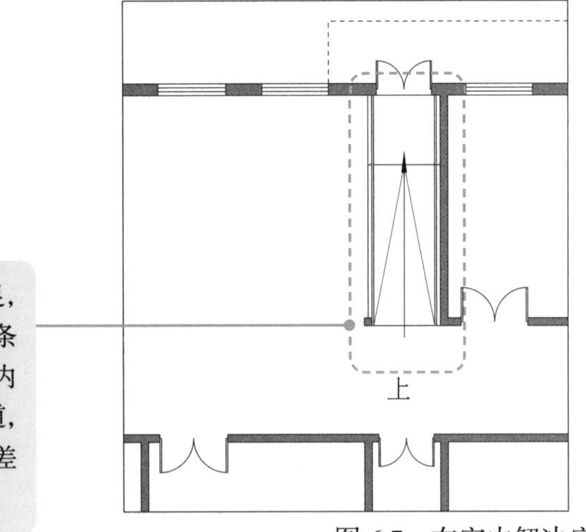

图 6.7　在室内解决室内外高差过渡

常见问题 03　如何根据出入口室外空间条件合理解决无障碍高差过渡?

6.7　无障碍出入口的关键难点是实现无障碍的高差过渡，以便保证老年人、轮椅人上下通行的安全。既改类设施在无障碍改造时，由于受到原有用房的制约，不同项目出入口处的地平高差和室外空间尺寸均有差异，因此应结合具体情况采用适宜的高差过渡方式：

（1）当无障碍出入口处地平高差较小且外部空间尺寸充足时，优先采用不大于1:20 的平坡出入口[①]（图 6.8、图 6.9、表 6.3）。

①根据《无障碍设计规范》(GB 50763—2012) 中规定，平坡出入口的地面坡度不应大于1:20，当场地条件比较好时，不宜大于1:30。

②参见国家标准设计图集《无障碍设计》(12J 926)。

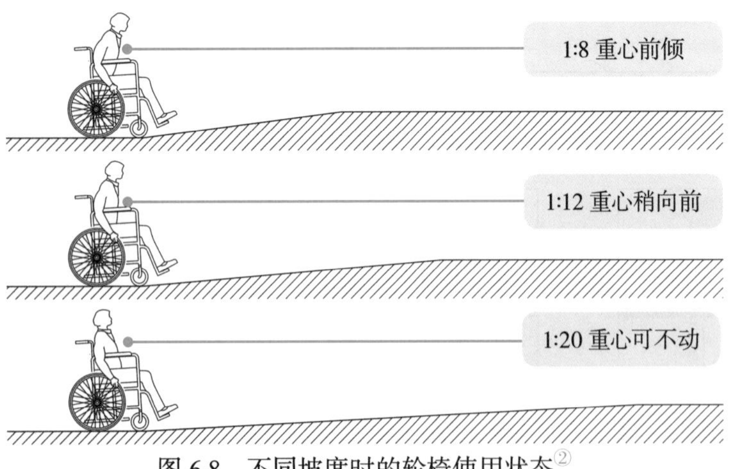

图 6.8　不同坡度时的轮椅使用状态[②]

入口空间充足时，宜采用不大于 1:20 的缓坡过渡方式，可以不做台阶

图 6.9　缓坡出入口示意图

表 6.3　不同坡度坡道的尺寸与使用场景

坡度	1:30	1:20	1:18	1:16	1:14	1:12	1:10	1:8	1:6	1:4	1:2
坡道高度 /m	4.00	1.50	1.30	1.10	0.90	0.75	0.60	0.35	0.20	0.08	0.04
水平长度 /m	120.00	30.00	23.40	17.60	12.60	9.00	6.00	2.80	1.20	0.32	0.08
使用场景	用于室外道路	用于新设计建筑物					用于受场地限制的坡道				

（2）当出入口处地面高差较大，但外部空间较充足时，可采用无障碍轮椅坡道[3]进行高差过渡（图 6.10）。

（3）当出入口处地面高差较大、外部空间不足、不具备设置无障碍轮椅坡道的条件时，可采用升降设备进行高差过渡，如轮椅升降机、斜挂式平台电梯、座椅电梯和电梯等（图 6.11~ 图 6.13）。

③轮椅坡道应符合《无障碍设计规范》（GB 50763—2012）的要求。

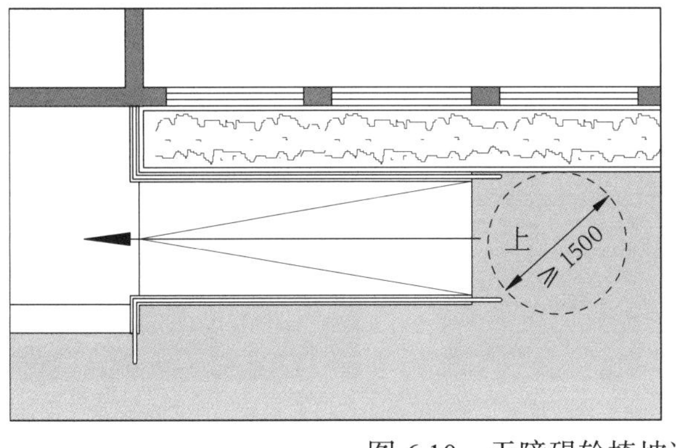
上
≥1500

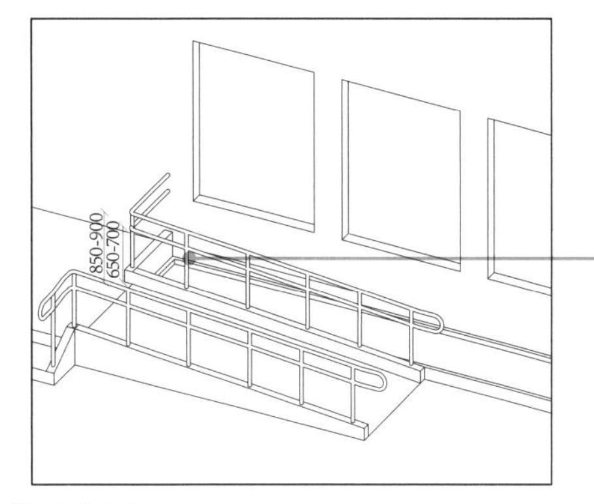
850-900
650-700
设置满足规范的轮椅坡道和扶手等，注意满足轮椅的通行净宽和回转需要

图 6.10　无障碍轮椅坡道示意图

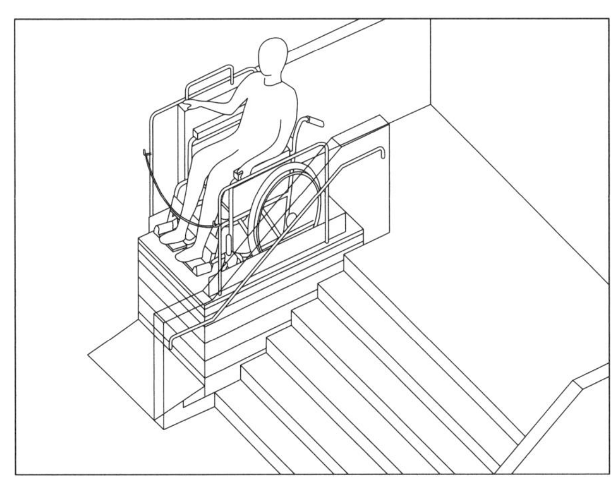

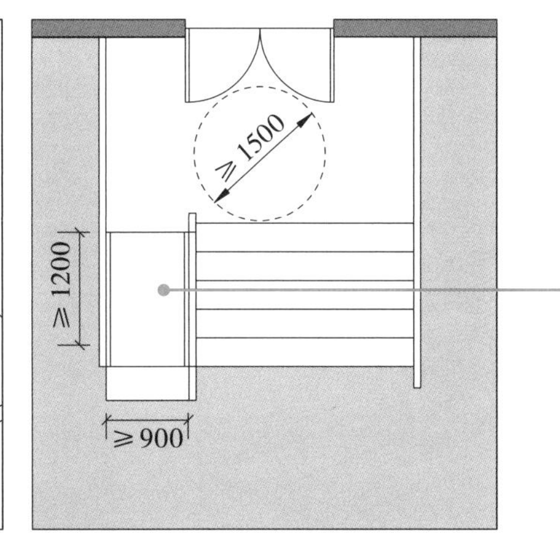
≥1500
≥1200
≥900
设置垂直式轮椅升降机，并注意保证回转空间

图 6.11　垂直式轮椅升降机

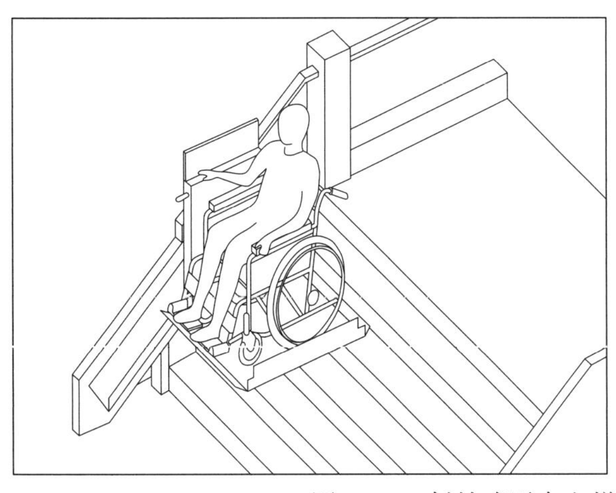

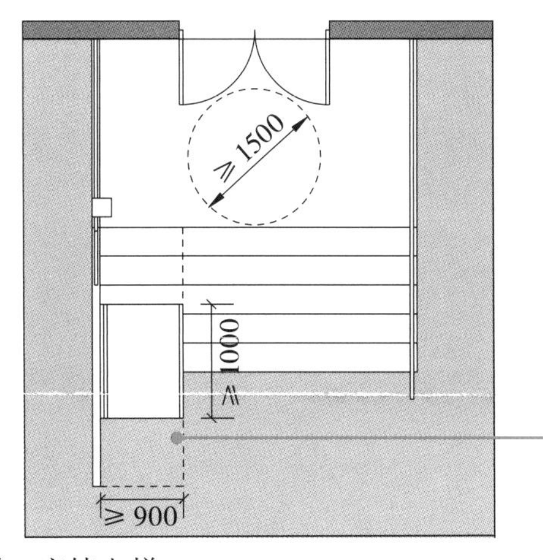
≥1500
≥1000
≥900
设置斜挂式平台电梯或座椅电梯，并注意保证回转空间

图 6.12　斜挂式平台电梯、座椅电梯

（4）当无障碍出入口处不具备增设轮椅坡道和升降设备条件，或出入口需要临时性解决无障碍上下通行时，可采用可拆装的简易轮椅坡道进行高差过渡（图 6.14）。

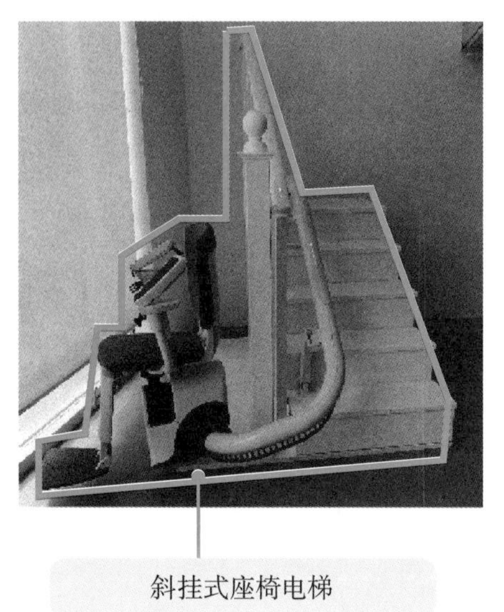

斜挂式座椅电梯

垂直式轮椅升降机

设置室外的电梯

图 6.13 三种可用于无障碍出入口的设备

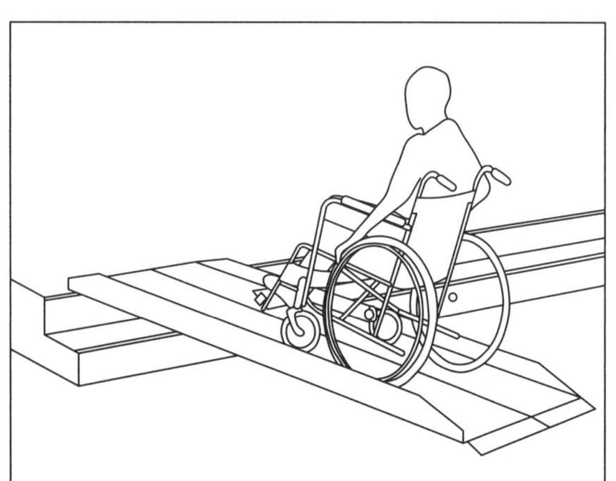

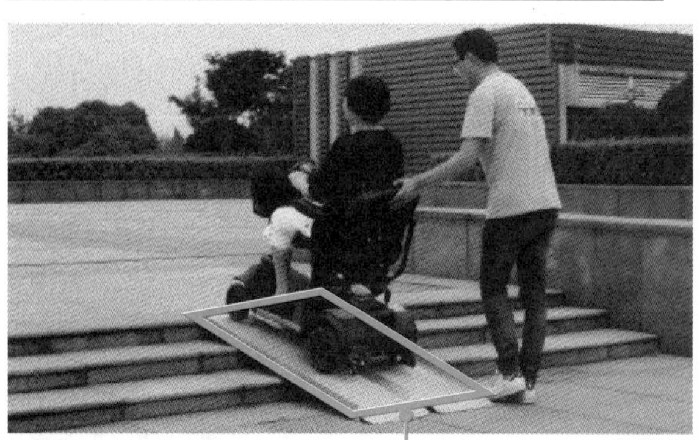

不具备其他改造条件时，可采用临时性无障碍措施，如简易轮椅坡道板

图 6.14 可拆装的简易轮椅坡道

常见问题 04　如何根据出入口室外空间条件正确设计扶手？

6.8　按照相关规范，台阶和坡道处应视条件设置扶手以便老年人撑扶。既改类设施在无障碍改造时，由于受到原有用房的制约，不同项目出入口处的扶手安装条件和室外空间尺寸均存在差异，应结合具体情况采用正确的扶手设置形式[①]：

（1）无障碍出入口处的室内外高差大于两步台阶时，应在休息平台、台阶和轮椅坡道处设置扶手，以便老年人撑扶，并防止其跌落、滑倒。

（2）无障碍出入口增设扶手时不应对外部通行造成阻碍，当空间不足、扶手安装条件受限时，可采用灵活的扶手形式（图 6.15）。

①《无障碍设计规范》（GB 50763—2012）中规定：三级及三级以上的台阶应在两侧设置扶手；轮椅坡道的高度超过 300 mm 且坡度大于 1:20 时，应在两侧设置扶手。

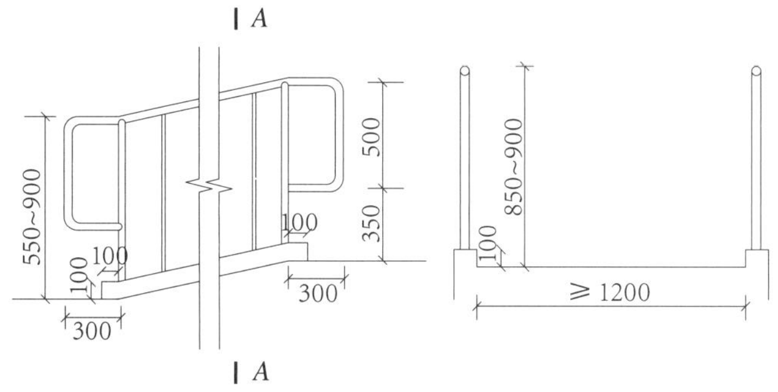

图 6.15　无障碍扶手的各种形式

常见问题 05 如何根据出入口室外空间条件正确设计雨棚?

6.9　一般情况下，出入口处设置雨棚不仅可以防止雨水渗入室内，还可以在人员出入和临时停留时为其挡风避雨，方便其在此打开雨伞。根据社区养老服务设施使用者的特殊性，对于行动缓慢或乘坐轮椅的老年人来说，雨雪天气时在出入口的台阶和轮椅坡道处既要撑着扶手，又要打着雨伞，存在较大的安全隐患，因此雨棚的覆盖范围应适当放大。在既改类设施出入口无障碍改造中，由于受到原有用房的制约，不同项目出入口处的雨棚设置条件和室外空间尺寸均有差异，因此应结合具体情况采用正确的雨棚形式：

(1) 无障碍出入口处雨棚的覆盖范围宜包含休息平台、台阶、轮椅坡道（含升降设备）和无障碍落客区，以免雨雪天气时由于地面湿滑而对老年人、轮椅人士上下通行和乘车造成影响（图 6.16）。

改造前：雨棚未覆盖轮椅坡道，推轮椅时需同时撑伞，不利于控制轮椅

改造策略：加设雨棚覆盖轮椅坡道，推轮椅时不需同时撑伞

改造前：雨棚未覆盖轮椅坡道，轮椅人士自己上下行时需要打伞，不利于控制轮椅

改造策略：加设雨棚覆盖轮椅坡道，轮椅人士自己上下行至平缓处再撑伞，不影响控制轮椅

图 6.16　出入口雨棚的作用示意图

（2）当无障碍出入口处室外空间不足或由于规划条件而不能设置雨棚时，可采用出入口内缩式设计[①]，利用建筑自身的顶板满足雨棚功能（图 6.17）。

（3）结合无障碍出入口设置外廊，满足雨棚功能。

（4）当无障碍出入口室外空间不足或不能设置固定雨棚时，可设置伸缩式或折叠式雨棚，在雨雪天气时打开（图 6.18）。

（5）雨棚的高度和形式不应对外部通行和消防作业造成干扰（图 6.19）。

①指通过门的位置适当内移，将部分或全部休息平台、台阶、轮椅坡道设置在建筑外墙轮廓内，常用于建筑外部空间局促不能向外出挑的情况。

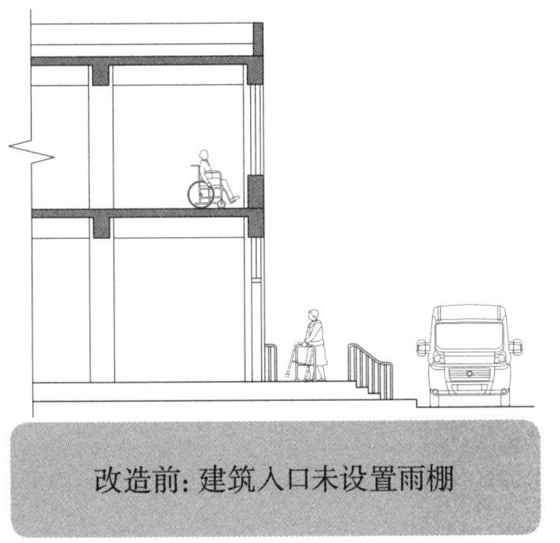

改造前：建筑入口未设置雨棚

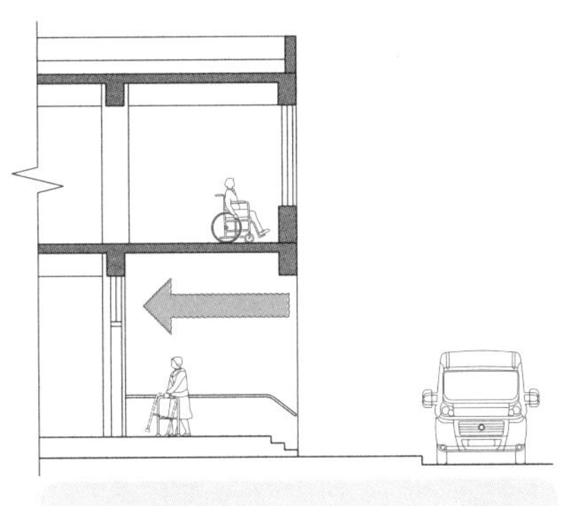

改造策略：将出入口内缩形成雨棚

改造策略：不超出红线时，利用出挑平台或廊子形成雨棚

图 6.17　入口内缩、利用外廊设置雨棚

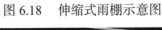

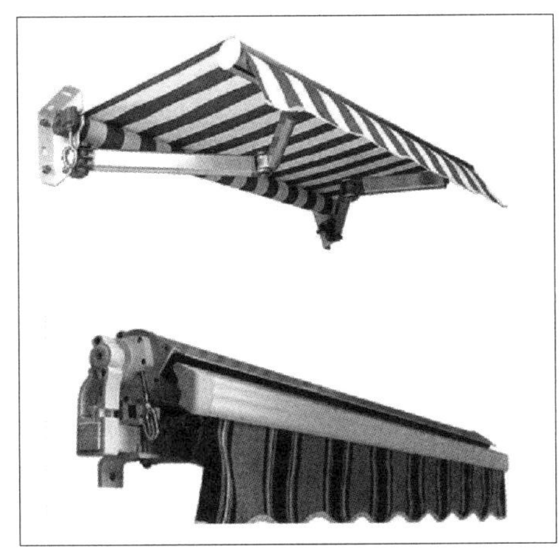

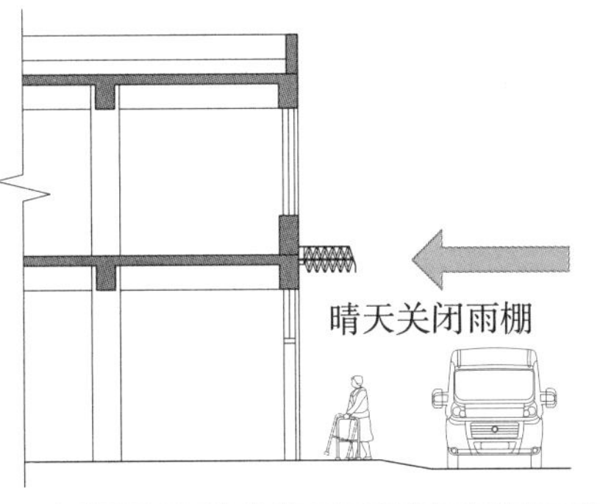

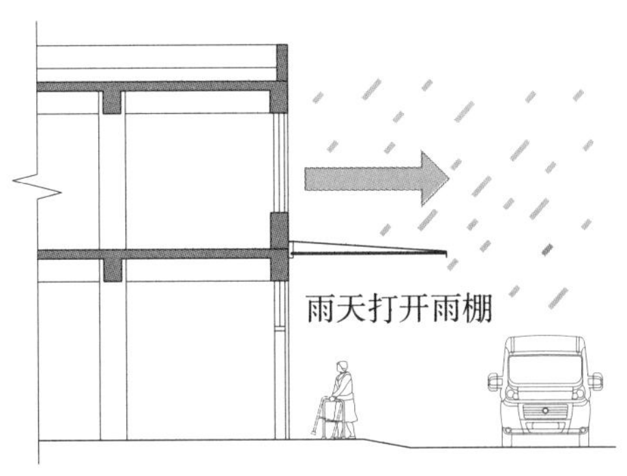

改造策略：若原有用房难以设置雨棚，可采用折叠或伸缩雨棚，在雨雪天时打开，为老年人遮风挡雨

图 6.18　伸缩式雨棚示意图

改造策略：出入口具备机动车落客条件时，雨棚宜覆盖落客区，但不应影响消防作业

图 6.19　雨棚形式

常见问题 06 如何根据出入口室外空间条件正确选择外门的形式?

6.10 对于社区养老服务设施来说，出入口处门的选型非常重要，其无障碍设计的关键要点包含开启净宽、开启方向和开启方式。在既改类设施出入口无障碍改造中，由于受到原有用房的制约，不同项目出入口处的室内外空间条件存在差异，应根据具体情况选用正确的外门形式：

（1）应消除门槛对通行带来的安全隐患，采用无门槛或低门槛的门，以免对乘坐轮椅的老年人自行出入造成阻碍[①]（图 6.20）。

①根据《无障碍设计规范》(GB 50763—2012)的要求，门槛高度不应大于 15 mm。

（2）应避免过于沉重的门，具备条件时宜采用可自动开启的电动门，以便老年人轻松使用（图 6.21）。

（3）门的开启方向和开启方式应恰当，避免开启后的门扇干扰出入口处的通行（图 6.22）。

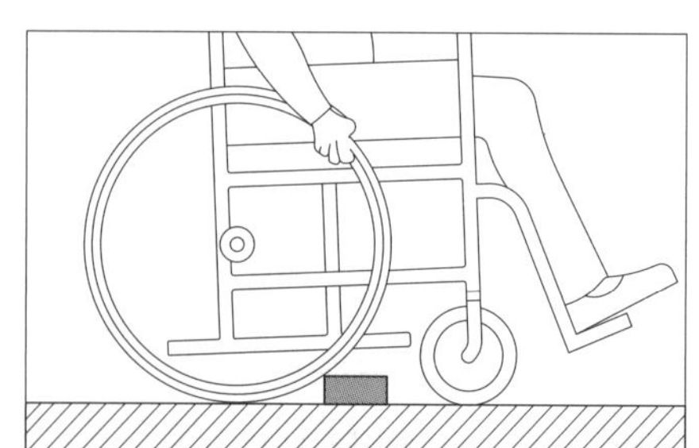

改造前：入口处留有门槛，影响轮椅通行

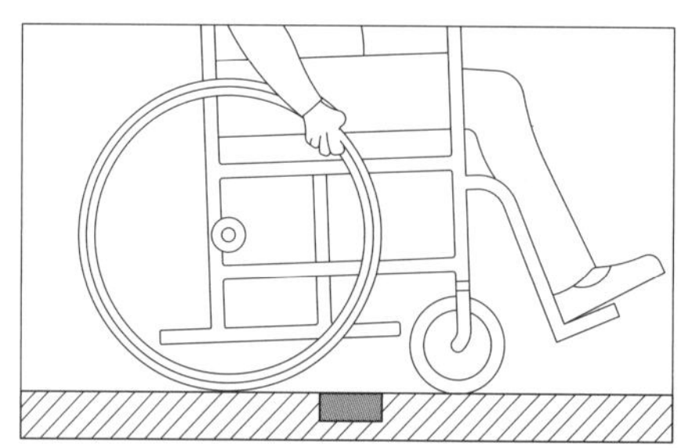

改造策略：将门槛嵌入地板

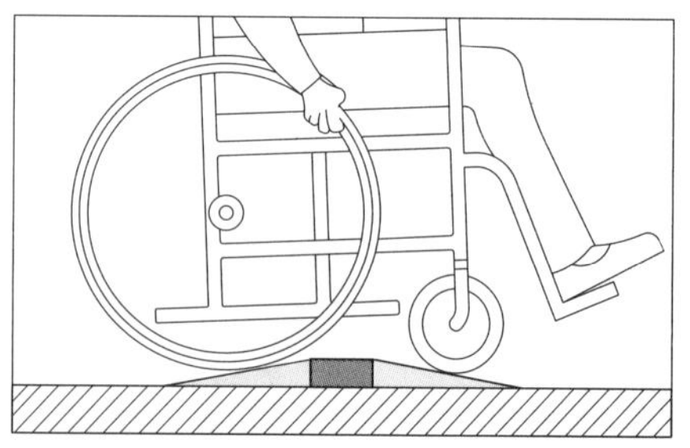

改造策略：在门槛高差处放置坡道板帮助轮椅通行

有门槛

无门槛

小坡道

图 6.20 无门槛式门或在门槛处设轮椅坡道

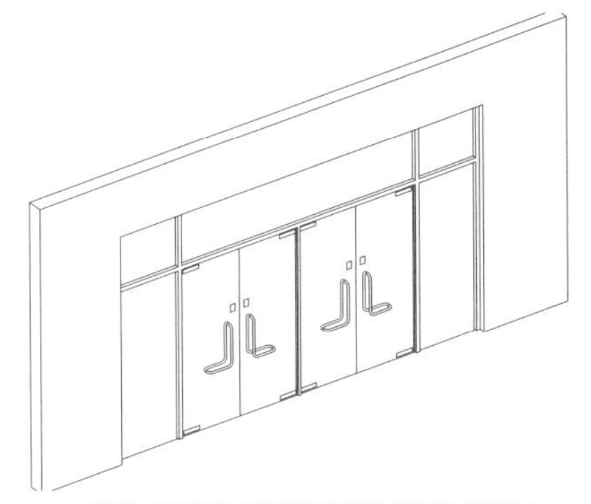

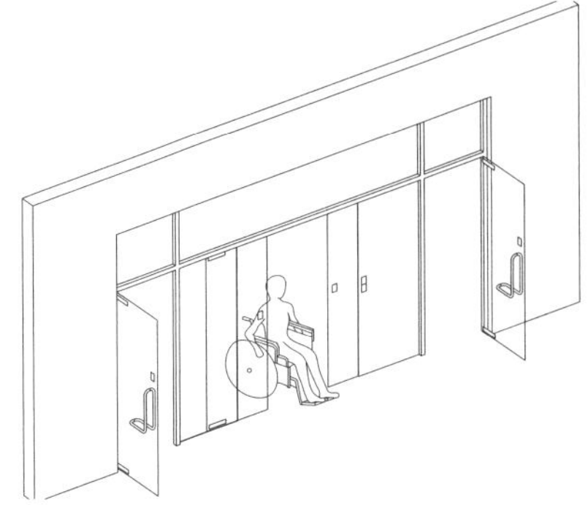

改造前：入口采用平开门，独自乘坐轮椅的老年人难以开门

改造策略：可将中间门扇改成更方便轮椅通行的电动门，两侧设置平开门兼顾通行和消防要求

图 6.21　可自动开启的电动门示意图

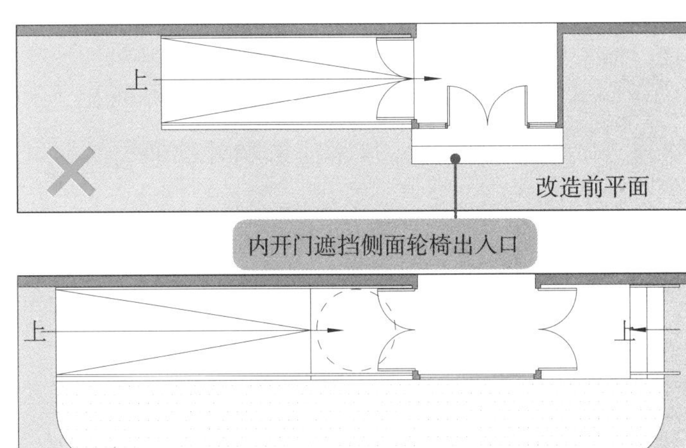

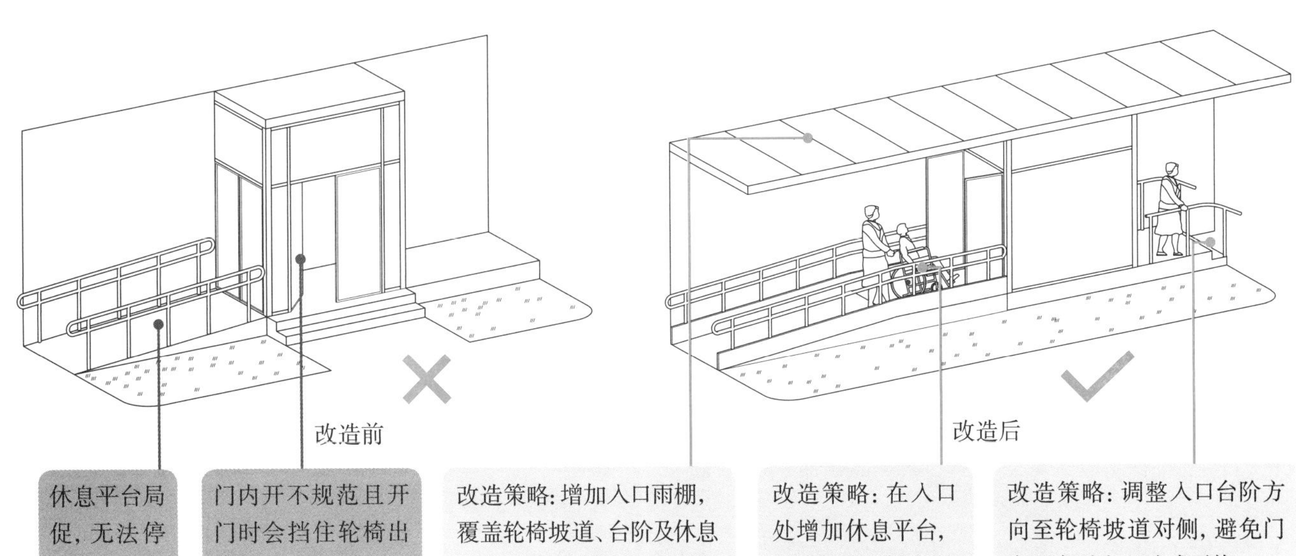

休息平台局促，无法停留缓冲

门内开不规范且开门时会挡住轮椅出入口

改造策略：增加入口雨棚，覆盖轮椅坡道、台阶及休息平台，便于雨雪天气时使用

改造策略：在入口处增加休息平台，预留轮椅回转空间

改造策略：调整入口台阶方向至轮椅坡道对侧，避免门扇开启对出入造成干扰

图 6.22　门的位置和开启方向改造举例

常见问题 07 如何根据出入口室外空间条件正确设计无障碍落客区？

①指可供老年人或行动障碍者上下机动车，并无阻碍地抵达建筑出入口的室外区域。

6.11 为了实现社区养老服务设施的接送服务，需要设置无障碍落客区①，一般情况下，落客区宜结合无障碍出入口设置，方便老年人就近使用。在既改类设施无障碍改造中，由于受到原有用房的制约，不同项目的室外场地条件存在差异，应结合具体情况正确设计落客区。

（1）提供接送服务的既改类设施应设置无障碍落客区，以便乘坐摆渡车的老年人、特别是需要乘坐轮椅的老年人安全上下车。

（2）落客区宜结合无障碍出入口设置，以便实现老年人上下车，出入建筑的路线最短（图 6.23）。

（3）设置落客区的无障碍出入口处的室外空间应满足车辆停放，人员上下的需要，且不应影响外部通行。

（4）设置落客区的无障碍出入口处的雨棚宜加大，以便覆盖老年人上下车一侧的车门上部空间，避免雨雪天气时老年人被淋湿或滑倒。

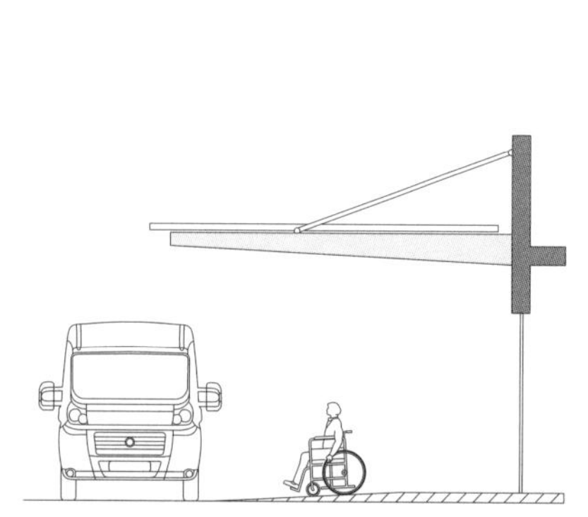

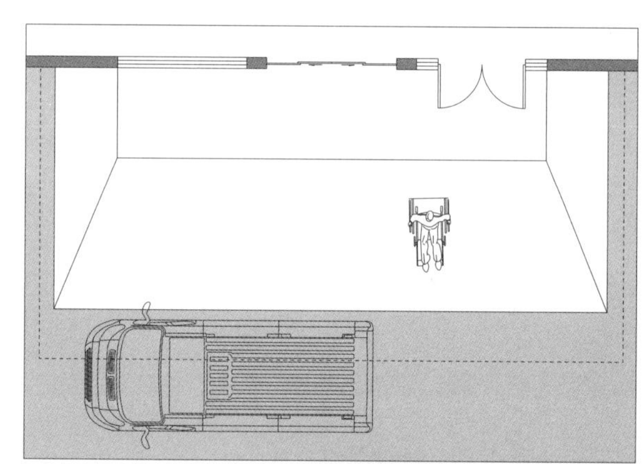

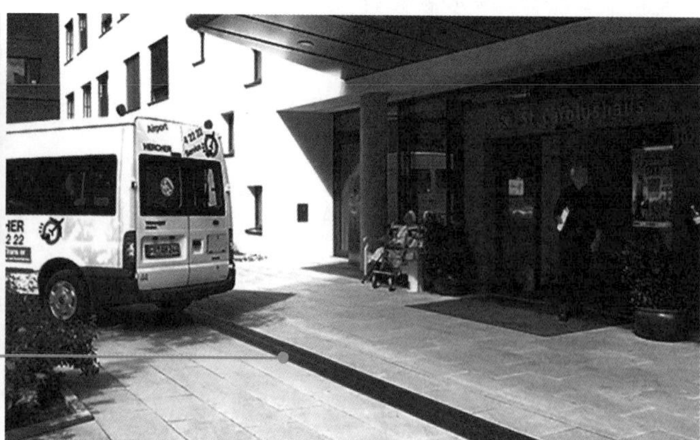

出入口预留无障碍落客区，方便接送车辆等停靠，供老年人上下车

图 6.23 落客区范例

常见问题 08　地面材料无法更换时，应如何对地面进行防滑处理？

6.12　在既改类设施出入口无障碍改造中，对于不能更换出入口处地面的项目，可采用对地面进行凿毛处理、增设防滑地钉等方式，加大地面材料的防滑性能（图 6.24）。

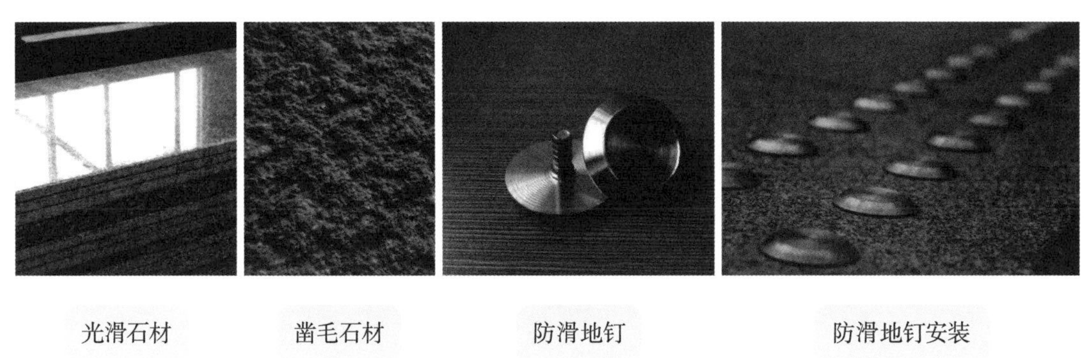

光滑石材　凿毛石材　防滑地钉　防滑地钉安装

图 6.24　不同石材比较与防滑地钉样式

7

合理组织空间优化交通流线

目标解析：

根据社区养老服务设施的使用特点，其室内交通流线一般包含两条：老年人流线和后勤服务流线。在交通组织中应尽可能保证二者相对独立、避免产生交叉。同时，在老年人流线中采用环形的回游动线是老年建筑的重要特色，既可以保证老年人的通行顺畅，又可适应失智老年人往复、徘徊的行为特点，还可缩短服务路径、实现快速救助，提高室内的安全性。部分既改类设施的原有用房受到平面形式限制，存在室内交通流线单一的问题。因此，在改造设计时应重视对交通的重新组织，争取形成环形、可回游的流线。

7 合理组织空间优化交通流线

改造设计常见问题

（1）如何根据原有用房条件完善空间布局和交通组织？

（2）如何根据原有用房条件设计合理的老年人流线？

（3）如何在开放式活动空间合理组织老年人流线？

重点评估项　如何判断原有用房的空间类型和交通条件是否满足使用需要？

7.1　既改类设施的交通组织优化方案应基于对原有用房空间类型的评估分析，评估主要内容参考如下：

（1）原有用房的平面属于哪种类别？　□

（A. 单体式集中型　B. 单体式一字型　C. 单体式半围合型　D. 单体式围合型　E. 组合式　F. 其他）

（2）原有用房是否有 2 个及以上的出入口？　□（A. 是　B. 否）

（3）原有用房是否具备不同交通流线分流的条件？　□（A. 是　B. 否）

（4）原有用房是否具备形成回游动线的条件？　□（A. 是　B. 否）

（5）拟设置老年人入住区的位置是否设有单独出入口？　□（A. 是　B. 否）

（6）拟设置厨房的位置是否设有单独出入口？　□（A. 是　B. 否）

评估结果提示： 根据第（1）项的结果可以初步判断原有用房在空间布局和交通组织方面存在哪些普遍性问题，如果第（3）项的结果为“否”，则说明在平面布局调整中应加强对交通组织的优化，其他项的结果则可作为改造设计的依据。

常见问题 01　如何根据原有用房条件完善空间布局和交通组织？

7.2　社区养老服务设施的空间布局和交通组织应满足使用需要和服务流程，交通流线一般包含两类：老年人流线和后勤服务流线。两条交通流线宜各有独立出入口和路径，避免相互干扰。

7.3　既改类设施应根据原有用房的特点采用合理的空间布局和交通组织形式，以便保障交通流线的方便、顺畅。不同类型原有用房的空间布局和交通组织条件分析参见表 7.1。

表 7.1　既改类设施各类原有用房的空间条件分析参考

<table>
<tr><th colspan="2" rowspan="2">平面类型</th><th rowspan="2">平面简图</th><th colspan="4">空间布局条件</th><th colspan="3">交通组织条件</th></tr>
<tr><th>较灵活</th><th>易分区</th><th>利于回游路径</th><th>利于围合场地</th><th>流线简单、空间好定位</th><th>动线长度均匀</th><th>流线不易交叉</th></tr>
<tr><td rowspan="8">单体式</td><td rowspan="2">集中型</td><td rowspan="2"></td><td>●</td><td>—</td><td>●</td><td>—</td><td>○</td><td>●</td><td>—</td></tr>
<tr><td colspan="4">空间紧凑、平面灵活性大，适合向心式布局；但不利于分区布局</td><td colspan="3">交通组织形式多样，易于形成回游动线，各部分之间距离较短，联系方便；不同交通流线位置较集中，易形成交叉干扰</td></tr>
<tr><td rowspan="2">一字型</td><td rowspan="2"></td><td>—</td><td>○</td><td>—</td><td>—</td><td>●</td><td>—</td><td>○</td></tr>
<tr><td colspan="4">空间呈线性，适合并列式布局；但平面灵活性差，各部分之间的联系不紧密</td><td colspan="3">交通组织形式单一，流线方向明确，易于老年人寻找方向；难以形成回游动线，易形成不同流线交叉，末端部分之间距离较长，联系不便</td></tr>
<tr><td rowspan="2">半围合型</td><td rowspan="2"></td><td>○</td><td>●</td><td>—</td><td>○</td><td>○</td><td>○</td><td>●</td></tr>
<tr><td colspan="4">适合不同功能分区布置，平面有一定的围合感，易形成安全的室外活动场地</td><td colspan="3">交通组织形式较复杂，易于区分不同出入口和交通流线，避免交叉；不利于老年人定位，难以形成回游动线，末端部分之间距离较远，联系不便</td></tr>
<tr><td rowspan="2">围合型</td><td rowspan="2"></td><td>●</td><td>●</td><td>●</td><td>●</td><td>—</td><td>●</td><td>●</td></tr>
<tr><td colspan="4">适合不同功能分区布置，平面围合感强，内部院落可为老年人提供安全的室外活动场地；但内部院落较大时，需满足消防要求</td><td colspan="3">交通组织形式较复杂，易于区分不同出入口和交通流线，避免交叉，回游动线联系方便；不利于老年人定位</td></tr>
<tr><td colspan="2" rowspan="2">组合式</td><td rowspan="2"></td><td>●</td><td>●</td><td>○</td><td>●</td><td>—</td><td>○</td><td>●</td></tr>
<tr><td colspan="4">常见于较大规模、特别是有入住服务的设施；平面形态丰富，适合不同功能空间和场地分区、分单元布置</td><td colspan="3">交通组织形式复杂，易于区分不同出入口、交通流线和生活单元，避免交叉；不利于老年人定位，末端部分之间距离远，联系不便</td></tr>
<tr><td colspan="2">备注</td><td colspan="8">1. ●表示好；○表示中；—表示差。
2.空间布局条件
“较灵活”表示可采用的空间布局形式多；
“易分区”表示容易划分老年人生活区和后勤服务区；
“利于回游路径”表示有利于形成环形交通路径；
“有利于围合场地”表示建筑对室外场地有一定围合作用，有利于提高室外活动的安全性。
3.交通组织条件
“流线简单空间好定位”表示交通流线方向明确，有利于老年人确定所在的空间位置；
“动线长度均匀”表示各区域之间的通行距离差异较小；
“流线不易交叉”表示容易区分老年人流线和后勤服务流线，避免干扰。</td></tr>
</table>

常见问题 02 如何根据原有用房条件设计合理的老年人流线?

7.4 老年人流线的路径应简单明确，避免出现过多的交叉，以便老年人确定位置、找寻目标。

7.5 具备条件时，老年人流线宜采用可回游的环形路径，以便缩短交通距离，既可保障老年人的使用安全，又可方便服务人员就近为老年人提供服务。

7.6 根据原有用房的平面特点采用针对性的设计策略，以便形成顺畅的老年人回游路径①：

①针对有徘徊行为的认知症老人，回游路径既可无限延长老年人行走轨迹，又可使其在一个安全可控的范围之内。

（1）如原有用房设有内院、中庭，宜将老年人生活空间围绕院落或中庭布置，并保持各方向走廊的连续性，成为老年人的交通流线，形成环形路径（图 7.1）。

（2）如原有用房为集中式平面且进深较大，可通过设置双走廊，使老年人流线围绕中部的岛形空间或用房，形成环形路径（图 7.2）。

（3）增设内院、中庭时，宜围绕其布置老年人生活空间，以便形成环形路径。

（4）如原有用房室内不具备形成环形路径的条件时，通过局部增设室外连廊，与室内走廊连接，形成环形路径。

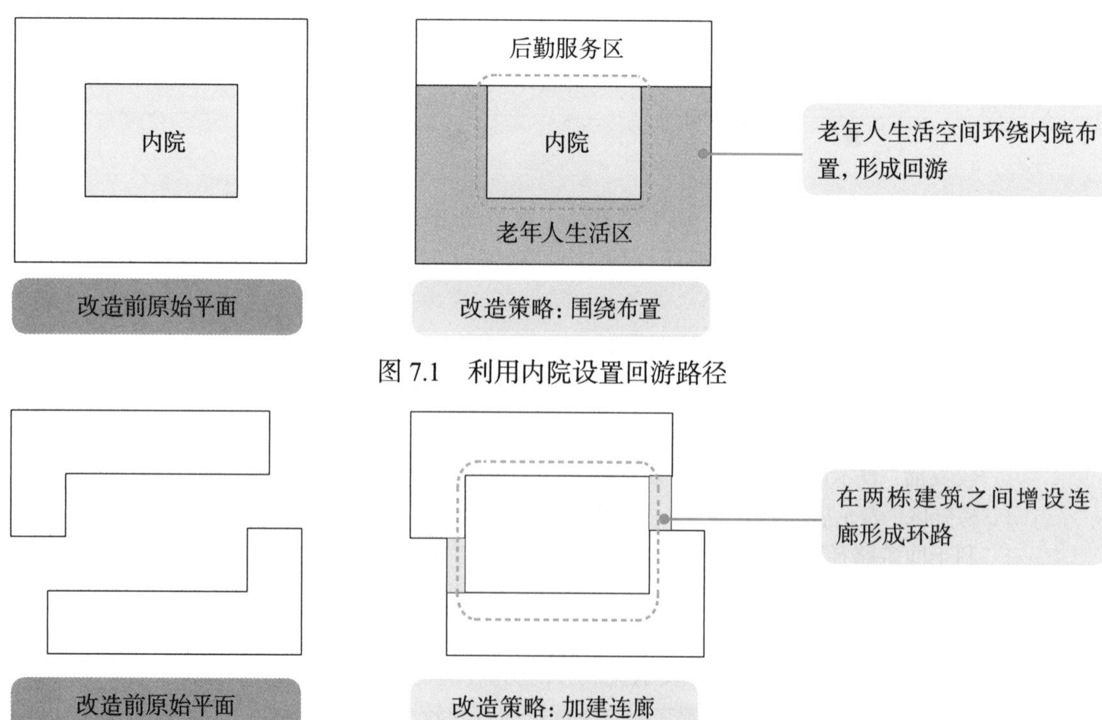

图 7.1 利用内院设置回游路径

图 7.2 增设连廊形成回游路径

常见问题 03 如何在开放式活动空间合理组织老年人流线?

7.7 在开放式活动空间中应合理组织家具陈设，以便形成顺畅的老年人流线，避免不当布局带来的安全隐患：

（1）在开放式活动空间中设置岛形的服务台[2]、绿化景观或家具陈设，围绕其形成环形路径（图 7.3）。

（2）将开放式活动空间的内部交通流线与走廊连接，形成环形路径，方便老年人（图 7.4）。

（3）家具陈设的布置方式宜便于形成环形的回游路径（图 7.5）。

[2] 指将服务台设置在回游路径中心，可方便护理人员随时观察老年人及时给予帮助。

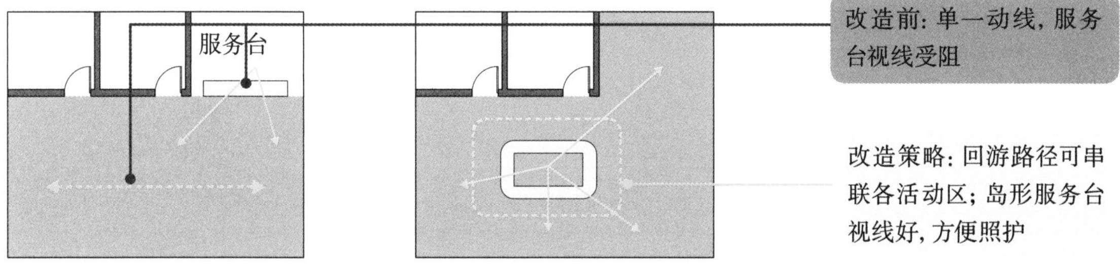

改造前：单一动线，服务台视线受阻
改造策略：回游路径可串联各活动区；岛形服务台视线好，方便照护

图 7.3 利用岛形服务台形成回游路径

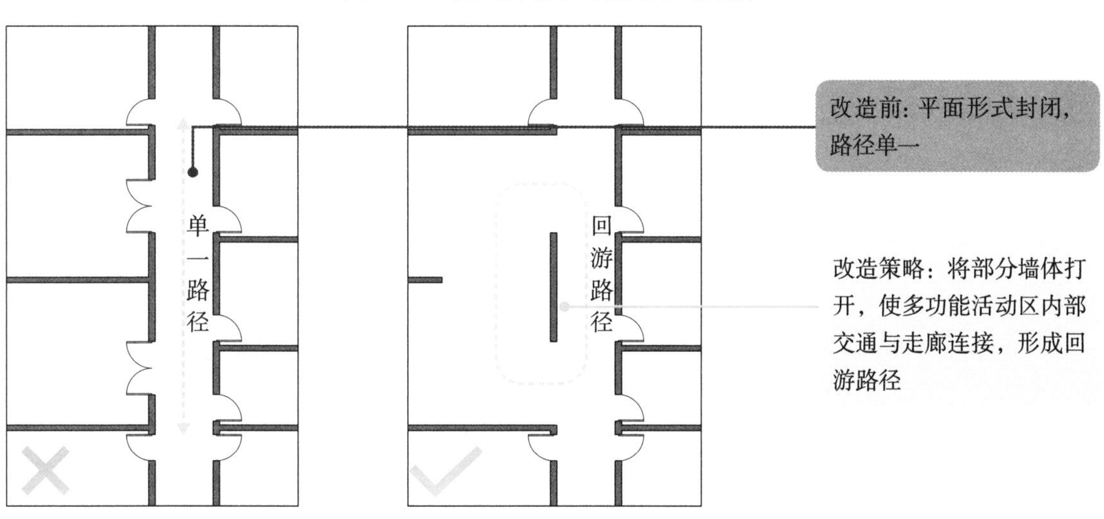

改造前：平面形式封闭，路径单一

图 7.4 开放空间与走廊连接形成回游路径（1）

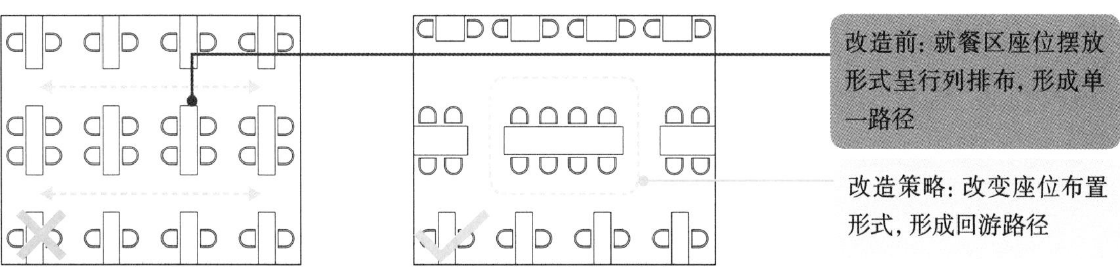

改造前：就餐区座位摆放形式呈行列排布，形成单一路径
改造策略：改变座位布置形式，形成回游路径

图 7.5 开放空间与走廊连接形成回游路径（2）

8

改善室内日照采光通风条件

目标解析：

充足的日照、采光和通风是老年人身心健康的重要保证，在老年人照料设施建筑设计相关标准中对老年人生活空间的日照条件有严格的要求，对窗地比和日照时数均有所规定。既改类设施的原有用房由于自身朝向不佳、开窗受限、被周边设施遮挡，会存在室内日照采光和通风条件受限的问题。因此，在改造设计中，应对老年人生活空间的日照采光和通风条件进行重点改善，为老年人营造光线充足、通风良好的健康生活环境。

8 改善室内日照采光通风条件

改造设计常见问题

（1）如何根据原有用房的日照采光通风条件确定老年人生活区的位置?

（2）开窗面积不足而致自然采光通风不佳时应如何改善?

（3）增设开窗受限时应如何改善自然采光通风条件?

（4）平面形式和布局不当而致自然采光通风不佳时应如何改善?

（5）如何改善原有用房的自然通风条件?

（6）空间改造受限时如何改善自然采光通风条件？

（7）如何避免自然采光通风改造对周围环境和室内外环境带来的不利影响?

重点评估项 如何判断原有用房是否满足日照采光通风要求?

8.1 既改类设施的采光通风优化方案应基于对原有用房采光通风条件的评估分析，评估主要内容参考如下：

（1）原有用房的整体自然采光条件如何? □

（A. 很好　B. 一般　C. 不好　D. 没有自然采光）

（2）原有用房的整体自然通风条件如何? □

（A. 很好　B. 一般　C. 不好　D. 没有）

（3）拟设的老年人生活空间是否符合相关日照规范要求? □（A. 是　B. 否）

（4）是否具备增加开窗或扩大开窗面积的条件? □（A. 是　B. 否）

（5）是否具备增设高窗或天窗的条件? □（A. 是　B. 否）

（6）是否具备增设内院（天井）和中庭的条件? □（A. 是　B. 否）

（7）是否具备增加通风面积的条件? □（A. 是　B. 否）

（8）原有场地的整体采光通风条件如何? □

（A. 很好　B. 一般　C. 不好　D. 没有）

评估结果提示： 如果第（1）项的结果为“没有自然采光”，同时第（3）（6）（7）（8）项的结果为“否”则该原有用房不适用；如果第（1）项的结果为“一般”“不好”，或第（3）项的结果为“否”，说明原有用房需要改善日照采光通风条件，其他项的结果则可作为改造设计的依据。

常见问题 01 如何根据原有用房的日照采光通风条件确定老年人生活区的位置?

8.2 既改类设施在平面布局时应将老年人生活空间、老年人活动场地布置在日照采光通风条件好的区域，不同类型原有用房的采光通风条件参见表 8.1。

表 8.1 既改类设施各类原有用房的空间条件分析参考[1]

<table>
<tr><th colspan="2" rowspan="2">平面类型</th><th rowspan="2">平面简图</th><th colspan="3">日照采光通风条件</th></tr>
<tr><th>受光面多</th><th>内部采光通风均匀</th><th>无自遮挡</th></tr>
<tr><td rowspan="8">单体式</td><td rowspan="2">集中型</td><td rowspan="2"></td><td>●</td><td>—</td><td>●</td></tr>
<tr><td colspan="3">不同区域采光通风条件不均匀, 内部空间采光通风不佳</td></tr>
<tr><td rowspan="2">一字型</td><td rowspan="2"></td><td>—</td><td>●</td><td>●</td></tr>
<tr><td colspan="3">不同区域采光通风条件均匀</td></tr>
<tr><td rowspan="2">半围合型</td><td rowspan="2"></td><td>○</td><td>○</td><td>○</td></tr>
<tr><td colspan="3">受光面较多, 不同区域采光通风条件存在差异; 可能存在建筑自我遮挡, 部分区域采光通风条件受到影响</td></tr>
<tr><td rowspan="2">围合型</td><td rowspan="2"></td><td>●</td><td>○</td><td>—</td></tr>
<tr><td colspan="3">受光面较多, 不同区域采光通风条件不均匀; 内部院落较小时, 建筑自我遮挡严重, 部分区域采光通风不佳</td></tr>
<tr><td colspan="2" rowspan="2">组合式</td><td rowspan="2"></td><td>●</td><td>○</td><td>—</td></tr>
<tr><td colspan="3">不同部分的采光通风条件差异较大, 可能存在建筑自我遮挡, 部分区域采光通风条件受到影响</td></tr>
<tr><td colspan="2">备注</td><td colspan="4">1.●表示好; ○表示中; —表示差。
2.日照采光通风条件: 此处未计入相邻建筑的遮挡。
“受光面多”表示建筑在各朝向均有采光机会;
“内部条件均匀”表示室内不同区域日照采光条件较均匀;
“无自遮挡”表示建筑自身的一部分形体对其他部分未造成遮挡。</td></tr>
</table>

[1] 此处仅分析原有用房本身, 未计入周边建筑对其采光通风的遮挡, 具体项目改造设计时则应增加周边建筑对原有用房、场地的日照遮挡情况分析。

①根据《老年人照料设施建筑设计标准》（JGJ 450—2018）中老年人居室日照标准的要求。

8.3 老年人生活空间中就餐区、多功能活动区、日间休息区对日照条件的要求较高，既改类设施应保证其中至少有一处能够满足相关规范的要求。

8.4 老年人居室和入住区起居厅对日照条件的要求较高，具备托养入住的既改类设施应保证其中至少有一处能够满足相关规范的要求。[①]

常见问题 02 开窗面积不足而致自然采光通风不佳时应如何改善?

②根据《老年人照料设施建筑设计标准》（JGJ 450—2018）的要求，主要老年人用房的窗地面积比宜≥1:6。

8.5 当原有用房由于开窗面积不足而致室内自然采光条件不佳时，可根据原有用房的结构体系的特点，适当扩大开窗面积加以改善[②]（图 8.1）。

8.6 当原有用房由于仅有单侧开窗而致对侧空间自然采光通风条件不佳时，可通过设置开放空间或采用透明的房间界面，提高对侧空间的照度水平（图 8.2）。

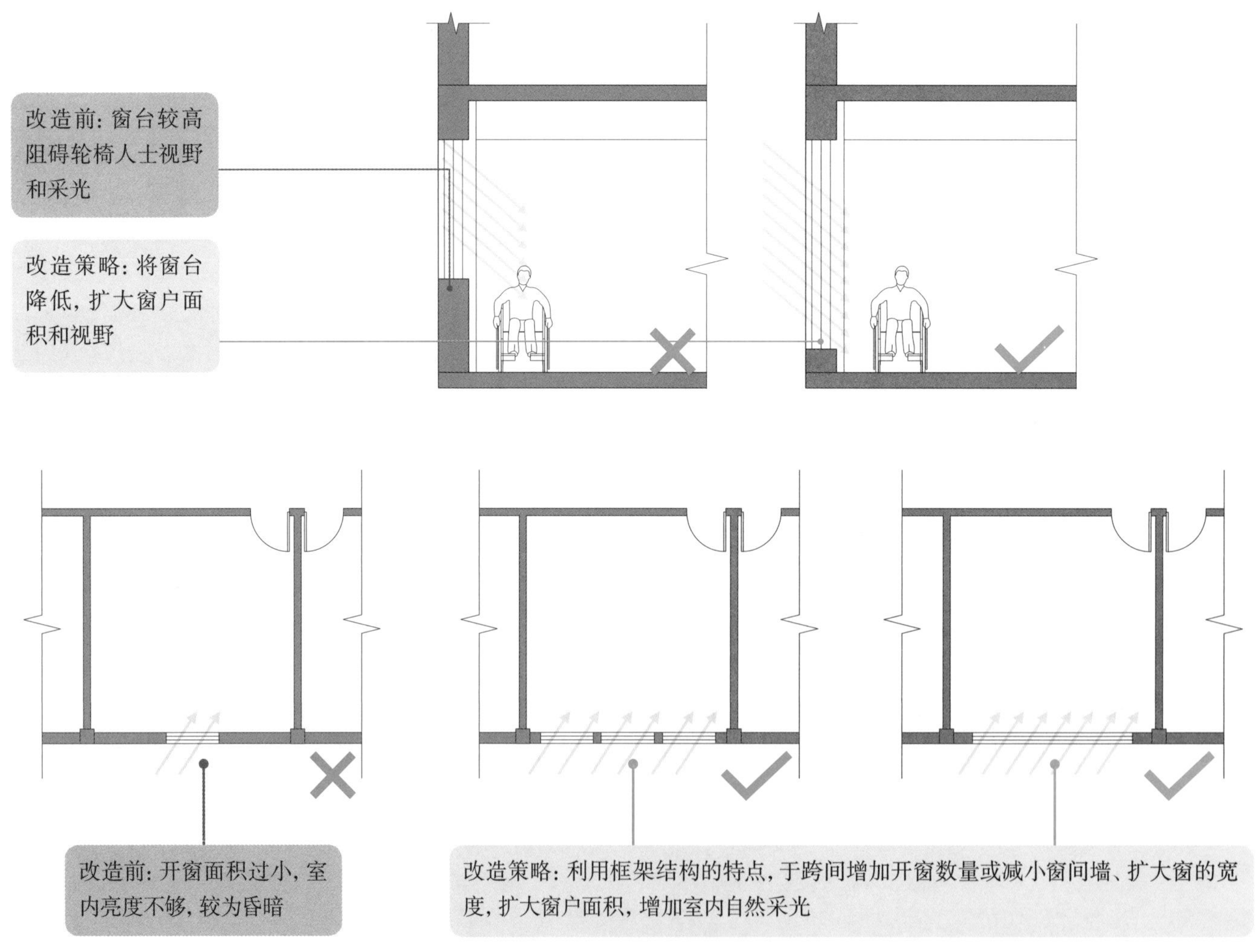

改造前：窗台较高阻碍轮椅人士视野和采光
改造策略：将窗台降低，扩大窗户面积和视野
改造前：开窗面积过小，室内亮度不够，较为昏暗
改造策略：利用框架结构的特点，于跨间增加开窗数量或减小窗间墙、扩大窗的宽度，扩大窗户面积，增加室内自然采光

图 8.1 扩大开窗面积的做法示意图

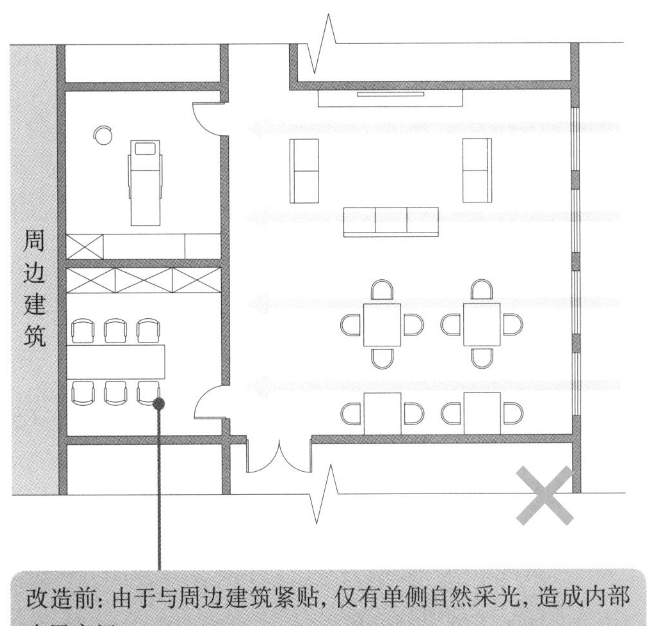

改造前：由于与周边建筑紧贴，仅有单侧自然采光，造成内部有黑房间

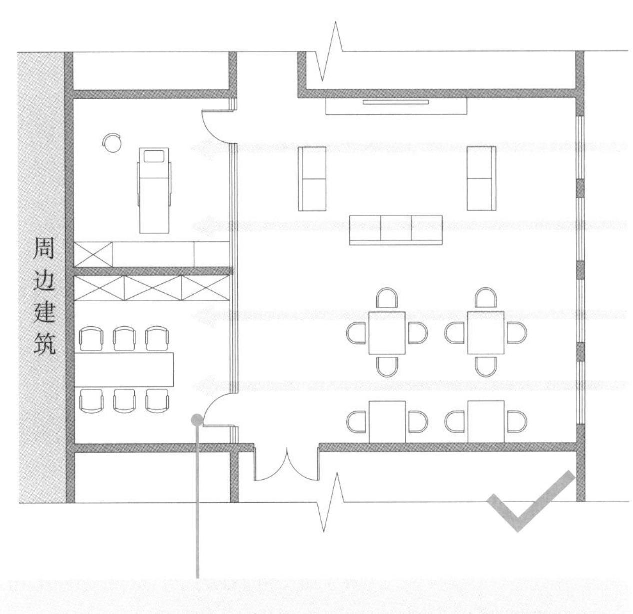

改造策略：采用透明的界面，令右侧光线可以进入内部空间

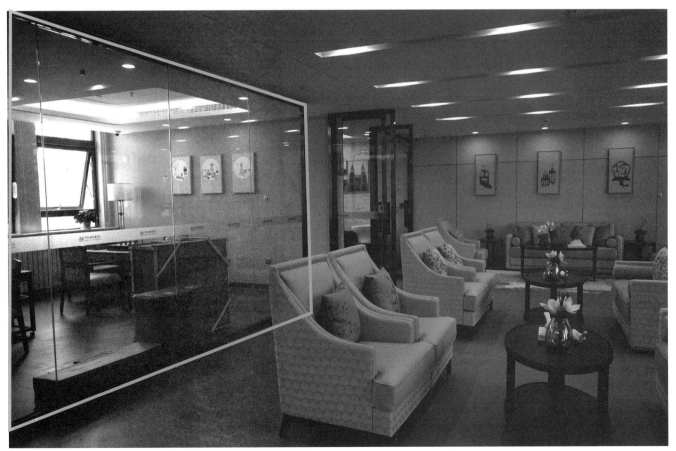

图 8.2　采用透明界面增加自然采光

常见问题 03 增设开窗受限时应如何改善自然采光通风条件？

8.7 当原有用房由于受周边建筑的影响而致无法增设、扩大开窗面积时，在满足消防要求的前提下，可采用以下针对性的改善措施：

（1）通过将建筑外墙进行局部内凹形成院落或外廊，增加在外墙开窗的机会，改善自然采光通风条件（图 8.3）。

（2）通过将上部的建筑局部进行局部退台处理，形成屋顶平台，增加在外墙开窗的机会，改善自然采光通风条件（图 8.4）。

（3）室内具备高处开窗的条件时，可通过增设高窗、天窗，改善自然采光通风条件。

（4）原有用房为多层建筑时，当上层空间具备开窗条件时，可设置通高的中庭，将上层的光线引入下层，提高下层空间的自然光照度水平，并形成拔风效果，改善自然通风条件（图 8.5）。

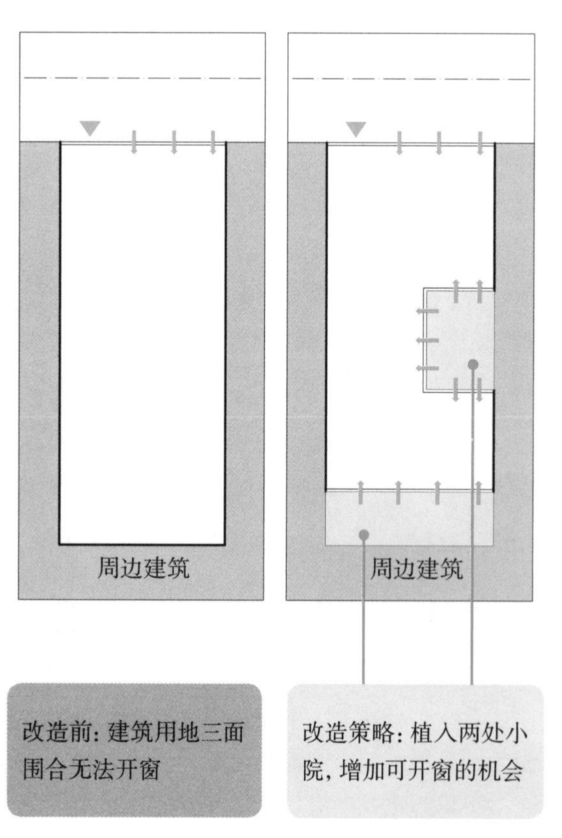

图 8.3 局部内凹形成内院增加自然采光通风

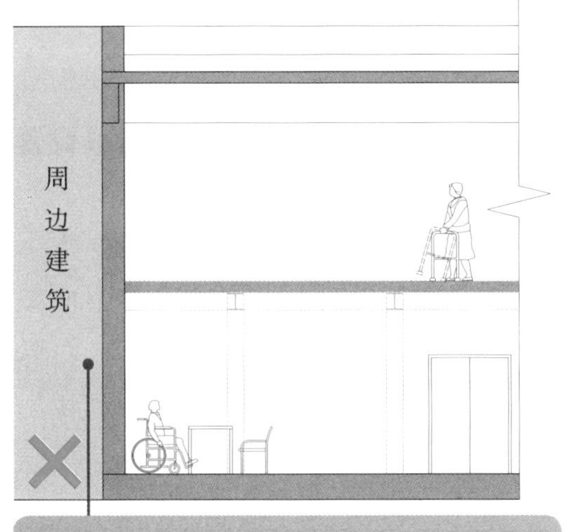

改造前：原有用房与周边建筑紧贴，难以开窗，采光通风不良

改造策略：把建筑的二层部分进行局部内缩，增加二层空间开设侧窗及首层空间开设天窗的机会

图 8.4　上层建筑退台开窗改善采光通风

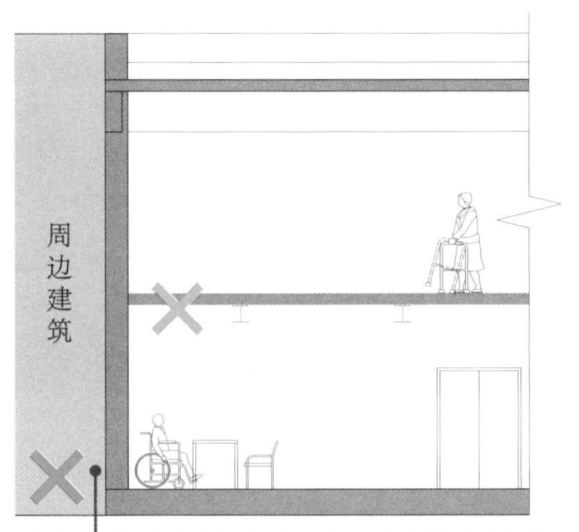

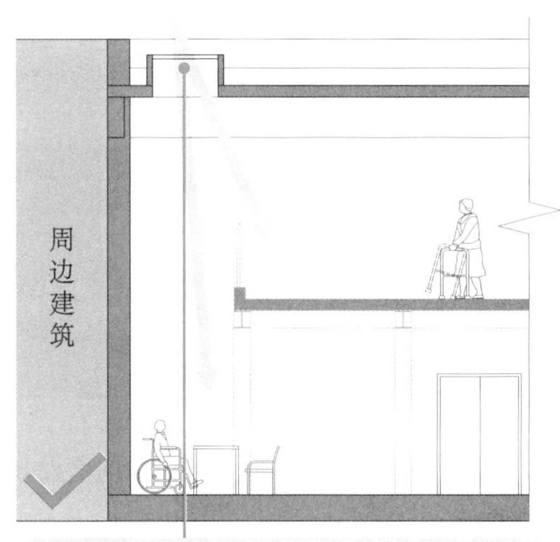

改造前：原有用房与周边建筑紧贴，难以开窗，采光通风情况不良

改造策略：将部分楼板去掉，设置通高的中庭并开设天窗，一方面将光线引入下层空间；另一方面利用烟囱效应，改善通风

设置透明界面给二层内部房间引入自然采光

局部去除原有屋顶楼板设置天窗

设置中庭，将一、二层空间融合，引入自然采光，并改善通风

图 8.5　设置中庭天窗改善采光通风

常见问题 04 平面形式和布局不当而致自然采光通风不佳时应如何改善?

8.8　当原有用房由于进深过大而致内部自然采光通风条件不佳时，可通过设置内院或中庭，增加开窗的机会加以改善（图 8.6）。

8.9　当原有用房周边地面存在较大高差，由于部分空间位于半地下或地下而致无法直接开窗时，可通过设置下沉院落、采光井和采光中庭改善该区域的自然采光通风条件（图 8.7）。

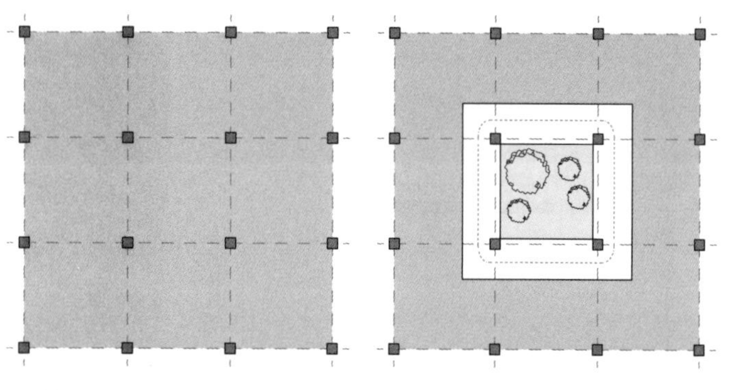

改造前：平面进深大，内部采光不佳

改造策略：在内部设置院落或中庭，增加自然采光

图 8.6　增设内院增加开窗机会

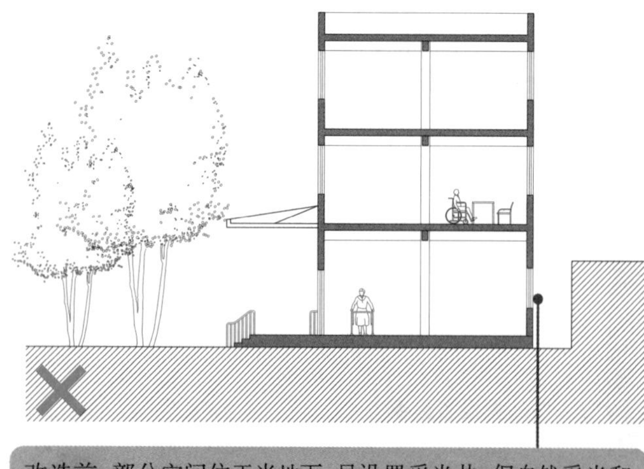

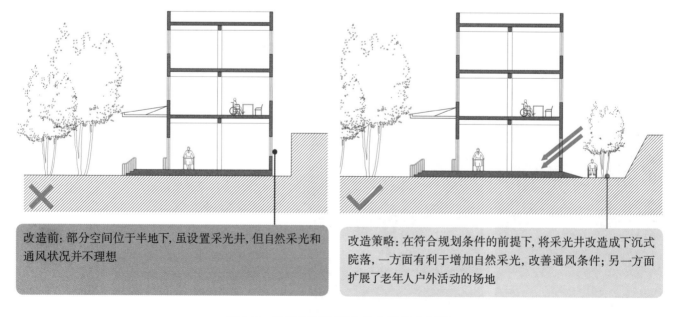

改造前：部分空间位于半地下，虽设置采光井，但自然采光和通风状况并不理想

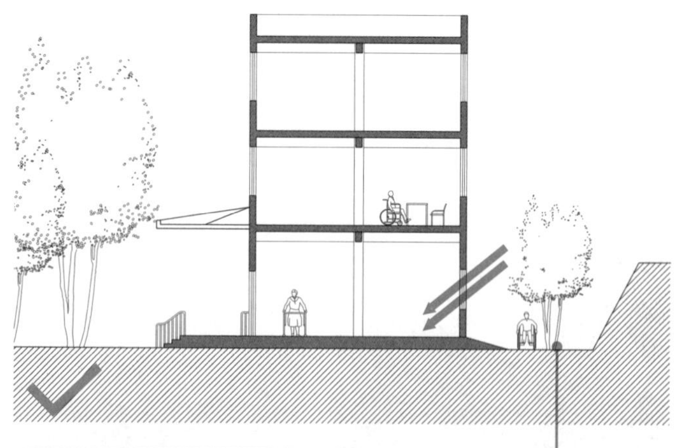

改造策略：在符合规划条件的前提下，将采光井改造成下沉式院落，一方面有利于增加自然采光，改善通风条件；另一方面扩展了老年人户外活动的场地

图 8.7　设置下沉院落改善自然采光通风

常见问题 05 如何改善原有用房的自然通风条件?

8.10 当原有用房由于窗的开启比例不足而致室内自然通风条件不佳时，可通过增加可开启窗扇、加大开启比例加以改善。

8.11 当原有用房由于平面布局不当而致室内自然通风条件不佳时，可通过平面布局调整进行改善，如减少封闭空间、形成空间两侧的门窗对位关系，以便加强对流通风（图 8.8）。

8.12 有室内中庭且具备增设高窗或天窗条件的项目，可利用中庭促进开启流动，产生拔风效果，改善自然通风条件。

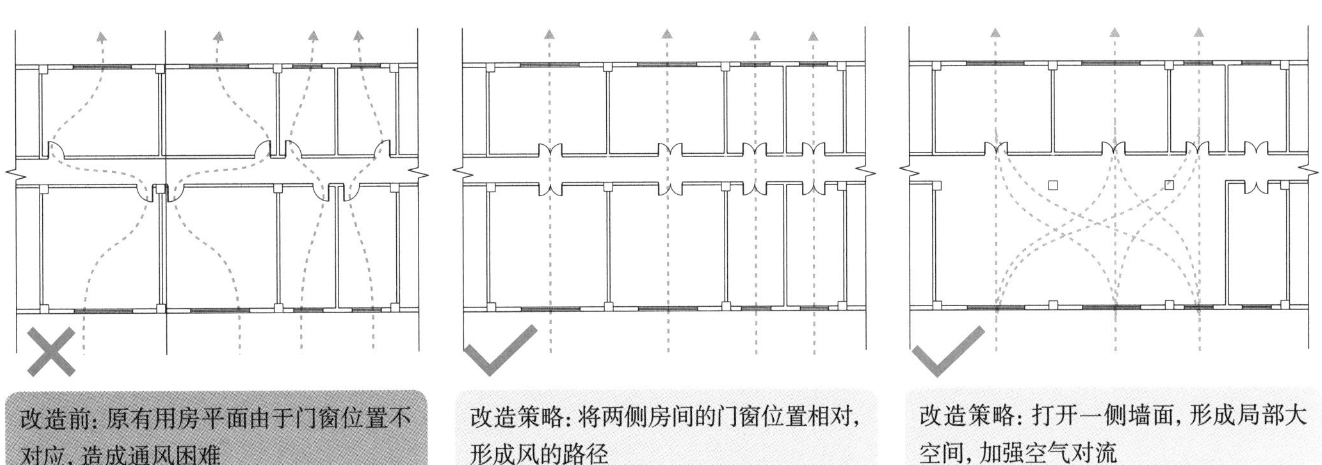

改造前：原有用房平面由于门窗位置不对应，造成通风困难

改造策略：将两侧房间的门窗位置相对，形成风的路径

改造策略：打开一侧墙面，形成局部大空间，加强空气对流

图 8.8 调整平面布局改善通风

常见问题 06 空间改造受限时如何改善自然采光通风条件?

8.13 当既改类项目不具备空间和开窗改造条件，或在建筑空间改造后自然采光通风条件仍然欠佳时，可通过增设光导管和机械通风系统等进行设备辅助采光和通风改善（图 8.9）。

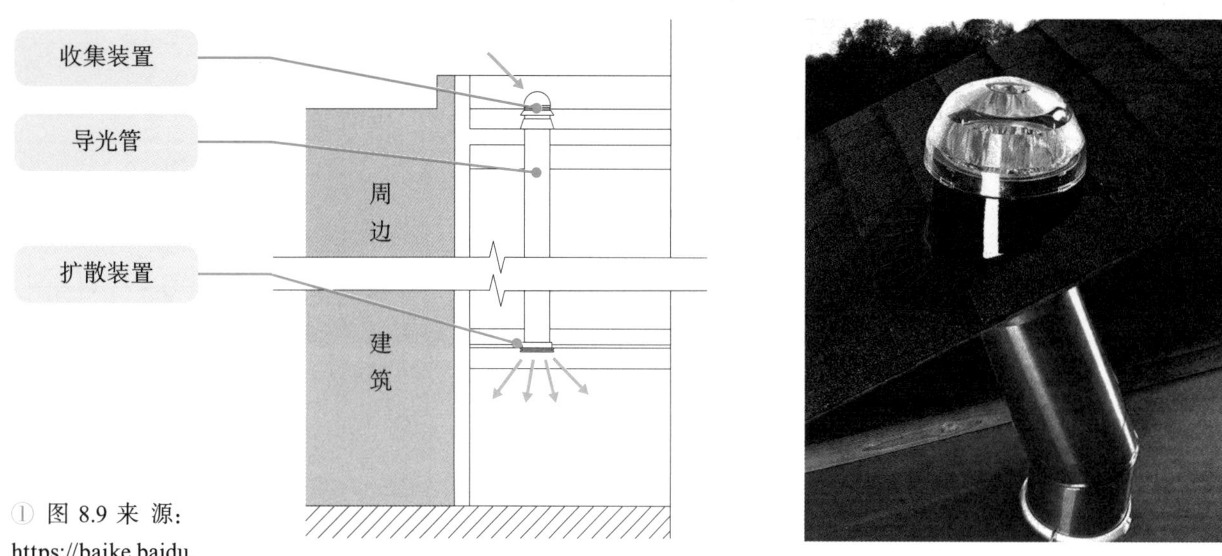

图 8.9 光导管示意图[①]

① 图 8.9 来源：https://baike.baidu.com。

常见问题 07 如何避免自然采光通风改造对周围环境和室内外环境带来的不利影响?

8.14 对于原有院落或场地进行顶棚封闭利用时，应避免对院落或场地周围老年人生活空间的日照采光通风条件造成影响，如采用透光性好的顶棚或保留部分院落等，避免破坏空间的自然采光通风条件（图 8.10）。

8.15 当原有用房具备加建条件时，加建部分应避免对原有用房和场地，以及周围用户的日照采光带来不利影响，如采用透明界面避免遮挡光线（图 8.11）。

8.16 采用西侧窗、高窗和天窗时应注意进行遮阳设计，避免形成眩光或温室效应，对老年人身体健康带来不利影响[②]（图 8.12）。

②根据《老年人照料设施建筑设计标准》（JGJ 450—2018）的要求，老年人用房东西向开窗时，宜采取有效的遮阳措施。

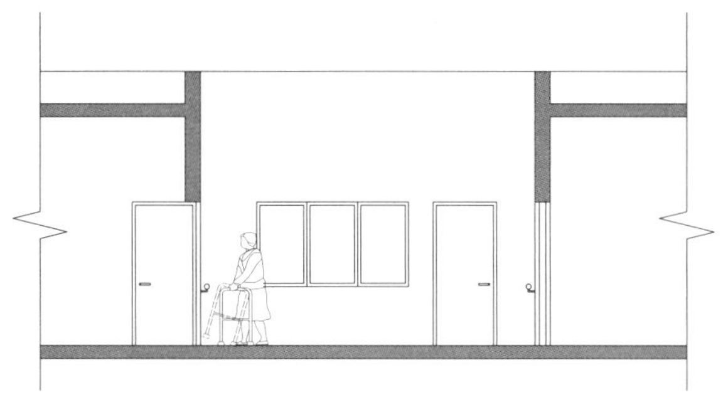

改造前：露天院落，雨雪天气时无法使用

建筑加建时采用透明界面

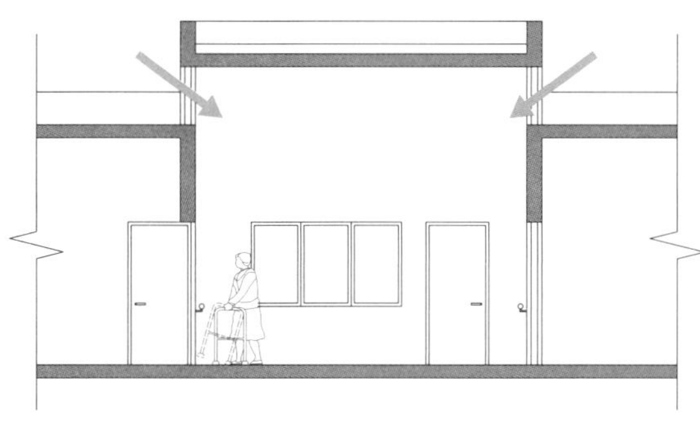

改造策略：封闭内院时设置高窗

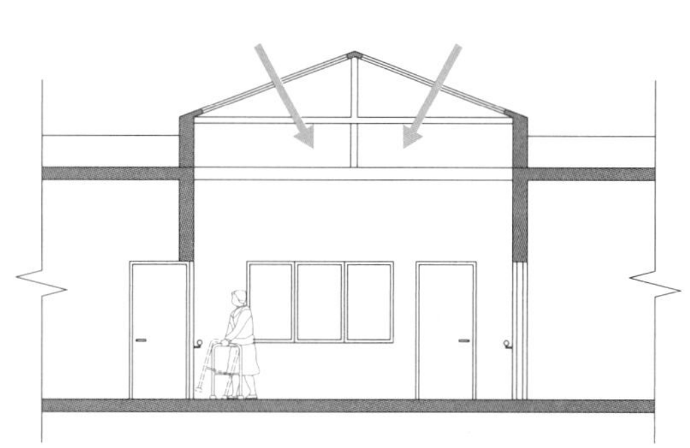

改造策略：封闭内院时采用玻璃顶棚

图 8.10　增设顶棚时采用透光性好的材质

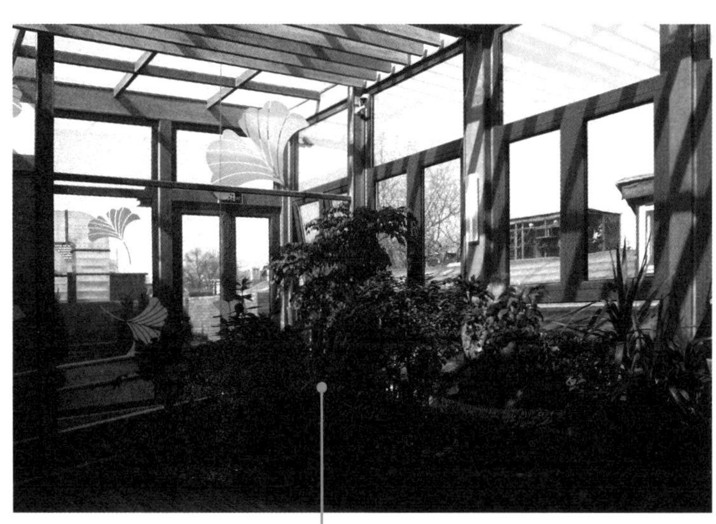

加建温室，利用透明界面避免对周围用户的采光遮挡

图 8.11　建筑加建采用透明界面避免遮挡周边用户

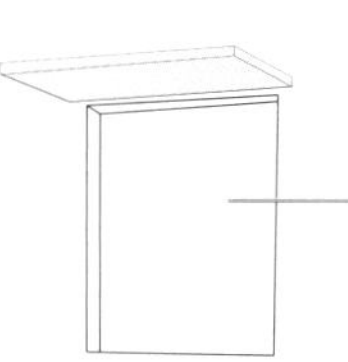

水平式遮阳：有效遮挡高度角较大的、从窗口上方投射下的阳光

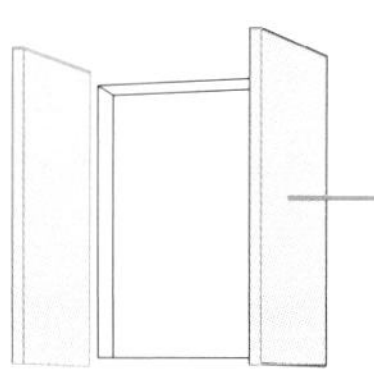

垂直式遮阳：有效遮挡高度角较小的、从窗侧斜射过来的阳光

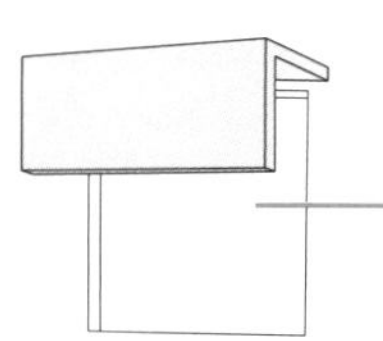

挡板式遮阳：有效遮挡高角度较小的、正射窗口的阳光

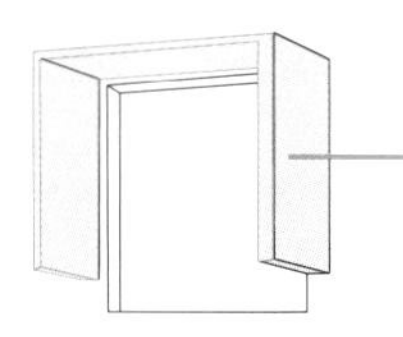

综合遮阳：遮阳效果比较均匀全面

图 8.12　常见的遮阳板样式

消除视线屏障塑造开放空间

目标解析：

老年人生活空间的开放性和通透性是社区养老服务设施的重要特点，特别是提供接待问询、膳食供应、文娱活动、日间休息、辅具租赁等服务功能的空间均适合采用开放式或半开放式布局，以便加强不同空间之间的视线可达性，一方面可以促进老年人与服务人员的互动，提高老年人生理、心理安全感，并方便照护；另一方面也可以促进老年人之间的互动，为其参与集体活动、增加社交创造机会。此外，通过提高建筑外立面的通透性，还可以满足老年人观察外部生活、增强社区归属感的需要。部分既改类设施的原有用房受到空间类型的限制，室内空间封闭、房间偏小、承重墙体过多，存在视线受阻的问题。在改造设计时应巧妙应对原有用房的问题，消除视线屏障，增强空间开放性。

9 消除视线屏障塑造开放空间

改造设计常见问题

（1）不同服务功能的老年人生活空间对开放性的要求有何差异?

（2）如何塑造开放性的老年人生活空间?

（3）如何消除原有用房的室内视线屏障，提高空间的开放性?

重点评估项 如何判断原有用房的空间类型是否满足使用需要?

9.1 既改类设施的空间开放性优化方案应基于对原有用房空间类型和改建潜力的评估分析，评估主要内容参考如下：

（1）原有用房的主体部分属于哪种结构体系? □

（A. 框架结构 B. 框筒结构 C. 剪力墙结构 D. 砖混结构 E. 木结构或砖木结构 F. 轻型板房 G. 其他）

（2）原有用房是否至少有一处≥ 50 m^2 的较大空间? □（A. 是 B. 否）

（3）拟设置的老年人就餐区、多功能活动区等处是否具备形成开放式空间的条件? □（A. 是 B. 否）

（4）造成空间开放性不佳的原因有哪些? □

（A. 该空间面积较小 B. 墙体太多造成封闭 C. 家具设备造成遮挡 D. 该空间位置较偏 E. 其他）

（5）拟设置的就餐区、多功能活动区等处是否有较为通透的外立面? □（A. 是 B. 否）

评估结果提示： 根据第（1）项的结果可以初步判断原有用房在空间开放性方面存在哪些普遍性问题，如果第（3）项的结果为“否”，则需在平面布局中加强对空间开放性的提升，其他项的结果则可作为改造设计的依据。

常见问题 01 不同服务功能的老年人生活空间对开放性的要求有何差异?

9.2 根据社区养老服务设施的使用特点，不同服务功能的老年人生活空间和用房的开放性参见表 9.1，依次如下：

（1）提供接待咨询、膳食供应、文化娱乐等服务的空间，如接待区、就餐区、多功能活动区等的公共性最强，建议采用开放的空间形式，融合在一起使用。

（2）提供文化娱乐、日间休息和辅具租赁等服务的专项活动区、日间休息区、健康指导区和辅具展示区的公共性次之，建议采用分时开放、可开可合的空间形式，以便在不同的使用时段灵活调整其开放性。

（3）提供保健康复、心理慰藉、个人照顾的康复理疗区、心理慰藉区、助浴室等的公共性最弱，建议采用封闭的空间形式，以便保护老年人的隐私。

（4）提供入住服务的部分宜单独分区，以保证入住老年人的隐私、避免干扰。入住区内建议每 10~15 张床[1]设置一个生活单元，生活单元内包含入住区起居厅、老年人居室和护理服务用房，其中入住区起居厅建议采用区内开放的空间形式。

[1] 研究表明，人的有效核心社交圈一般为 12~18 人，因此欧美国家和日本常以 10~15 人为一个单元，同单元老年人经常一起活动，相互熟识，恰好形成像家人一样的有效社交圈。

表 9.1　不同服务功能的老年人生活空间适宜的开放性比较

老年人生活空间	使用方式	空间形式		
		开放式	半开放式	封闭式
接待区	宜合用	●	—	—
就餐区	宜合用	●	—	—
多功能活动区	宜合用	●	—	—
专项活动区	宜专用	—	●	—
健康指导区	宜合用	—	●	—
康复理疗区	宜合用	—	—	●
辅具展示区	宜合用	—	●	—
心理慰藉区	可专用、可合用	—	—	●
日间休息区	宜合用	—	●	●
助浴室	应专用	—	—	●
理发区	宜合用	—	●	●
手足护理区	宜合用	—	●	●
公共卫生间	应专用	—	—	●
入住区起居厅	在入住区内可合用	●	—	—
老年人居室	应专用	—	—	●
居室卫生间	应专用	—	—	●
备注	●表示适宜的形式。			

常见问题 02 如何塑造开放性的老年人生活空间?

9.3 既改类设施在平面布局时宜选择室内面积最大、墙体和柱子等结构构建较少的部分作为开放性强的接待咨询、膳食供应、文娱活动空间，以便适应其参与人数多、活动内容丰富的特点。

9.4 平面调整时应合理组织不同开放性的功能空间，开放性强的空间宜集中、连续布置，避免由于其他用房的穿插造成遮挡。如接待区宜结合就餐区、多功能活动区等布置成集中的开放空间，以便老年人能够随时看到服务人员，服务人员也可随时了解老年人的需要（图 9.1）。

9.5 在开放式空间中应合理选择家具和设备形式，避免由于尺寸过大、过高造成视线阻隔。如针对老年人适合开展小组团活动的特点，在开放式多功能活动区的设计中宜兼顾适当分区与视线通透的需要，利用矮柜、搁架等进行区域分割或围合（图 9.2）。

9.6 建筑外观造型优化设计中应注重为老年人生活空间创造良好视野，以便增强开放感（图 9.3）。

（1）具备条件的应增加开窗面积，提高老年人生活空间的外立面通透性，方便老年人与外部环境的交流。

（2）避免在老年人生活空间的窗前种植过高、过堵的植物，或设置阻挡视线的小品、设备，造成对视线的影响。

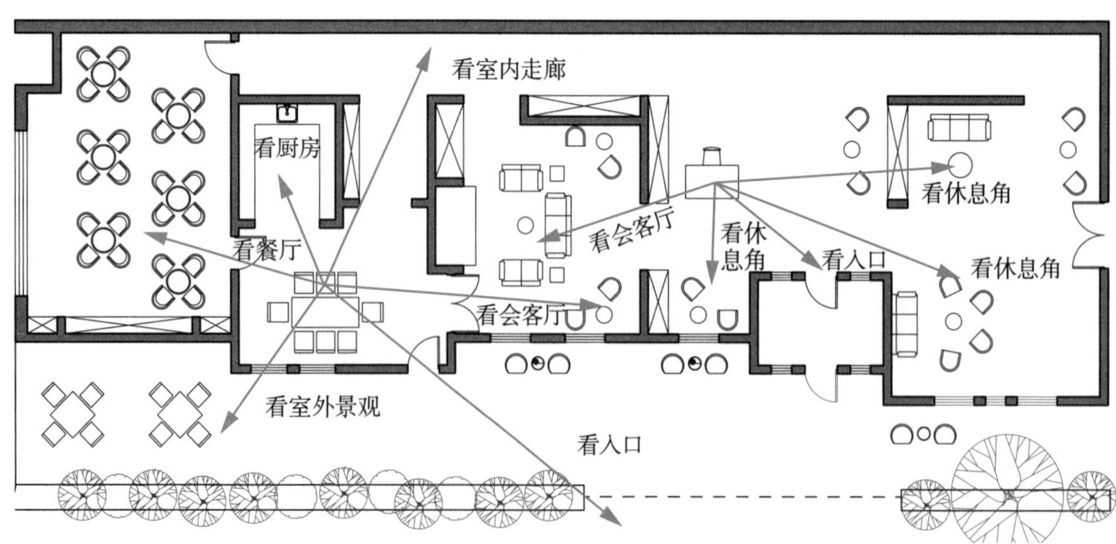

图 9.1 合理的平面布局形成丰富的视线交互

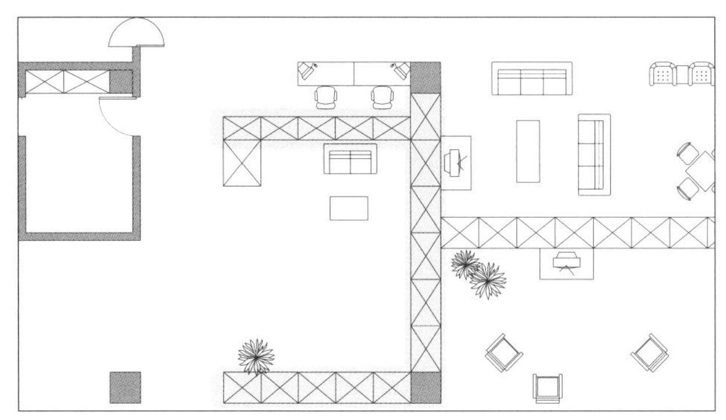

采用小巧低矮的家具进行组团划分，保证视线交互

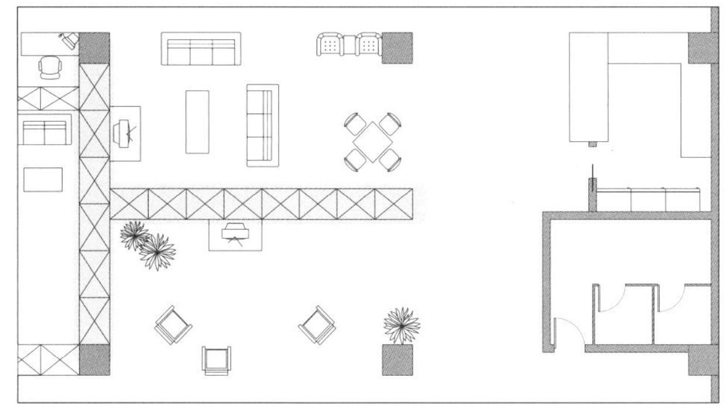

采用通透的家具进行组团划分，保证视线交互

图 9.2　选择小巧、通透的家具形式避免视线遮挡

图 9.3　老人活动区域视野良好

常见问题 03 如何消除原有用房的室内视线屏障，提高空间的开放性?

9.7 当原有用房的空间开放性受限时，可通过局部改造实现视线通达：

（1）针对由于墙体多造成空间封闭的问题，可通过拆除部分非承重墙体[①]，提高空间连通性和视线通达性。

①在拆除墙体前应对设施用房结构进行评估。

（2）针对无法拆除的承重墙体，可通过结构加固改造，对封闭房间和墙体进行局部打通，或利用原有的门窗洞口，实现各空间之间的视线通达（图 9.4）。

（3）具备改造楼板条件时，可通过增设室内中庭实现不同楼层之间的视线通达。

（4）对于需要进行分时开放的空间，采用可移动的隔墙、隔断或软帘，方便根据功能需要调整使用空间，如日间休息区、多功能活动区在使用时段可以封闭，而在其他时段则可打开，与其他空间融为一体（图 9.5）。

（5）采用通透界面消除视线障碍，如办公区采用玻璃墙面可以便于老年人与服务人员的视线交流，提高其心理安全感（图 9.6）。

（6）利用门的通透性，如在老年人居室的门上设置观察窗，方便服务人员对老年人的照护。

图 9.4 利用门窗洞口实现空间通透

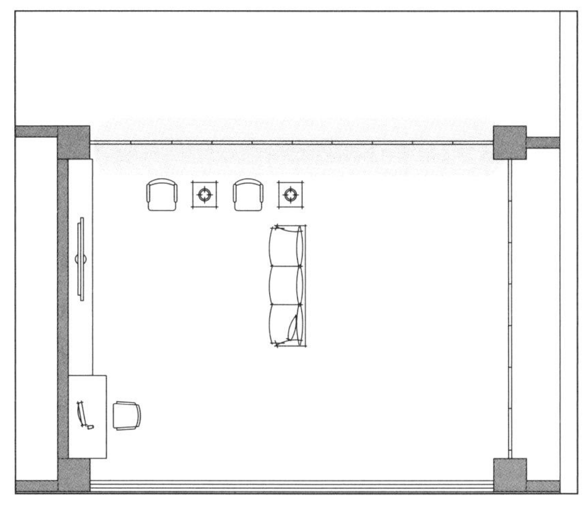

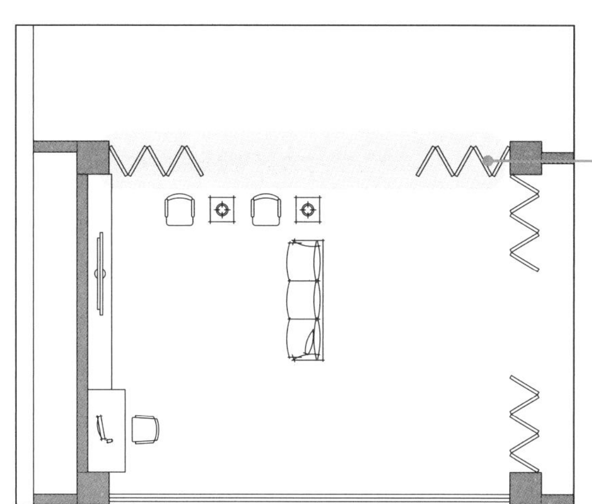

采用移动隔墙、隔断或软帘，可根据功能需求灵活调整空间

日间休息区、多功能活动区等可在使用时拉起隔断形成封闭空间，其余时间打开形成开放空间

图 9.5　采用移动隔墙开放空间

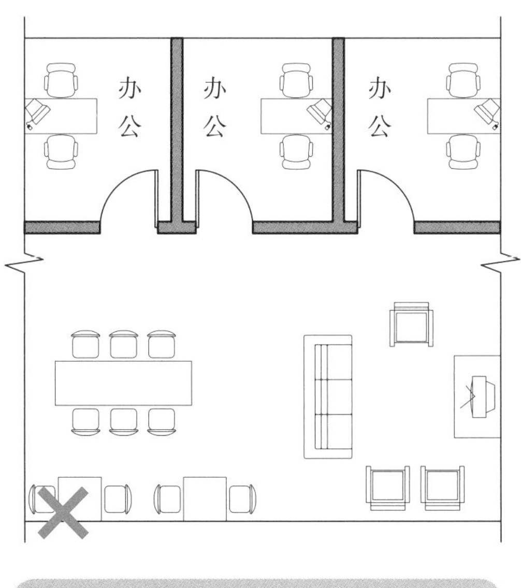

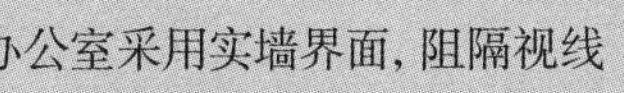

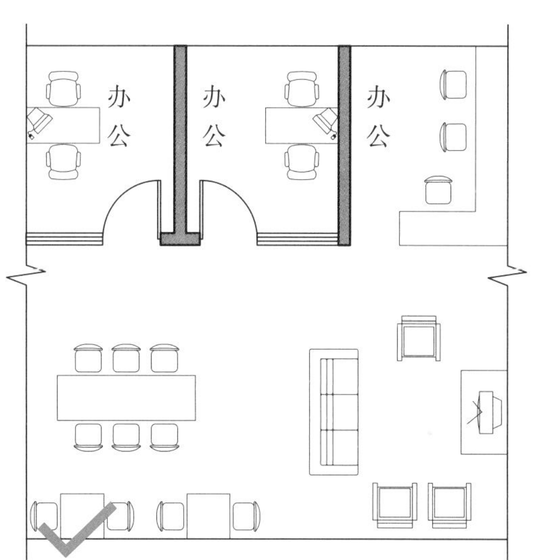

办公室采用通透界面，或设置为开敞式办公，方便老年人观察感知，也加强服务照护

图 9.6　采用通透界面消除视线障碍

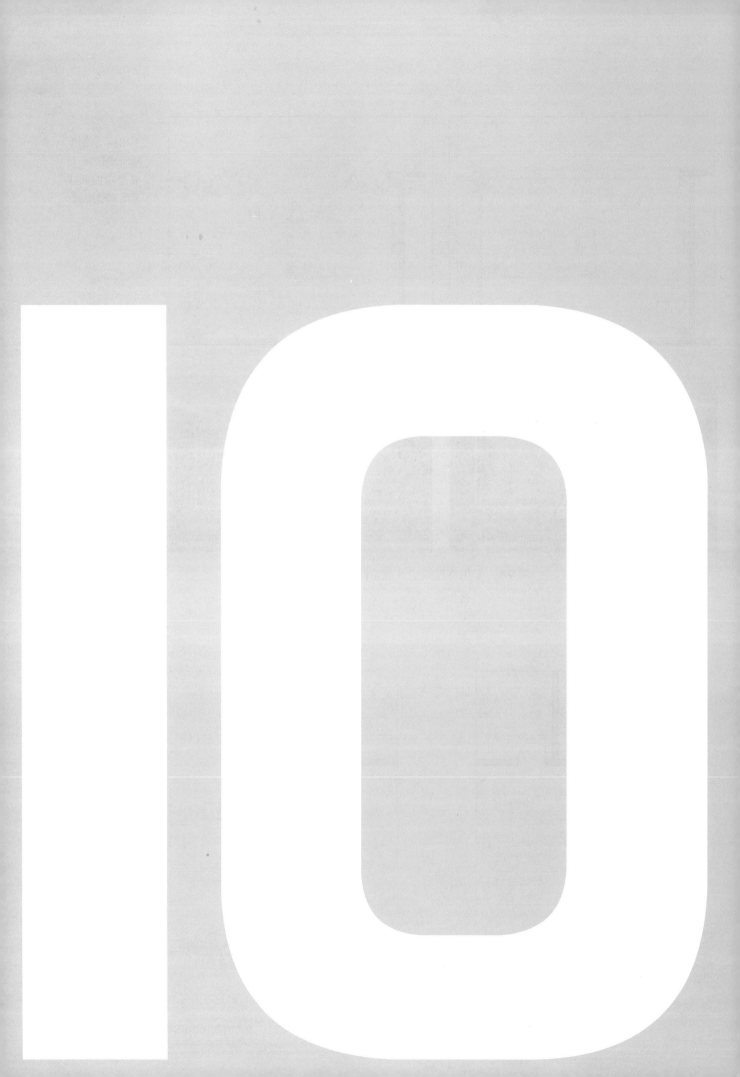

解决室内无障碍的关键难点

目标解析：

老年人由于身体机能的下降，存在行动不便的困难，无障碍设计是保证社区养老服务设施使用安全的基本要求，一方面可以满足老年人自主通行的需要；另一方面又可以满足为其提供照护和救助的需要。既改类设施室内无障碍设计的关键难点一般包括通行空间和卫生间，由于受到原有用房的限制，存在未设垂直电梯、通行宽度不足、室内地面不平和卫生间狭小等问题，为老年人使用带来严重的安全隐患，必须加以改造完善。

10 解决室内无障碍的关键难点

改造设计常见问题

（1）既改类设施室内无障碍改造包含哪些内容？
（2）如何通过针对性的通行空间改造设计满足通行净宽要求？
（3）如何通过针对性的通行空间改造满足安装扶手的需要？
（4）如何处理通行空间的地面高差以便消除安全隐患？
（5）改造条件受限时，如何实现无障碍垂直通行？
（6）如何根据设施规模确定无障碍卫生间（厕位）的数量？
（7）如何进行卫浴空间改造以便满足无障碍使用需要？

重点评估项 如何判断原有用房的室内空间是否符合无障碍要求？

10.1 既改类设施的室内无障碍优化方案基于对原有用房无障碍条件的评估，改造设计的重点部位是通行空间、老年人卫生间和助浴室，评估主要内容参考如下：

（1）拟设置老年人生活空间处的走廊存在哪些无障碍方面的问题？ □
（A. 走廊本身宽度不足 B. 安装完扶手后的通行净宽不足 C. 有影响通行的突出物 D. 地面太滑 E. 无处安装扶手 F. 其他）

（2）拟设置的老年人生活空间是否存在地面高差？ □（A. 是 B. 否）

（3）主要的地面高差是多少？ □ mm

（4）地面高差处是否具备设置无障碍轮椅坡道的条件？ □（A. 是 B. 否）

（5）老年人生活空间的各类门洞处存在什么无障碍方面的问题？ □
（A. 门洞本身宽度不足 B. 门开启后通行净宽不足 C. 内外地面有高差 D. 其他）

（6）原有用房用于该项目的共有几层？ □层

（7）拟设置的老年人生活空间若位于二层及以上，是否设有无障碍电梯？ □
（A. 是 B. 否）

（8）若无电梯，是否具备增设条件？ □（A. 是 B. 否）

（9）若有电梯，存在什么无障碍方面的问题？ □
（A. 轿厢面积小 B. 轿厢门通行净宽不足 C. 没有扶手或扶手形式不当 D. 按键位置不当 E. 没有镜子 F. 其他）

（10）拟设置老年人生活空间处的楼梯存在哪些无障碍方面的问题？□
（A. 楼梯数量不满足规范要求　B. 不是封闭楼梯间　C. 通行净宽不足
D. 楼梯踏步、休息平台等尺寸不达标　E. 没扶手或扶手形式不当
F. 地面太滑、缺乏安全提示　G. 其他）

（11）原有用房是否有符合现行规范的无障碍卫生间？ □（A. 是　B. 否）

（12）如果有无障碍卫生间，数量是否够用？ □（A. 是　B. 否）

（13）原有卫生间存在什么无障碍方面的问题？ □
（A. 面积小　B. 洁具形式不当　C. 缺少扶手　D. 地面太滑　E. 其他）

（14）原有用房是否有符合现行规范的浴室？ □（A. 是　B. 否）

（15）原有浴室存在什么无障碍方面的问题？ □
（A. 面积小　B. 洗浴设备形式不当　C. 缺少扶手　D. 地面太滑　E. 其他）

评估结果提示： 如果第（7）（8）项的结果均为“否”，则需调整老年人生活空间的位置，集中布置在一层；其他项的结果则可作为室内空间无障碍改造设计的依据。

常见问题 01　既改类设施室内无障碍改造包含哪些内容？

10.2　既改类设施的室内无障碍改造应基于对原有用房室内无障碍条件的评估，重点部位包括通行空间、老年人卫生间和助浴室，改造内容参见表 10.1。[1]

[1] 无障碍改造应依据《老年人照料设施建筑设计标准》（JGJ 450—2018）和《无障碍设计规范》（GB 50763—2012）的相关要求。

表 10.1　既改类设施室内无障碍改造重点部位和内容

重点部位		无障碍高差处理	门槛和地面小高差消除	留出回转空间	保证通行净宽	地面防滑处理	无障碍部品选配和细部设计	标识标志和信息系统配置
通行空间	走廊	○	○	●	●	●	●	●
	通道	—	—	—	●	●	●	○
	楼梯	—	—	—	●	●	●	—
	电梯	—	—	○	—	—	●	●
	候梯厅	—	●	●	—	—	●	●
老年人卫生间和助浴室		—	●	●	○	●	●	—
备注		1. 老年人卫生间指供老年人使用的公共卫生间和居室卫生间。 2. ●表示应着重关注，○表示应关注。						

常见问题 02 如何通过针对性的通行空间的改造设计满足通行净宽要求?

10.3　社区养老服务设施的通道、走廊和门洞等处的通行净宽应符合相关标准的要求，方便通行交错和轮椅回转。[①]

10.4　既改类设施应结合通行空间的具体条件，对通行净宽不符合相关标准的走廊进行改造，以便拓展通行净宽（图 10.1）。

（1）当走廊具备整体拓宽条件时，可通过拆除或调整影响通行净宽和净高的非承重墙体、构件、部品、设备等进行拓宽。

（2）当走廊无法整体拓宽但具备局部拓宽条件时，可在其转折、垭口等处进行空间局部放大，方便通行交错和轮椅回转。如：可拆除部分墙体、利用门洞内缩或落地窗外凸等方式。

（3）当走廊两侧墙体均为承重墙而不具备拓宽条件时，可结合结构改造对墙体位置、洞口尺寸进行局部调整。

①根据《老年人照料设施建筑设计标准》(JGJ 450—2018) 的要求，老年人使用的走廊，通行净宽不应小于 1.80 m，确有困难时不应小于 1.40 m；当走廊的通行净宽大于 1.40 m 且小于 1.80 m 时，走廊中应设通行净宽不小于 1.80 m 的轮椅错车空间，错车空间的间距不宜大于 15.00 m。

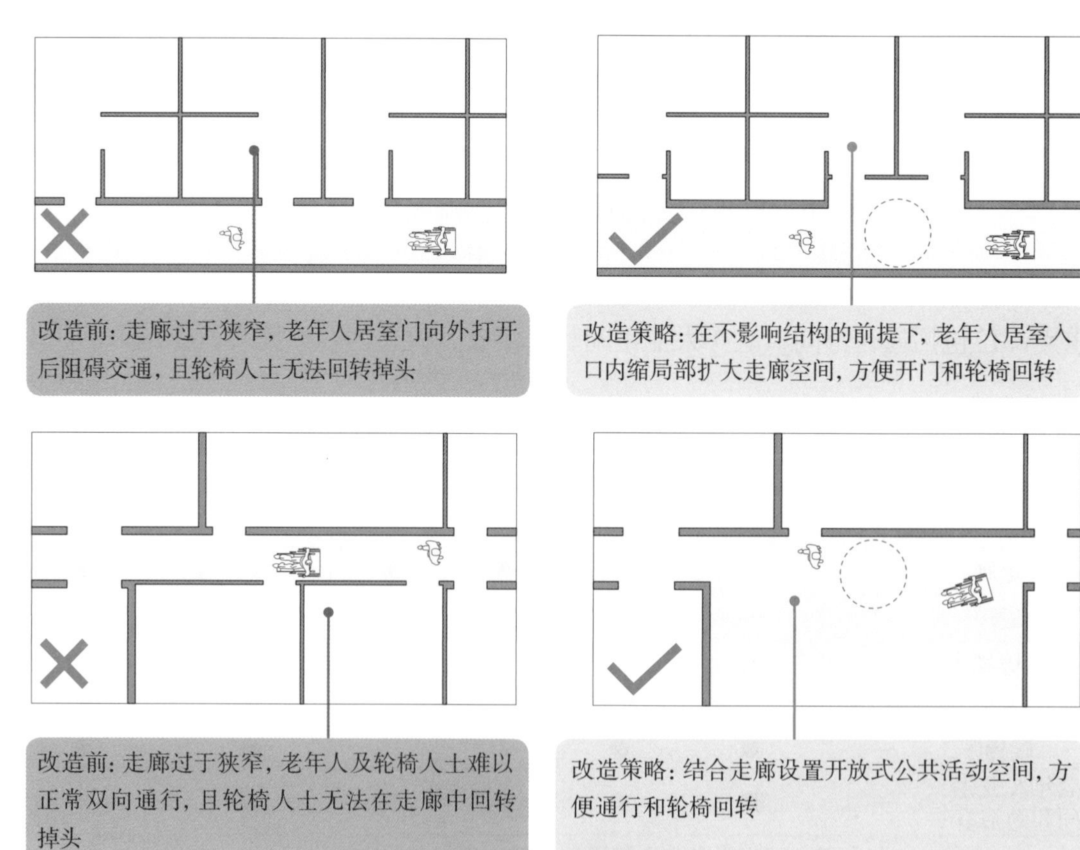

改造前: 走廊过于狭窄, 老年人居室门向外打开后阻碍交通, 且轮椅人士无法回转掉头
改造策略: 在不影响结构的前提下, 老年人居室入口内缩局部扩大走廊空间, 方便开门和轮椅回转
改造前: 走廊过于狭窄, 老年人及轮椅人士难以正常双向通行, 且轮椅人士无法在走廊中回转掉头
改造策略: 结合走廊设置开放式公共活动空间, 方便通行和轮椅回转

图 10.1　走廊拓宽示意图

10.5 既改类设施应结合门洞处的具体空间条件，正确选择门的形式，以便老年人使用并满足通行要求[②]（图 10.2）：

（1）当门洞宽度有限时，宜合理采用门的形式，减少开启后门扇、把手对通行净宽的占用。

（2）当采用双开门时，宜满足单扇开启后可满足通行净宽的要求。[③]

（3）在通行空间本身宽度有限且需设置防火门时，宜采用卷帘式或嵌入式门，避免门扇对通行净宽的占用（图 10.3）。

②门的选型还应考虑消防要求，参见《建筑防火设计规范》(GB 50016—2014)。

③根据《无障碍设计规范》(GB 50763—2012)的要求，平开门、推拉门、折叠门开启后的通行净宽度不应小于 800 mm，有条件时，不宜小于 900 mm。

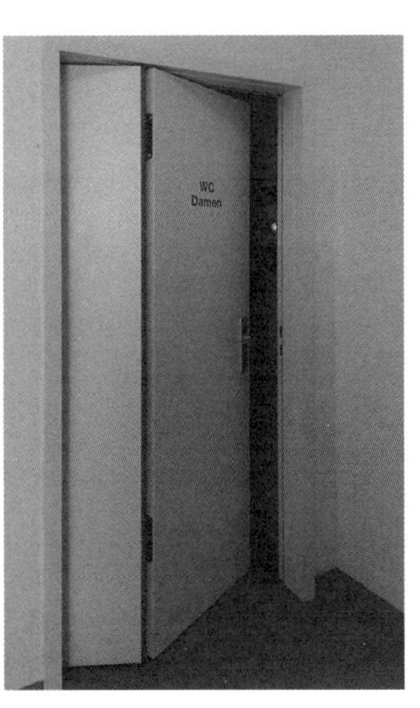

图 10.2　方便老年人和轮椅人士开启的门的形式

图 10.3　嵌入式防火门示意图

常见问题 03 如何通过针对性的通行空间改造满足安装扶手的需要?

①根据《无障碍设计规范》(GB 50763—2012)的要求，扶手应保持连贯，靠墙面的扶手的起点和终点处应水平延伸不小于 300 mm 的长度。

②根据《无障碍设计规范》(GB 50763—2012)的要求，扶手应安装坚固，形状易于抓握。圆形扶手的直径应为 35~50 mm，矩形扶手的截面尺寸应为 35~50 mm，扶手内侧与墙面的距离不应小于 40 mm。

10.6 社区养老服务设施的走廊和通道处应设置连续扶手，[①]以便老年人行走时进行撑扶，保证其行动自主和安全。

10.7 既改类设施应结合通行空间的具体条件，选择扶手的形式和安装方法（图 10.4）：

（1）当在走廊安装扶手时，应采用断面尺寸适当的扶手形式，[②]避免对通行净宽的占用。

（2）当走廊处的墙体为不具备扶手安装条件的轻质隔墙或玻璃幕墙时，可采用灵活的扶手安装方式，如采用落地式支撑、在轻质隔墙上设置条形加固带、利用玻璃幕墙的支撑构件进行安装等方法，提高扶手的稳固性（图 10.5）。

（3）当走廊处有影响通行和扶手安装的突出物时，可通过调整墙面的装修设计对突出物进行隐蔽，避免安全隐患（图 10.6）。

（4）当走廊扶手被设备管井等处的门洞打断时，可采用可折叠扶手，以便保证老年人可以连续撑扶（图 10.7）。

（5）当通道位于开放式空间且不便安装扶手时，可结合矮墙、家具、设备等形成连续撑扶面，替代扶手功能，解决开放式空间中通道处无法安装扶手的问题（图 10.8）。

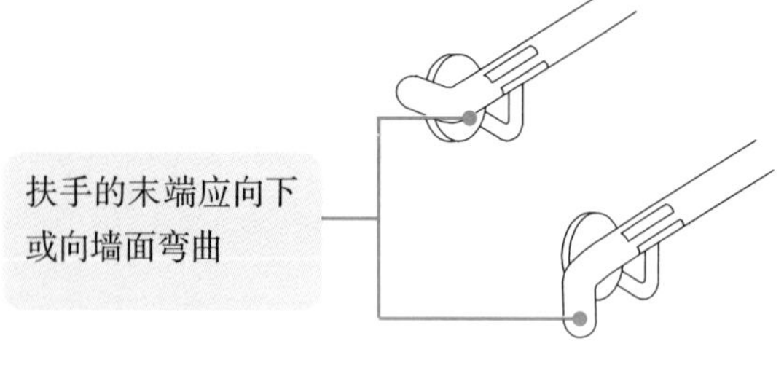

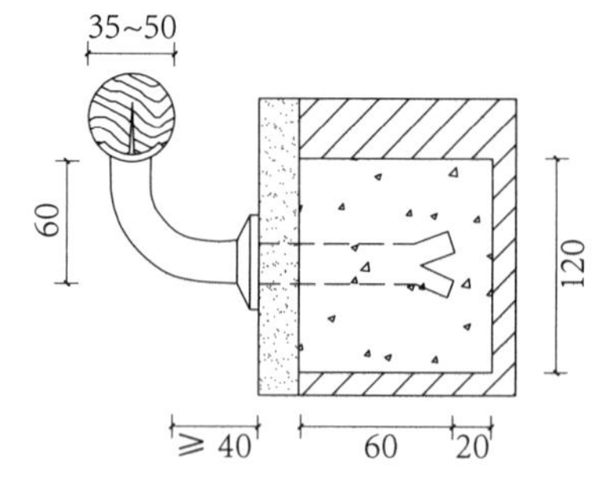

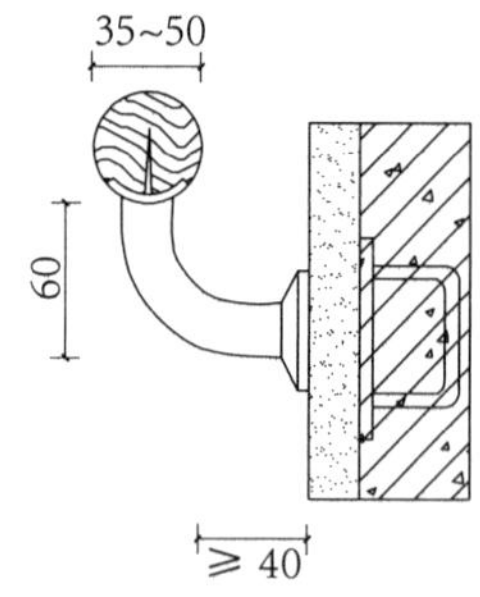

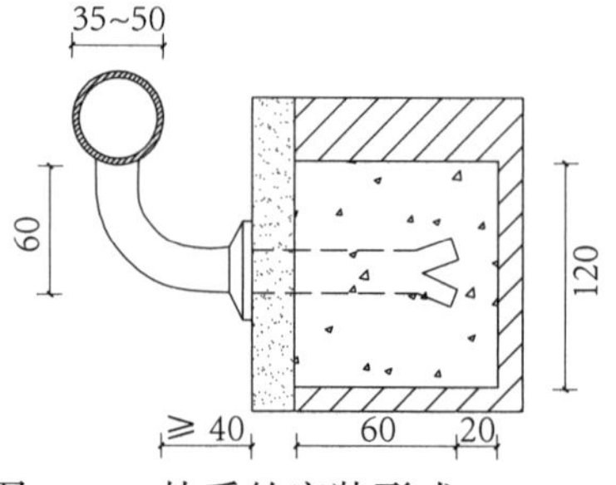

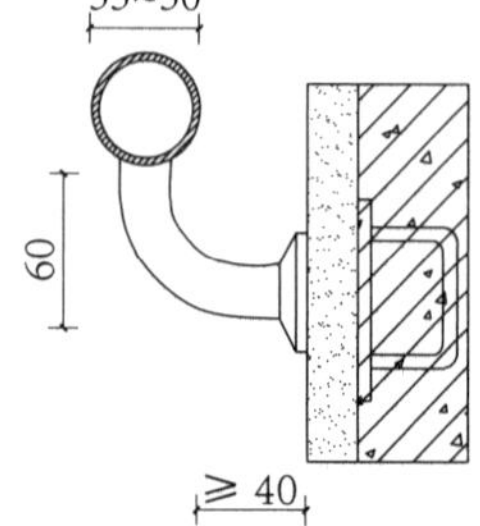

图 10.4 扶手的安装形式

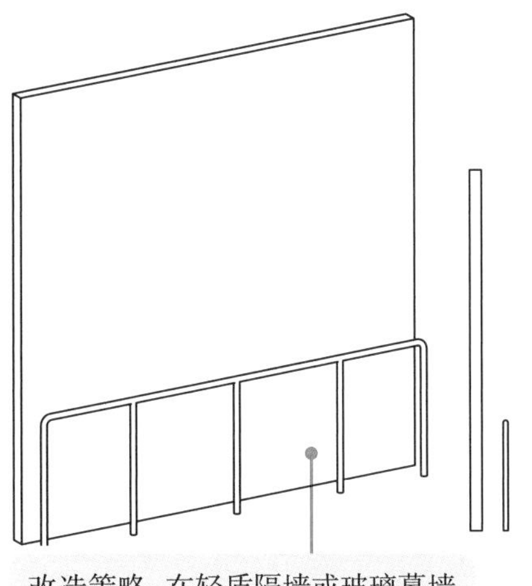

改造策略：在轻质隔墙或玻璃幕墙前设置落地扶手

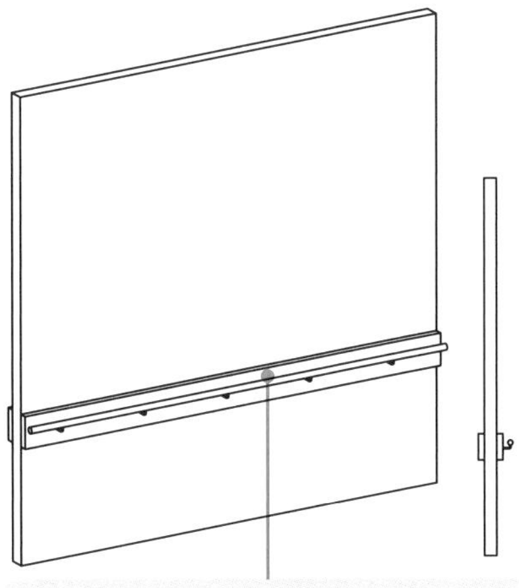

改造策略：在墙面两侧安装加固带，固定扶手

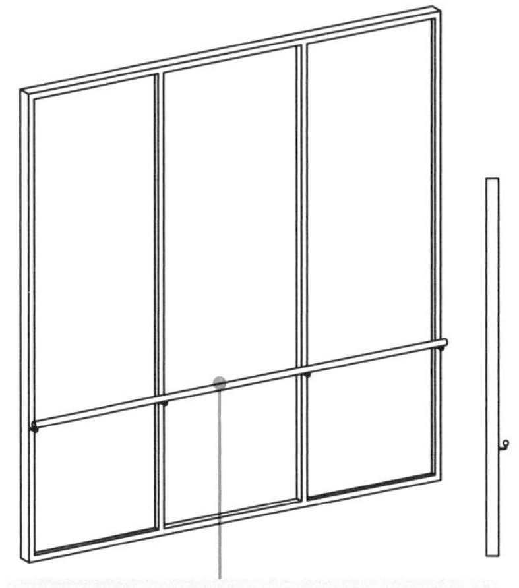

改造策略：利用玻璃幕墙的支撑构件进行扶手安装

图 10.5　轻质隔墙或玻璃幕墙灵活扶手安装方式

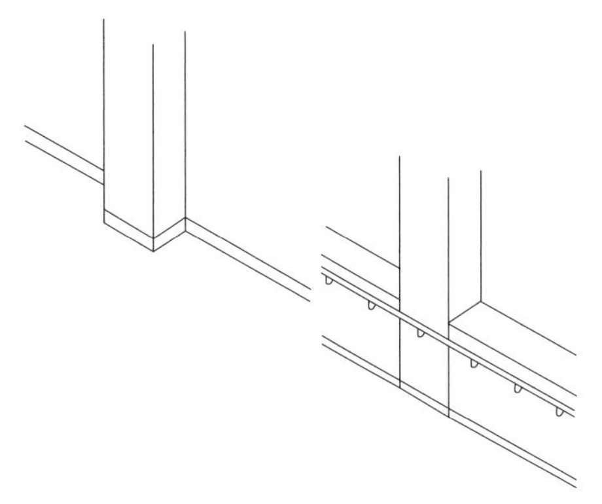

当扶手遇到柱子等突起时，可调整界面设计保证扶手连续

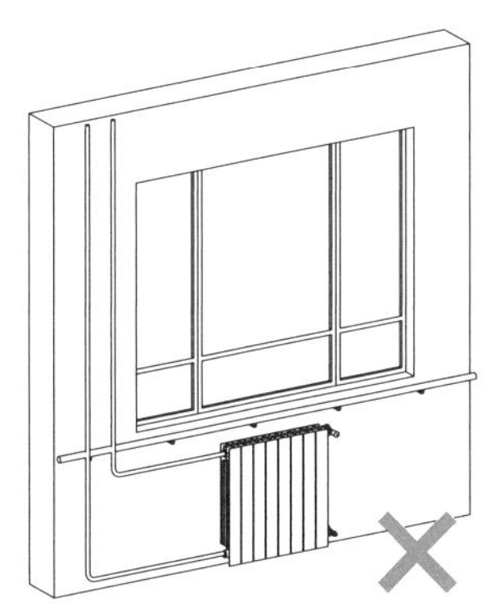

改造前：走廊墙面装有暖气片和管道，影响墙面扶手安装，难以保证扶手连续

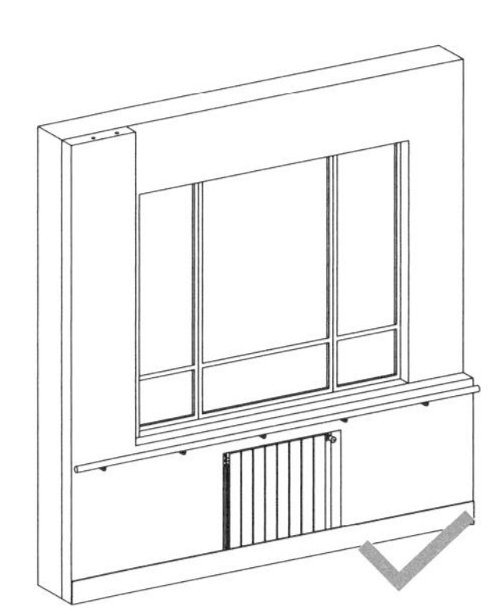

改造策略：调整墙面设计，隐蔽突出的暖气片和管道，并在装饰面外设置连续扶手

图 10.6　影响扶手的墙面突出物改造示意图

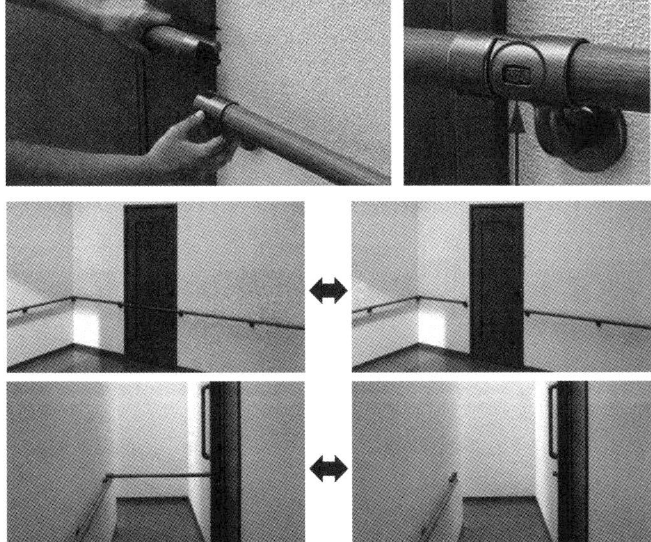

图 10.7　可折叠扶手

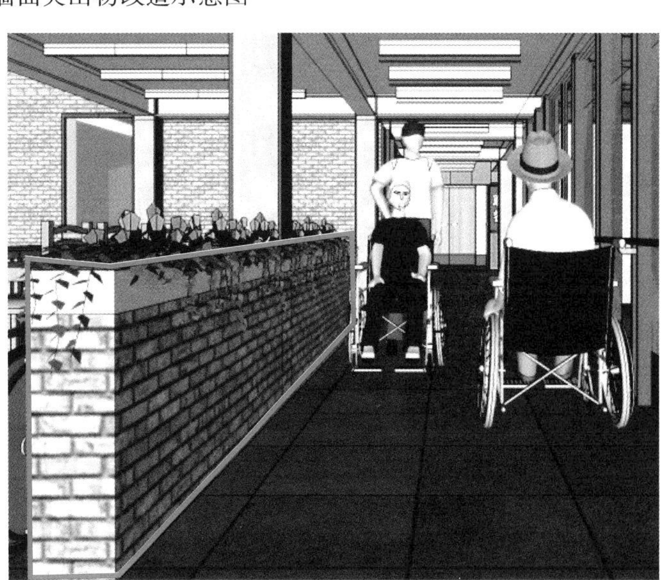

图 10.8　结合矮墙设置连续撑扶面

常见问题 04 如何处理通行空间的地面高差以便消除安全隐患?

10.8 社区养老服务设施的通行空间应保证地面平整，局部存在地面高差处应实现无障碍的高差过渡，保证老年人的行走安全和乘坐轮椅者可自主通行。

10.9 室内地面高差大于 15 mm 就会影响轮椅的通行，既改类设施应结合通行空间的具体条件，正确处理不同的地面高差，参见表 10.2：

（1）当通行空间存在细小的地面高差（≤ 15 mm）时，具备条件的宜通过调整两侧地面做法进行垫平处理；不具备条件的宜进行抹角处理或通过设置板式小坡道实现高差过渡，如在难以消除的门槛等处设置小坡道（图 10.9）。

（2）当通行空间的地面高差＞ 15 mm 且≤ 50 mm 时，宜设置板式小坡道消除高差。①

（3）当通行空间的地面高差＞ 50 mm 且≤ 1200 mm，具备增设无障碍轮椅坡道的条件时，可通过设置轮椅坡道实现高差过渡。②

（4）当通行空间的地面高差≤ 3000 mm，且空间局促不具备增设轮椅坡道的条件时，可通过设置垂直、斜挂式升降设备实现高差过渡。③

（5）当通行空间的地面高差＞ 3000 mm 时，可通过设置电梯、斜挂式升降设备实现高差过渡。

①根据市场调查，目前用于室内的板式小坡道的适用范围高度普遍为 0~50 mm，常用于消除门槛等细小高差。

②根据《无障碍设计规范》（GB 50763—2012）轮椅坡道的最大高度和水平长度分别为 1.2 m 和 24 m。

③根据市场调查，垂直升降平台的适用高度一般在 3000 mm 以下，常用于消除局部半层高差；电梯及斜挂式升降设备适用高度一般不受限制，常用于楼层间的无障碍通行。

表 10.2 不同地面高差的处理

高差尺寸	是否影响轮椅通行	建议处理方式
≤15 mm	否	两侧地面垫平、抹角处理或设置板式小坡道
>15 mm且≤50 mm	是	设置板式小坡道
>50 mm且≤1200 mm	是	设置无障碍轮椅坡道
≤3000 mm	是	设置垂直、斜挂式升降设备
>3000 mm	是	设置电梯、斜挂式升降设备

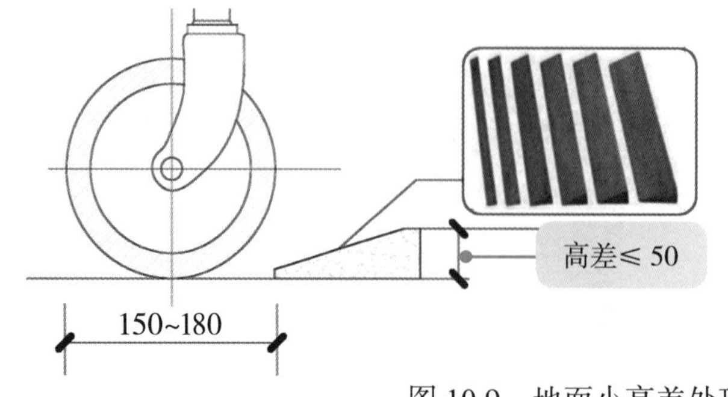

图 10.9 地面小高差处理方式

常见问题 05　改造条件受限时，如何实现无障碍垂直通行？

10.10　社区养老服务设施的楼（电）梯设计应满足相关规范的要求，大于一层的项目应设置无障碍电梯，以便保证老年人无障碍垂直通行。[④]

④根据《老年人照料设施建筑设计标准》（JGJ 450—2018）的要求，二层及以上楼层、地下室、半地下室设置老年人用房时应设电梯，电梯应为无障碍电梯，且至少1台电梯能容纳担架。

10.11　当既改类设施增设电梯受限时，应根据具体的空间条件，采用针对性的电梯形式和安装方法（图 10.10）：

（1）当拟增设电梯处的地面无法下挖时，建议采用无基坑电梯。

（2）当拟增设电梯处的顶部无法开洞上升时，建议采用无机房电梯。

（3）当室内无法增设电梯且规划条件允许时，可设置室外电梯解决无障碍垂直通行。室外电梯的界面宜采用透明界面，避免遮挡日照采光。

10.12　当既改类设施不具备增设电梯的条件时，应采用针对性的设计方法：

（1）调整拟设置老年人生活空间的位置，将其集中设置在首层。

（2）增设轮椅坡道或斜挂式平台电梯、座椅电梯等升降设备，以便实现无障碍垂直通行。

图 10.10　浅基坑或无基坑、无机房电梯[⑤]

⑤图 10.10 来源：Thyssenkrupp。

常见问题 06 如何根据设施规模确定无障碍卫生间（厕位）的数量?

10.13　社区养老服务设施的卫生间配置情况应根据服务老年人数而定，老年人使用的厕位与服务老年人数之比一般不应小于 1:6[①]，具备条件的设施应设独立的无障碍卫生间，否则应在男、女卫生间内分设无障碍厕位。

10.14　无障碍卫生间空间和设备应遵循《无障碍设计规范》（GB 50763—2012）的基本要求[②]（图 10.11~ 图 10.12）。

①此数据系参考国外相关设施配比而定。

②根据《无障碍设计规范》（GB 50763—2012）的要求，无障碍卫生间面积不应小于 4. 00 m²；应方便乘轮椅者进入和进行回转，回转直径不小于 1.50 m；地面应防滑、不积水；内部应设坐便器、洗手盆、多功能台、挂衣钩和呼叫按钮等。

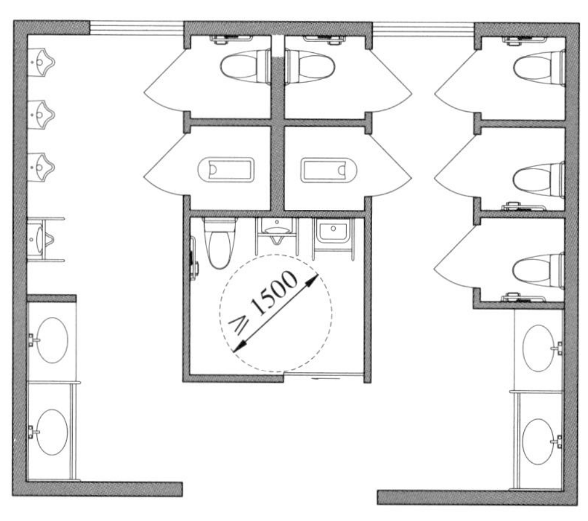

设置一个独立无障碍卫生间

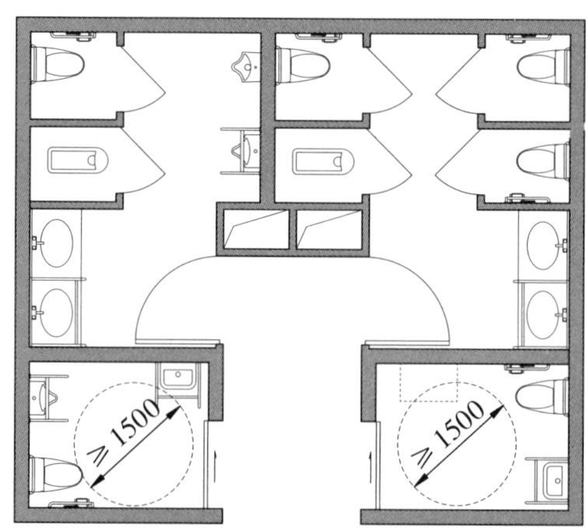

设置两个独立的无障碍卫生间

在男、女卫生间分别设无障碍厕位

图 10.11　无障碍卫生间平面组合示意图

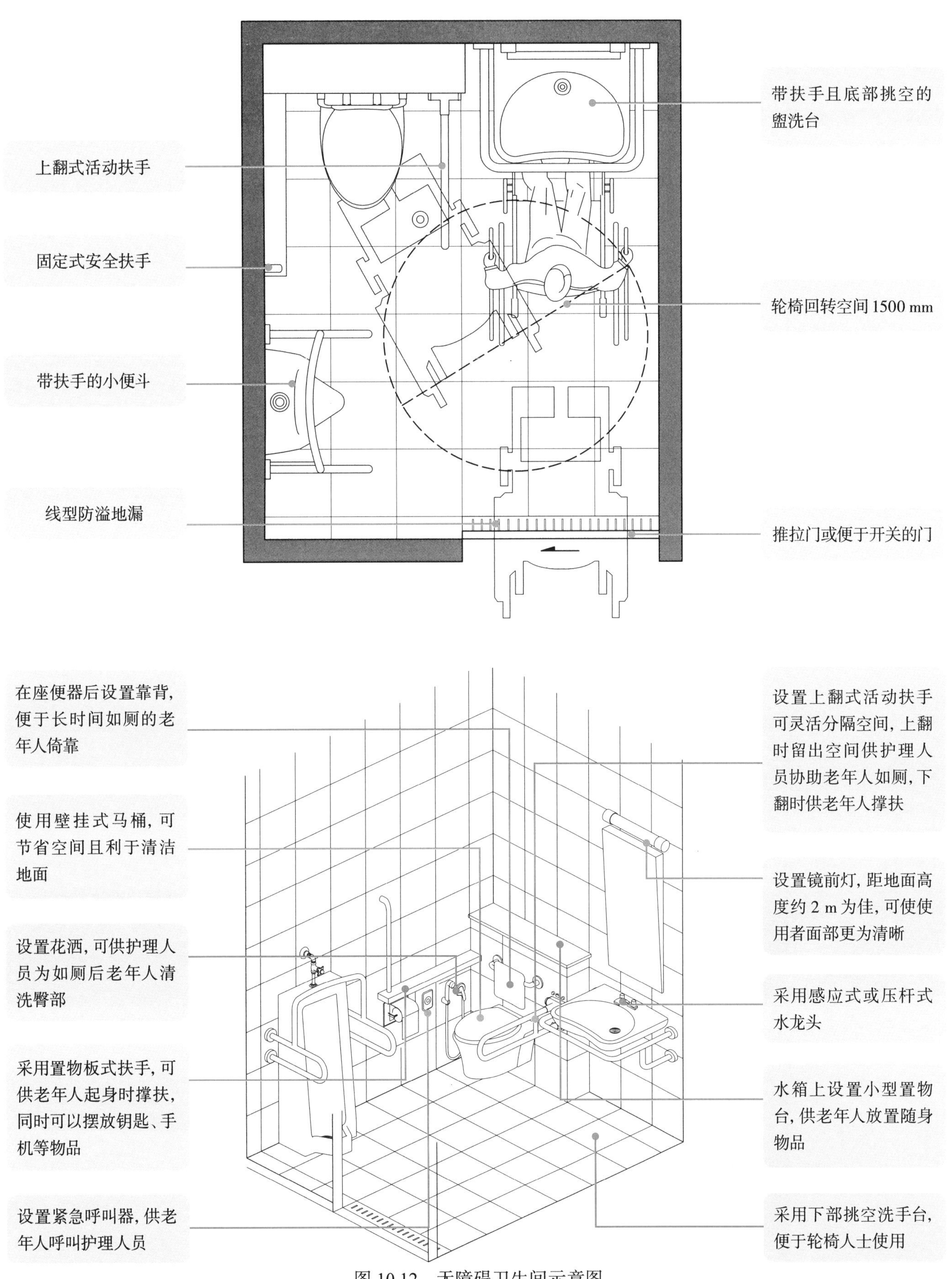
带扶手且底部挑空的盥洗台
上翻式活动扶手
固定式安全扶手
轮椅回转空间 1500 mm
带扶手的小便斗
线型防溢地漏
推拉门或便于开关的门
在座便器后设置靠背，便于长时间如厕的老年人倚靠
设置上翻式活动扶手可灵活分隔空间，上翻时留出空间供护理人员协助老年人如厕，下翻时供老年人撑扶
使用壁挂式马桶，可节省空间且利于清洁地面
设置镜前灯，距地面高度约 2 m 为佳，可使使用者面部更为清晰
设置花洒，可供护理人员为如厕后老年人清洗臀部
采用感应式或压杆式水龙头
采用置物板式扶手，可供老年人起身时撑扶，同时可以摆放钥匙、手机等物品
水箱上设置小型置物台，供老年人放置随身物品
设置紧急呼叫器，供老年人呼叫护理人员
采用下部挑空洗手台，便于轮椅人士使用

图 10.12　无障碍卫生间示意图

常见问题 07 如何进行卫浴空间改造以便满足无障碍使用需要？

10.15 既改类设施应根据具体的空间和设备条件，对卫生间进行无障碍改造，常见的改造要点如下（图 10.13）：

（1）卫生间宜采用推拉门、折叠门或电动伸缩门，方便老年人开启，并避免由于平开门门扇开启而干扰其他人的使用。

（2）当原有卫生间空间不足、厕位无法设置平开门时，应合理调整家具设备的布局，以便轮椅通行和回转[①]，方便提供照护服务，如可采用折叠门或软质隔断，减少厕位门对空间的占用和干扰。

①轮椅回转空间可参考图 1.3。

（3）卫生间和助浴室宜采用防水、防滑的地面材料，防止老年人在此滑倒受伤。

采用电动门

采用推拉门

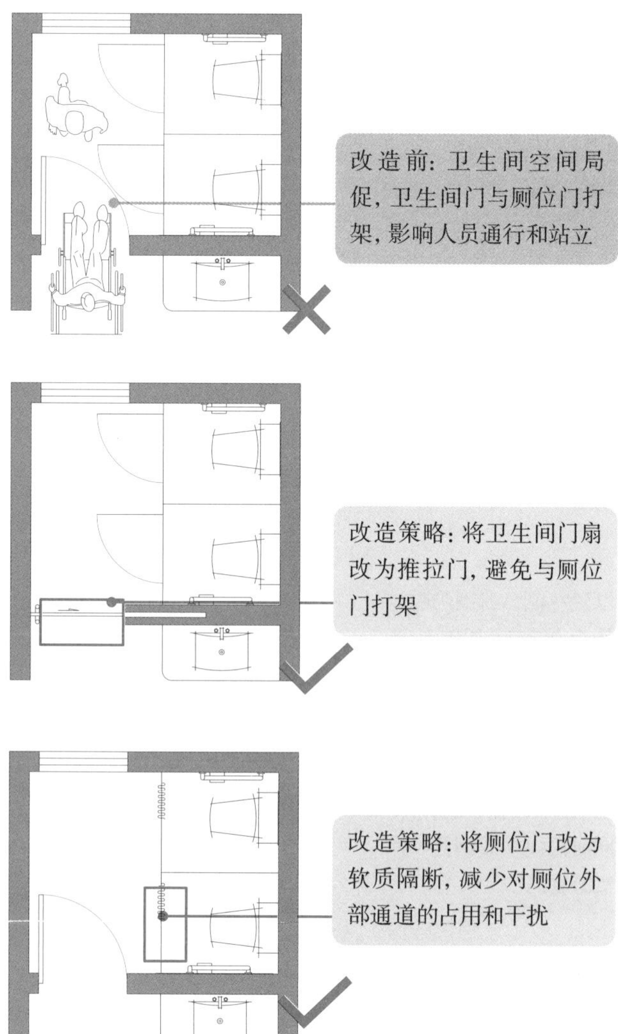

改造前：卫生间空间局促，卫生间门与厕位门打架，影响人员通行和站立
改造策略：将卫生间门扇改为推拉门，避免与厕位门打架
改造策略：将厕位门改为软质隔断，减少对厕位外部通道的占用和干扰

图 10.13 卫生间门的选择

（4）当洁具周围无法安装固定扶手时，可采用落地式、可折叠、可固定在设备上的扶手或自带扶手的洁具，满足老年人撑扶的需要（图 10.14）。

（5）坐便器处可采用兼顾搁置物品功能的扶手，不仅可以撑扶，还可以临时置物（图 10.15）。

②图 10.14 来源：安寿、TOTO。

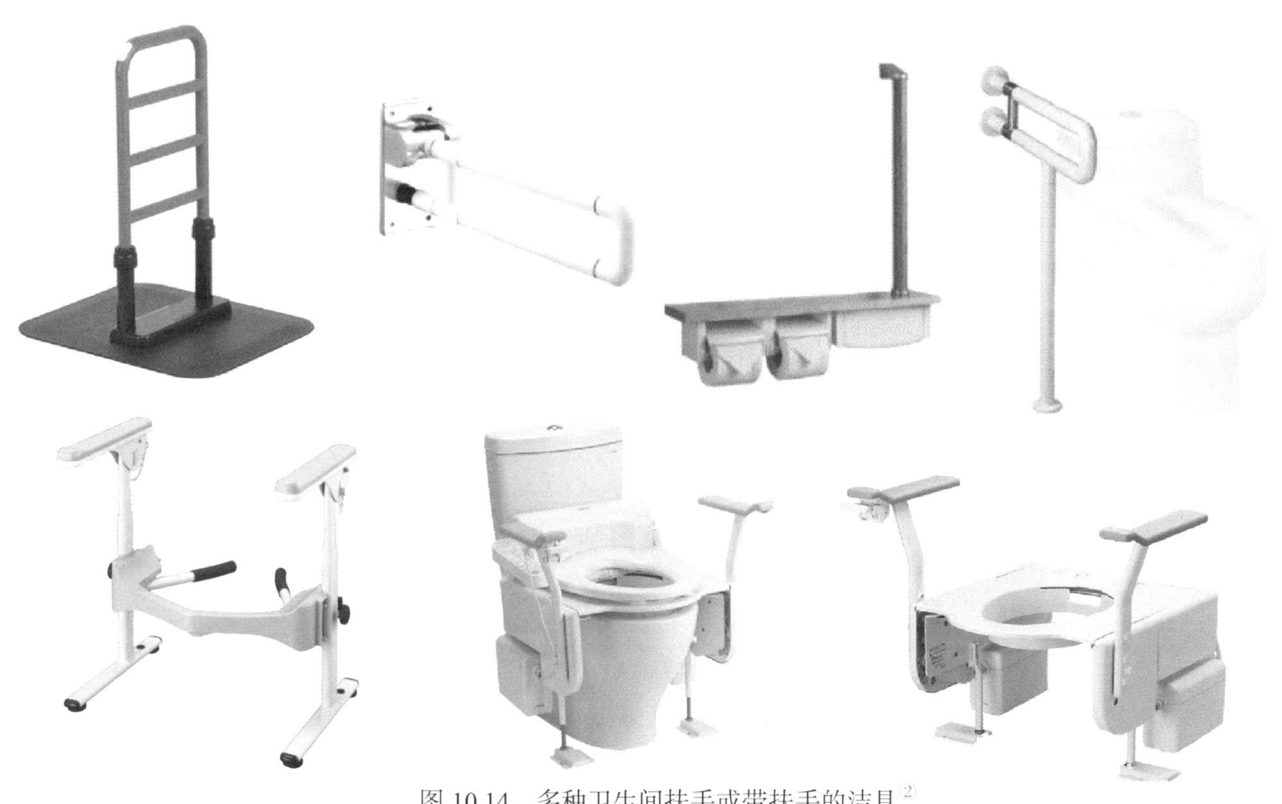

图 10.14　多种卫生间扶手或带扶手的洁具[2]

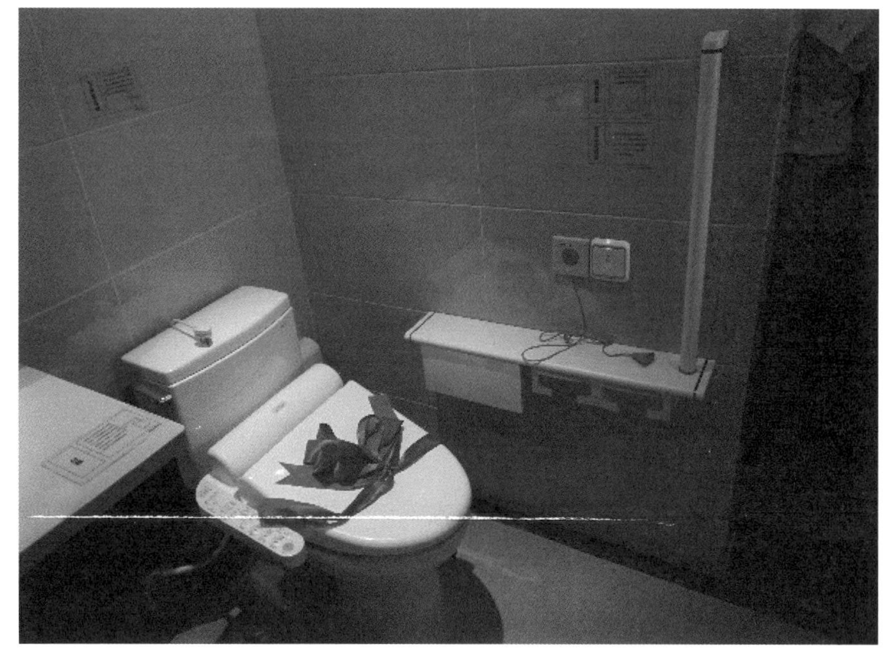

图 10.15　扶手与置物台结合

①盥洗台下方挑空高度应高于轮椅坐姿膝高度（一般为650 mm左右）。

②图10.17（右）来源：www.jieju.cn。

（6）盥洗台下方挑空或后缩[①]，以便轮椅人士使用，并节约空间（图10.16）。

（7）当卫浴空间处面积不足、设备受限时，可采用装配、整体式无障碍卫生间，以便节约空间，减小对原有用房的影响，并可有效地缩短安装周期（图10.17）。

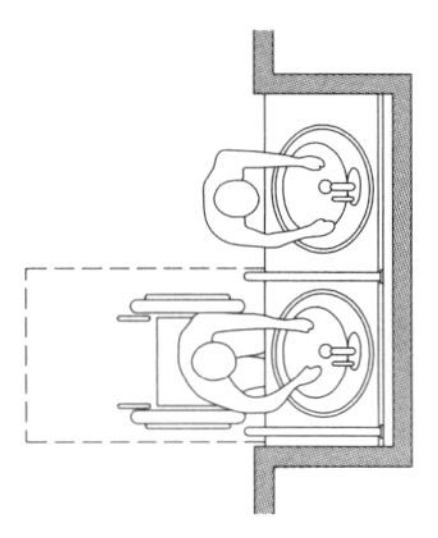

洗手台下方挑空或后缩可方便轮椅人士接近使用，同时节约空间便于清洁

图10.16 盥洗台下方挑空或后缩

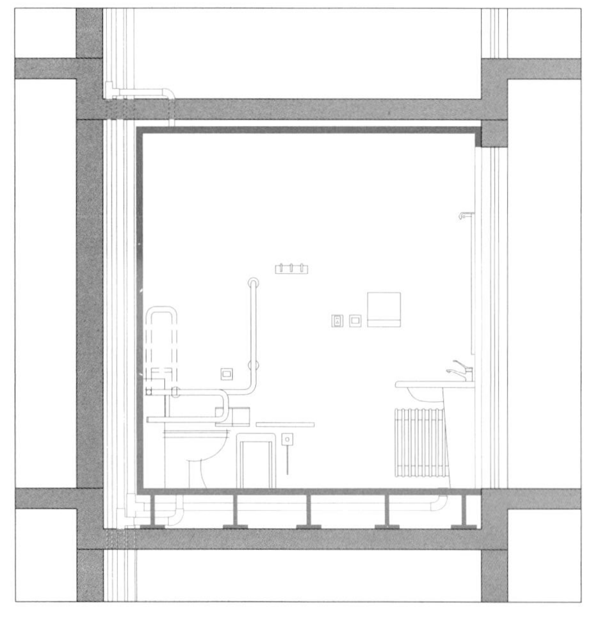

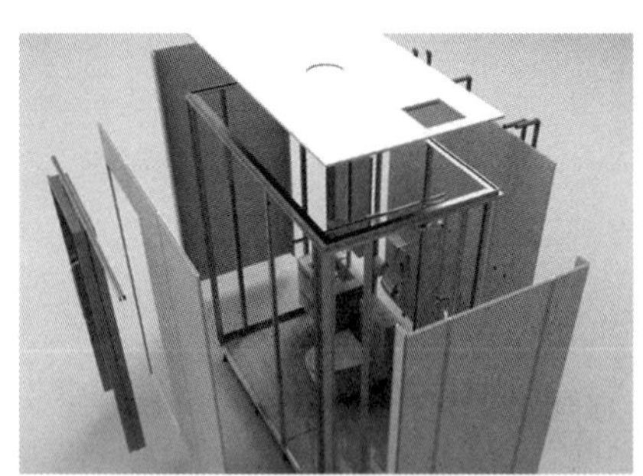

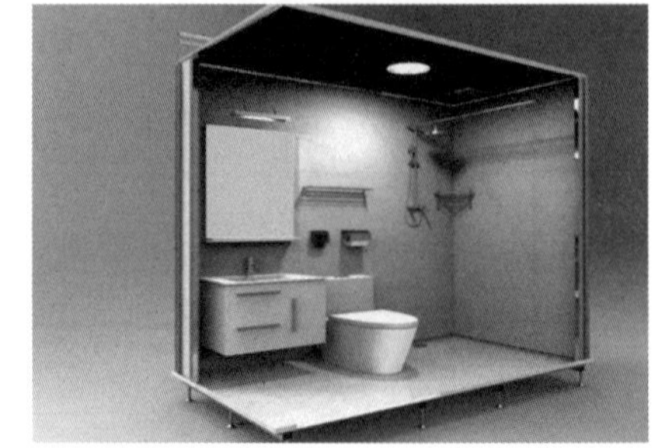

图10.17 装配式卫生间示意图[②]

（8）当由于排水要求而导致卫浴和清洁空间等处的地面抬升时，可根据具体条件调整卫生间和助浴室的给排水系统，更换洁具、地漏，消除或降低原有的地面抬升高度，如采用下层排水、局部地面下挖、改用薄型地漏同层排水系统等方法（图 10.18）。

（9）在消除了地面高差的卫浴和清洁空间的门口内侧采用条形地漏，防止流水外溢（图 10.19）。

③图 10.19（左）来源：http://dzx.wmejr.com。

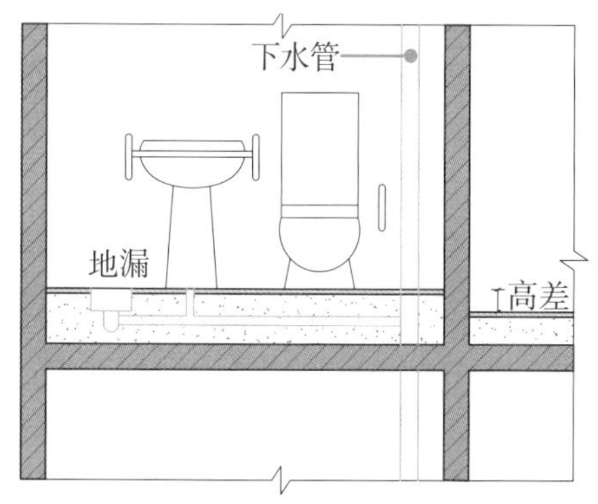

改造前：卫生间内外地面存在较大的高差

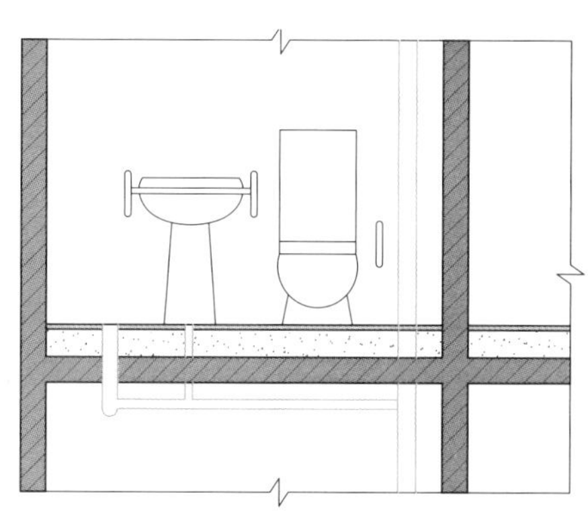

改造策略：具备条件的情况下改为隔层排水，卫生间内外地面做平

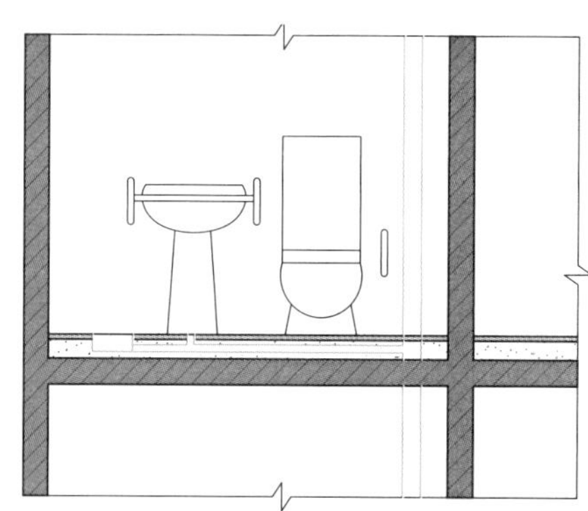

改造策略：采用浅地漏同层排水，卫生间内外地面做平

图 10.18　卫生间地面和排水系统示意图

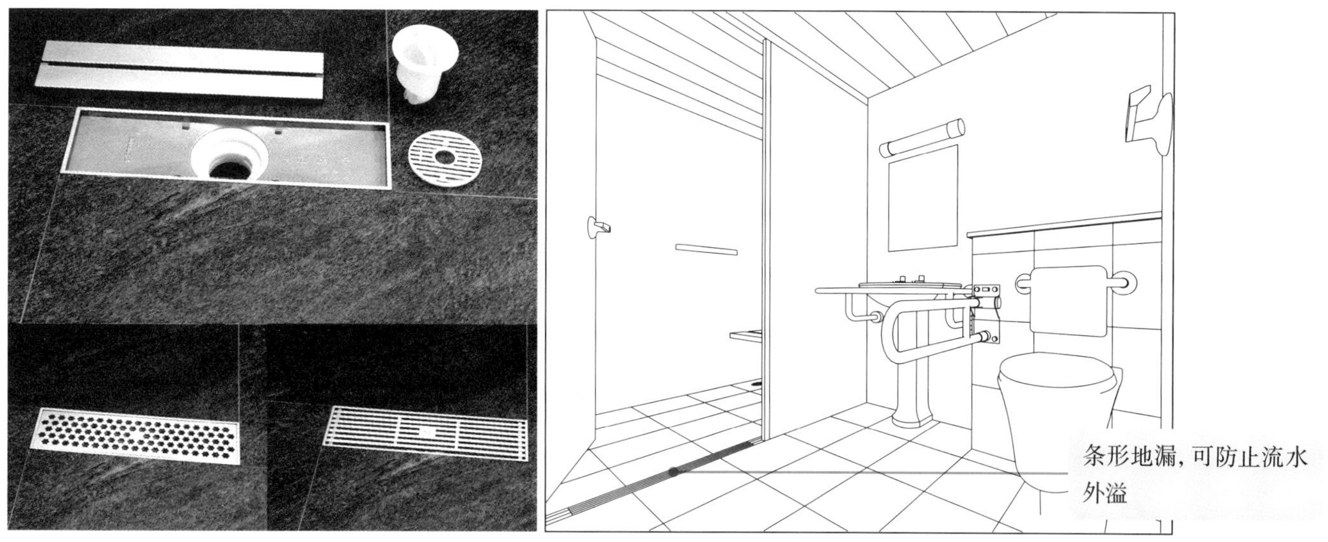

图 10.19　条形地漏防止流水外溢[3]

巧用室内设计解决空间缺陷

目标解析：

针对老年人身体机能下降的问题，在社区养老服务设施设计中，应注意通过细致的室内装修设计营造安全、舒适的室内环境。部分既改类设施的原有用房由于本来的用途与项目存在较大差异，在部分项目中会出现层高低、房间面宽窄等空间缺陷；同时，部分原有用房因经济条件所致，也会存在现状装修简陋、装饰界面材料不适用等问题，如地面不防滑、界面材料不吸音、单调的白色乳胶漆墙面造成空间氛围冰冷等。因此，在改造设计中，一方面应巧用设计技巧提高空间美观程度，改善使用者的空间感受；另一方面也应考虑利用比较经济有效的处理手段，尽可能地处理好适老化功能与美观协调的问题。

11 巧用室内设计解决空间缺陷

改造设计常见问题

（1）当室内净高不足时应如何改善空间感受?
（2）当空间面宽较窄时应如何改善空间感受?
（3）当室内采光条件不佳时，应如何通过室内设计改善光环境?
（4）当室内存在影响空间的构件、设备或管线时应如何处理?
（5）当部分现状装修无法更换时，应如何满足安全使用的需求?

重点评估项 如何判断原有用房的室内装修情况是否与项目定位契合?

11.1 既有建筑改造类设施的室内装修设计方案应基于对原有用房空间感受和现状装修的评估分析，评估主要内容参考如下：

（1）原有用房室内装修的整体品质状况如何? □（A. 好　B. 一般　C. 差）

（2）原有用房室内装修的整体新旧状况如何? □（A. 好　B. 一般　C. 差）

（3）原有用房室内装修的整体氛围是否与项目定位相契合? □
（A. 是　B. 否）

（4）拟设的老年人生活空间是否存在室内光线昏暗、照度不均匀的问题? □
（A. 是　B. 否）

（5）拟设置的就餐区、多功能活动区等处是否存在净空低、有压抑感的问题? □（A. 是　B. 否）

（6）拟设置的就餐区、多功能活动区等处是否存在空间狭窄、有拥挤感的问题? □（A. 是　B. 否）

（7）拟设置的就餐区、多功能活动区等处是否存在影响空间使用的大构件和设备? □（A. 是　B. 否）

（8）是否保留原有用房内的部分家具和设备? □（A. 是　B. 否）

评估结果提示： 评估结果提示：第（1）（2）项的结果为“差”，则说明应对原有用房的室内环境进行整体优化，其他项的结果则可作为改造设计的依据。

常见问题 01 当室内净高不足时应如何改善空间感受?

11.2 当原有用房室内净高不足时，应采用简洁、平整的天花和灯具造型，缓解因室内净高不足而产生的压抑感（图 11.1）。避免由于采用复杂的天花装饰或下垂灯具占用有限的净高，进一步凸显空间缺陷，如：

（1）室内净高较矮的空间宜采用浅色天花，以减弱压抑感。

（2）室内净高较矮的空间宜选择可照亮天花的灯具，如侧壁发光的吸顶灯具、出光方向向上的壁灯等，以减弱压抑感。

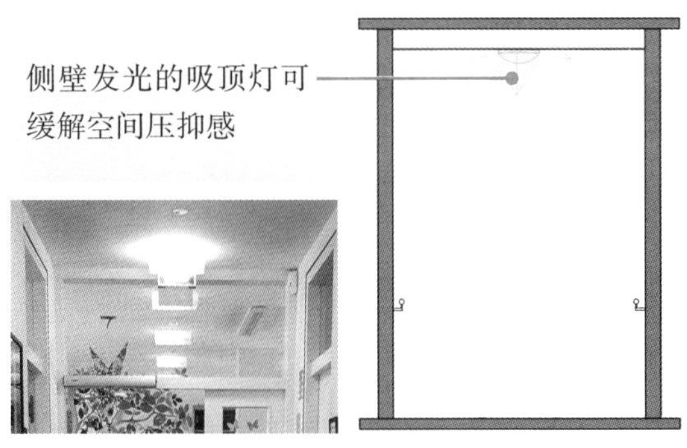
侧壁发光的吸顶灯可
缓解空间压抑感
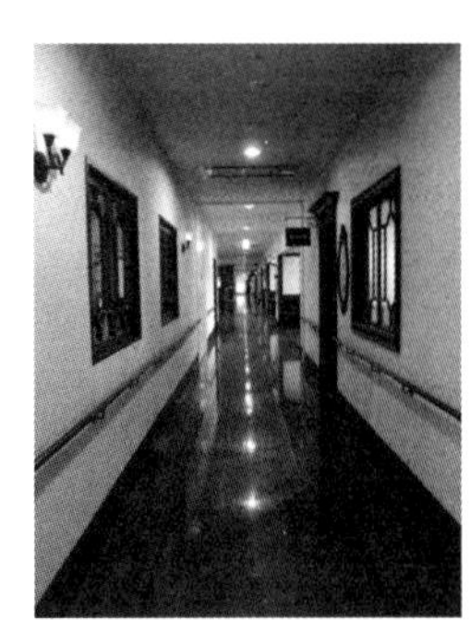
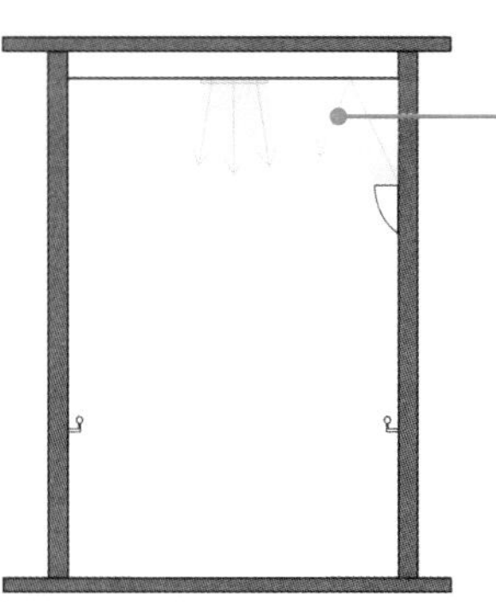
向上出光的壁灯
可缓解压抑感

图 11.1 低矮空间适宜的光环境设计示意图

常见问题 02 当空间面宽较窄时应如何改善空间感受?

11.3 当拟设置的就餐区、多功能活动区空间面宽较窄时，应采用简洁的装饰和明快的色彩，缓解空间面宽不足而致的局促感，避免由于采用复杂的墙面装饰、较深的墙面色彩加重空间狭窄、局促的感觉。

（1）室内面宽较窄空间的墙面、天花宜采用浅色界面，以减弱拥挤感。

（2）室内面宽较窄的空间宜选择可照亮墙面的灯具，如洗墙灯带、壁灯等，以减弱拥挤感（图 11.2）。

11.4 当原有用房走廊较为狭长时，应对重点部位的空间尺寸、造型、界面、灯具和色彩设计进行变化，缓解空间狭长、形式单一而导致的单调感：

（1）对狭长的走廊进行局部空间放大，如利用走廊拐弯、交会处适当放大作为休息厅，或结合电梯候梯厅等处进行空间放大，并通过改变该处的界面形式、材料和装饰等，既提示空间位置，又缓解走廊狭长的单调感（图 11.3）。

（2）对狭长的走廊进行墙面材质变化，如采用透明或半透明的界面材料，增强走廊两侧的空间延伸感，缓解走廊狭长且采光不良的单调感（图 11.4）。

（3）对走廊的照明灯具进行调整，如采用多途径光源照明，丰富走廊的光环境和界面的照明效果等措施，缓解走廊狭长的单调感（图 11.5）。

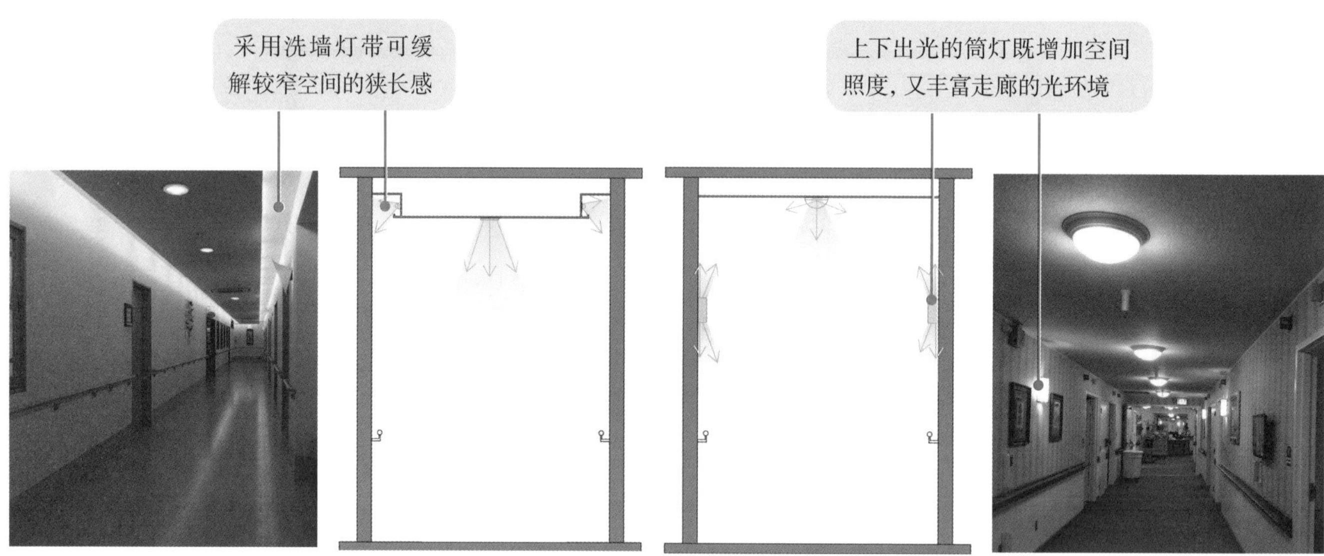

采用洗墙灯带可缓解较窄空间的狭长感
上下出光的筒灯既增加空间照度，又丰富走廊的光环境

图 11.2　面宽较窄空间适宜的光环境设计示意图

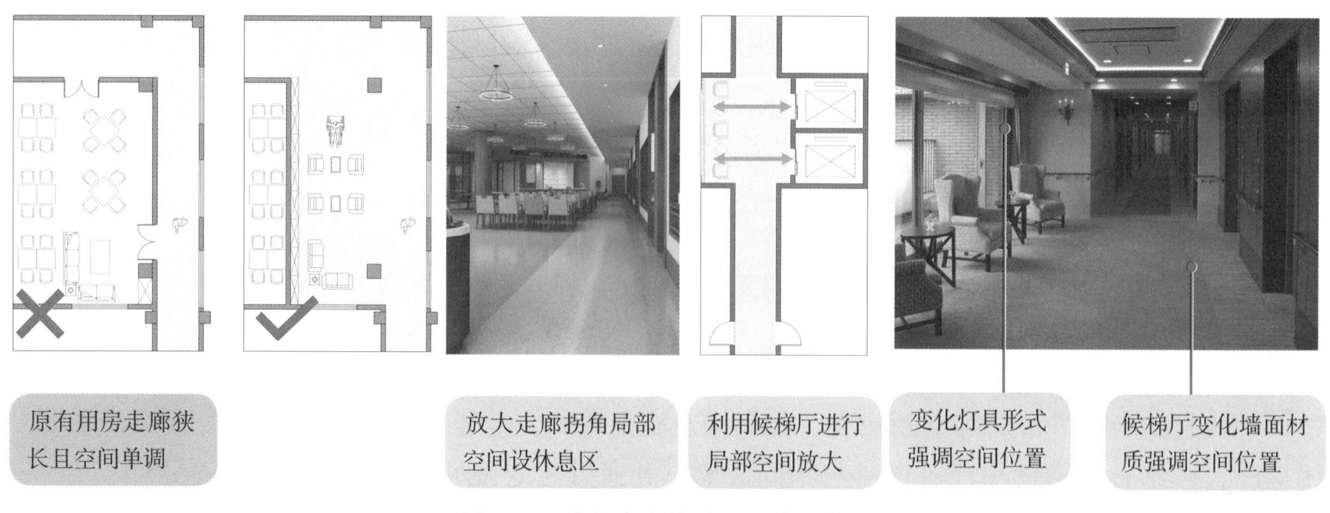

放大走廊拐角局部空间设休息区

变化灯具形式强调空间位置
候梯厅变化墙面材质强调空间位置

图 11.3　狭长走廊的平面设计示意图

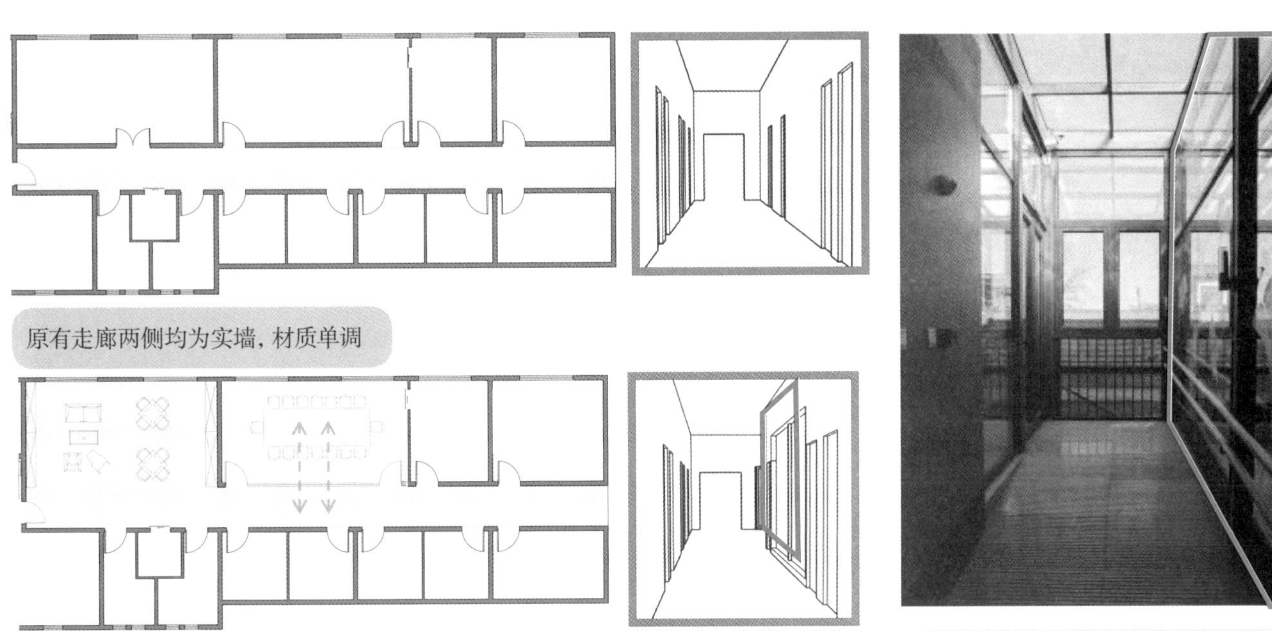

原有走廊两侧均为实墙，材质单调
增设开放阅读区，局部采用玻璃隔墙，丰富界面
采用有提示性图案的磨砂玻璃

图 11.4　狭长走廊的界面设计示意图

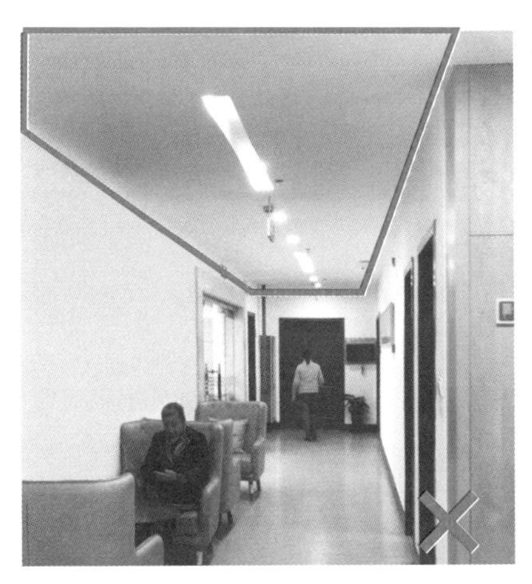

狭长走廊采用平行于走廊的线性灯具进一步加强了狭长感

狭长走廊采用多途径照明，丰富光环境、缓解单调感

狭长走廊采用垂直于走廊方向的条形灯具，缓解单调感

图 11.5　狭长走廊的光环境设计示意图

常见问题 03 当室内采光条件不佳时，应如何通过室内设计改善光环境?

11.5　当原有用房的自然采光条件不佳时，由于不同区域存在较大的明暗差异会对老年人的行动安全带来一定影响，因此合理的人工照明对室内光环境的改善则尤为重要。

（1）当原有用房由于进深较大而致室内照度不均匀时，可通过适当加密天花灯具的方式，避免由于灯具数量过少或排布不均匀带来的内部空间的昏暗感（图 11.6）。

（2）当原有空间采光不佳时，适当提高采光区域灯具的照度，提升光环境的均匀度。

（3）当原有空间采光不佳时，宜选用浅色的界面装饰材料，并增强界面反光度，以便改善光环境（图 11.7）。

原有用房灯具布置不均匀，造成房间内部照明不足，局部昏暗

原有天花为格栅或块板吊顶时，可拆卸局部天花增加灯具形成均匀的光环境

图 11.6　采光不佳空间的天花灯具调整对比

采用浅色界面装饰材料

图 11.7　采光不佳空间的光环境设计

常见问题 04　当室内存在影响空间的构件、设备或管线时应如何处理?

11.6　当原有用房室内存在影响空间高度和美观效果的结构构件、设备或管线时，应通过巧妙的室内设计消解其对空间的影响。

（1）当原有用房层高有限且梁的截面较大时，可采用暴露结构的天花形式，或将梁结合到天花的造型中，避免梁下设置水平吊顶而进一步压低室内净高（图 11.8）。

（2）当原有用房层高有限不适合全吊顶且需要在顶部敷设管线时，可通过整合不同管线、局部设置桥架或调整敷设方式等，结合天花的造型设计保证室内净高，具体有以下几点措施：

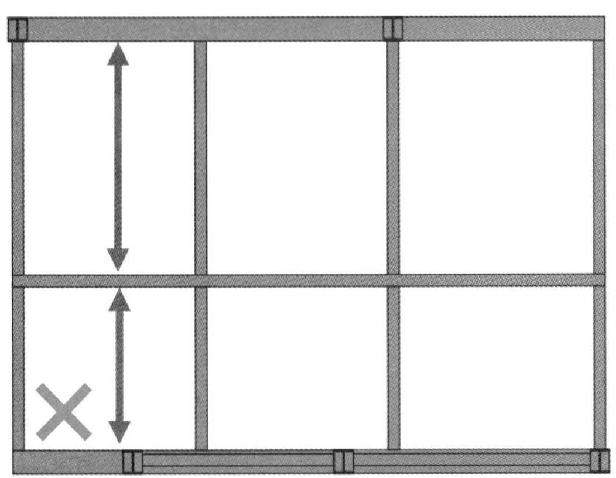

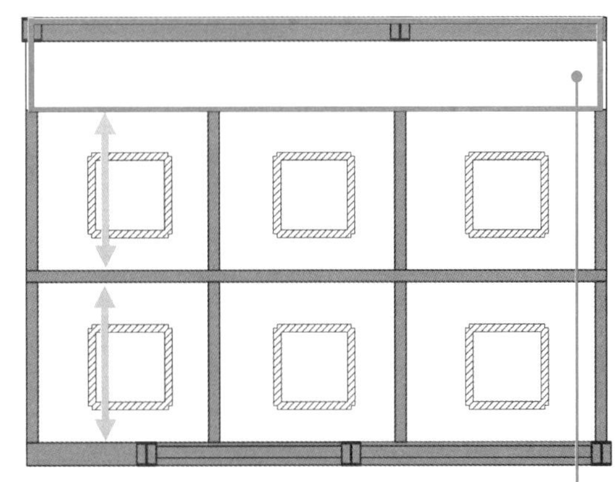

原有天花上的钢梁，存在间距不均匀的问题

局部增加石膏板吊顶，解决钢梁间距不均匀的问题，并配合天花形成利用灯具进行美化

采用方形环状灯具，协调灯具与结构钢梁的关系

图 11.8　调整前后的空间天花平面图和调整后的效果

①适当整合管线，可采用暴露天花、局部吊顶“假梁”的方式使之融入天花的整体设计（图 11.9）。

②对于管径较小的管线，探讨可否结合结构改造和加固，采用“穿梁”的方式进行解决（图 11.10）。

③如该项目位于首层且无地下室时，可采用在地面敷设主管线，减少顶部的管线（图 11.11）。

（3）当由于设备末端过低影响天花灯具布置且不具备提升设备高度条件时，可根据设备末端尺寸，因地制宜地设计天花造型，以消除设备末端在天花上的突兀感（图 11.12）。

11.7　当原有用房出现影响空间界面的管井、剪力墙或柱子时，可利用设置壁柜、陈列架等方式进行包封，美化界面，并实现空间的高效利用（图 11.13）。

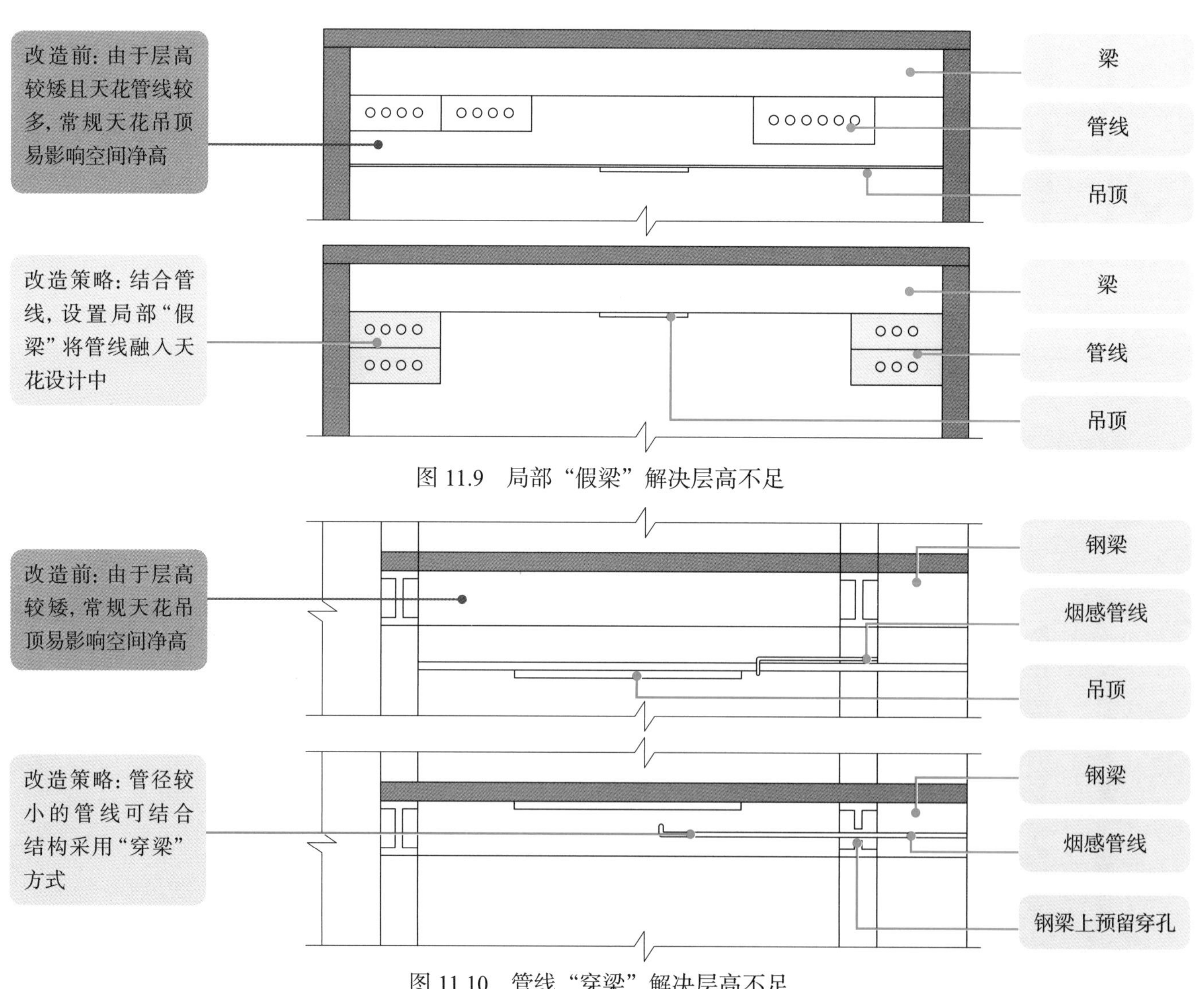

图 11.9　局部“假梁”解决层高不足

图 11.10　管线“穿梁”解决层高不足

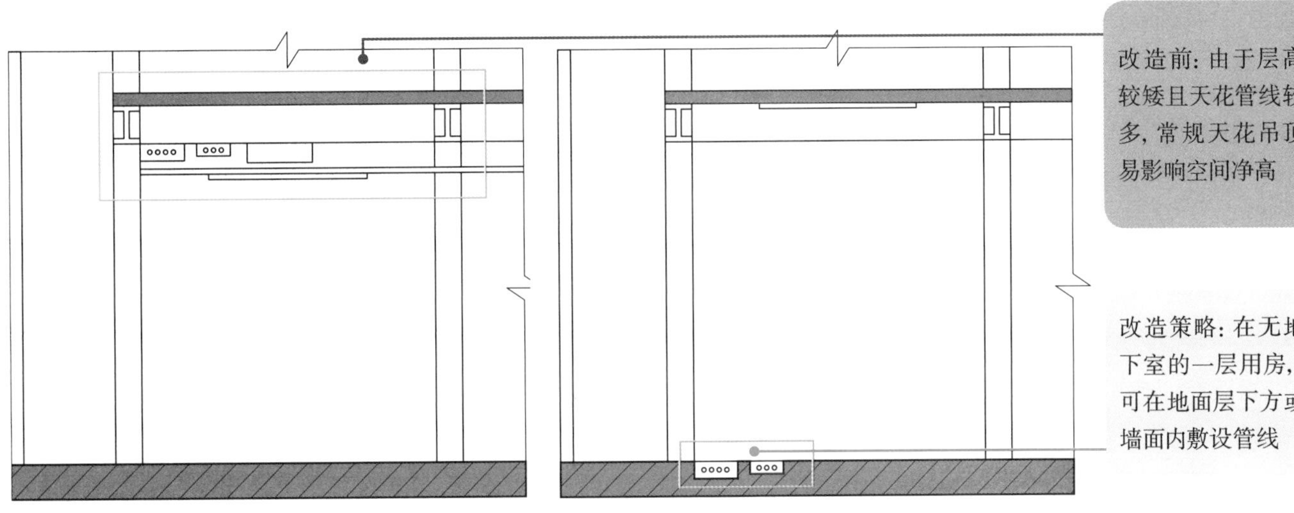

改造前：由于层高较矮且天花管线较多，常规天花吊顶易影响空间净高
改造策略：在无地下室的一层用房，可在地面层下方或墙面内敷设管线

图 11.11　层高有限空间的管线调整设计示意图

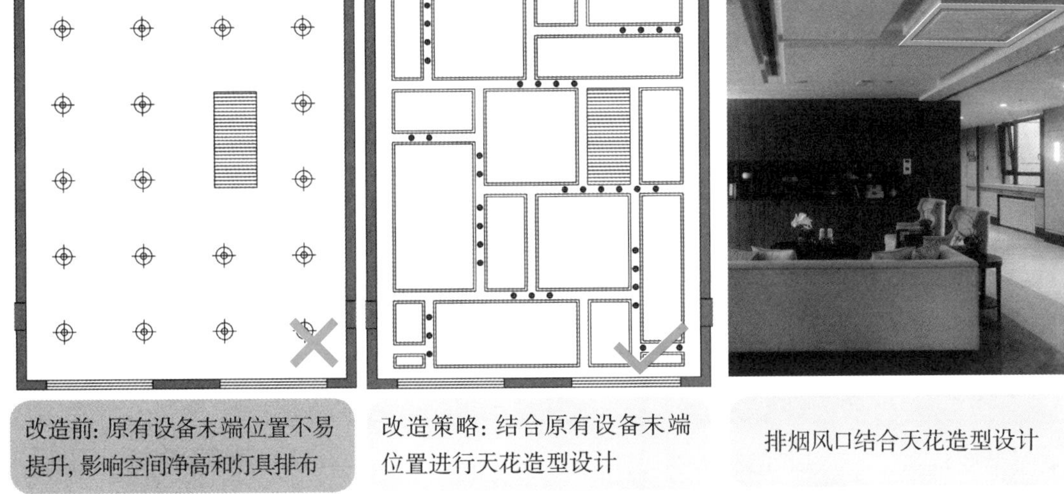

改造前：原有设备末端位置不易提升，影响空间净高和灯具排布
改造策略：结合原有设备末端位置进行天花造型设计
排烟风口结合天花造型设计

图 11.12　影响空间高度的设备末端调整设计示意图

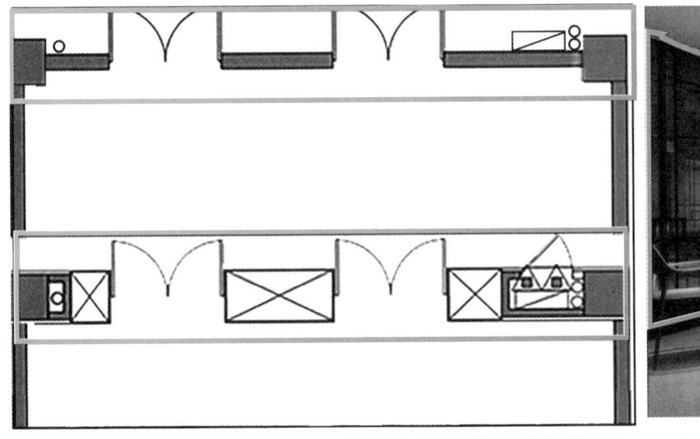

改造前：室内柱子及管井影响空间界面的完整性和美观性

封包柱子美化界面
改造策略：封包柱子和管井设置壁柜，将其融入界面进行整体设计

图 11.13　影响空间界面的构件和管井调整设计示意图

常见问题 05 当部分现状装修无法更换时，应如何满足安全使用的需求?

①地面防滑等级及防滑安全程度应符合《老年人照料设施建筑设计标准》（JGJ 450—2018）的相关要求。

11.8 当原有用房地面为非防滑地砖或石材，且不具备更换条件时，可针对具体情况采用防滑处理。[①]

（1）可采用防滑剂涂抹于地砖表面，解决原有地面不防滑问题，并缓解光滑地砖表面所致的眩光缺陷（图 11.14）。

（2）可在情况较好的地砖地面上铺贴塑胶地板，以解决原有地面不防滑的问题。

11.9 当原有用房墙面不具备整体更换条件时，可通过在重点部位进行局部材料调整的方式，改善室内效果。如当原有墙面颜色过于单调，为了克服室内氛围枯燥乏味的感觉，可在部分墙面涂刷高彩度涂料或铺贴板材，既活跃空间气氛，又方便老年人确定位置、找寻目标（图 11.15）。

地面为非防滑地砖或石材时，会给老人带来安全隐患

采用防滑剂涂抹于地砖表面，解决地面防滑问题，并缓解眩光缺陷

图 11.14 地砖表面涂抹防滑剂后的效果对比

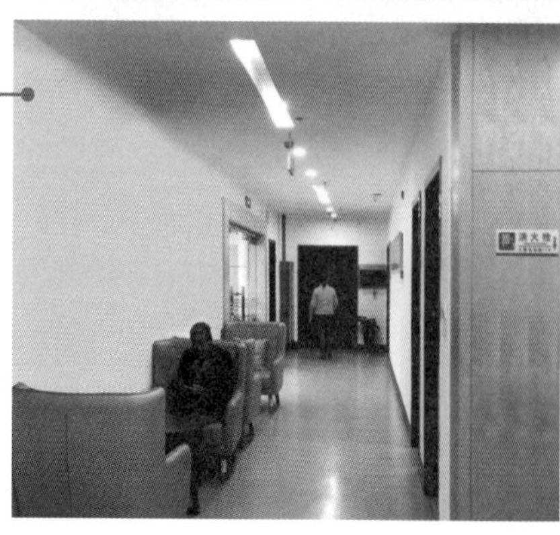

原有墙、柱颜色单一，缺少色彩变化

楼梯入口处刷高彩度导向标识
在柱面局部位置采用低彩度色彩进行装饰

在走廊端头设置导向标识
设置展示界面

图 11.15 局部界面改造效果对比

11.10　当原有用房室内装饰界面无吸音措施且不具备整体更换条件时，可采用局部更换界面材料、设置吸音体、引入布艺家居和软装等方式，改善室内声环境。②

（1）当原有天花界面材料无法整体更换时，可在天花增设满足防火要求的吸音材料进行改善。可采用以下方式解决：

①当原有天花为裸顶时，可采用装饰矿棉板吊挂于原楼板下，改善室内声环境（图 11.16）。

②当原有天花有吊顶时，可采用玻纤吸音板粘贴或挂装在原有天花上，改善室内声环境。

（2）当原有墙面界面材料无法整体更换时，可在墙面增设满足防火要求的吸音材料进行改善。如将聚酯纤维板、软木板等钉装于墙面上，既可改善室内声环境，还可用作展示墙（图 11.17）。

②室内噪声控制及声环境设计应符合《老年人照料设施建筑设计标准》（JGJ 450—2018）的相关要求。

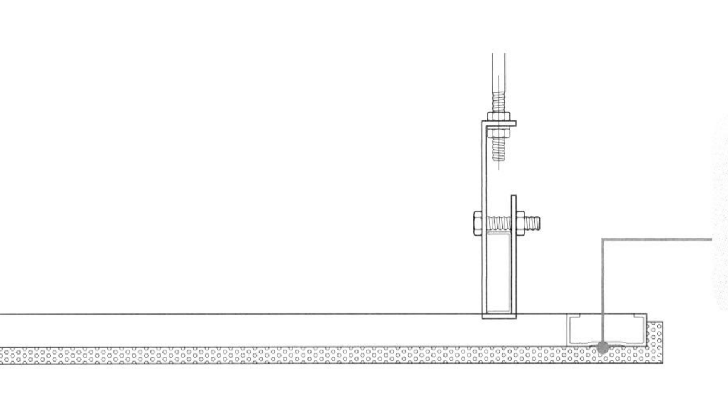

裸露天花采用成品造型吸音板，可有效改善声环境

图 11.16　声环境不佳时增挂吸音板

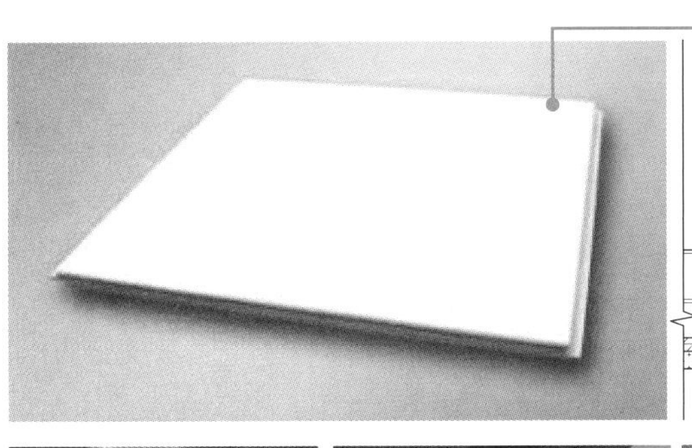

玻纤板是常用的天花吸音材料

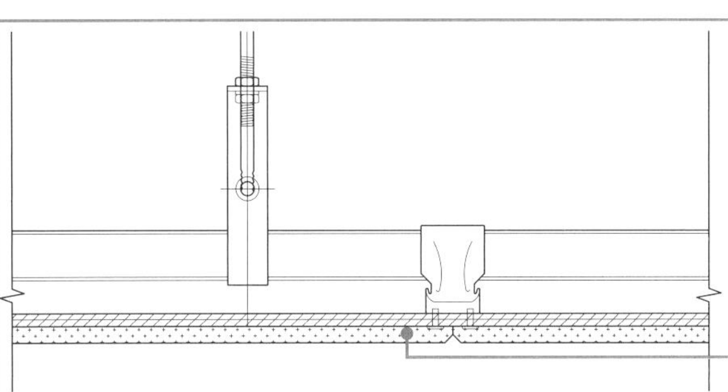

原有天花板无法更换拆改时，可将玻纤板直接粘贴在原天花板上

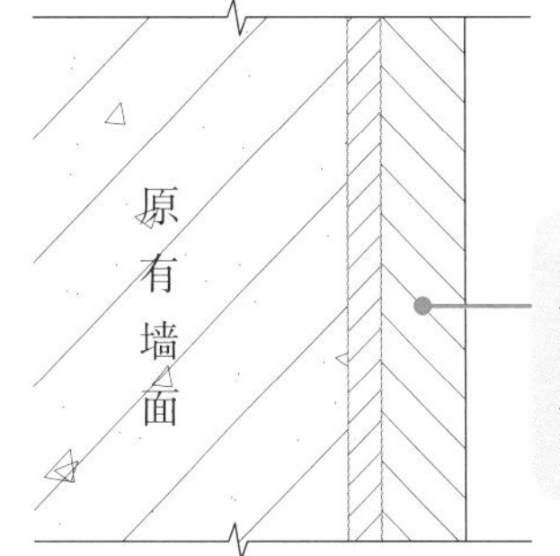

原有墙面无法更换时，可局部增设聚酯纤维板

图 11.17　声环境不佳时加贴吸音饰面

（3）通过摆放布艺软包类家具或具有吸音效果的造型陈设，如布艺沙发、软质靠背的椅子、吸音装饰画等，改善室内声环境（图 11.18）。

11.11　当原有用房灯具类型单一且不具备整体更换条件时，为避免天花形式过于单调，可通过采用简单灯具、灵活组合的方式，以及局部调整灯具排布形式，改善天花造型（图 11.19）。

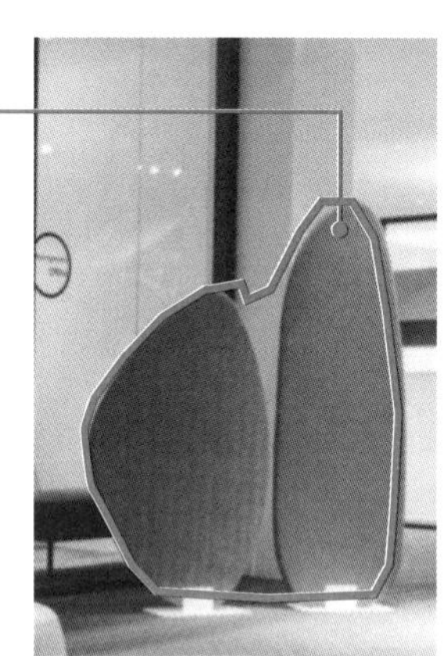

图 11.18　可改善声环境的家具陈设产品示意图

方形灯具常规布置方式

方形灯具灵活布置方式

图 11.19　单一类型灯具的排布效果对比

条形灯具常规布置方式
大栅栏街道养老助残服务中心
条形灯具灵活拼接布置方式
条形灯具灵活拼接布置方式

图 11.19 （续）

12

适老化环境营造和室内设计

目标解析：

室内设计以满足拟建项目的使用需要为原则，内容一般包括空间形式、材料、色彩、光环境及家具陈设五大要素。在社区养老服务设施建设中，针对老年人身体机能的下降、心理方面的变化和行为方式的特点，室内设计既要关注其生理层面的需求，还要关注其心理层面的需求。因此，应结合上述要素，以精细的适老化室内设计为老年人营造安全便捷、温馨舒适、熟悉亲切的空间环境。此外，由于标识系统在社区养老服务设施中具有重要的功能和空间指引作用，也是室内设计不可忽视的内容。

改造设计常见问题

(1)社区养老服务设施室内设计应营造怎样的室内环境?

(2)室内设计中的界面材料应注意哪些要点?

(3)室内设计中的色彩设计应注意哪些要点?

(4)室内设计中的光环境设计应注意哪些要点?

(5)室内设计中的家具陈设应注意哪些要点?

(6)室内设计中的标识系统应注意哪些要点?

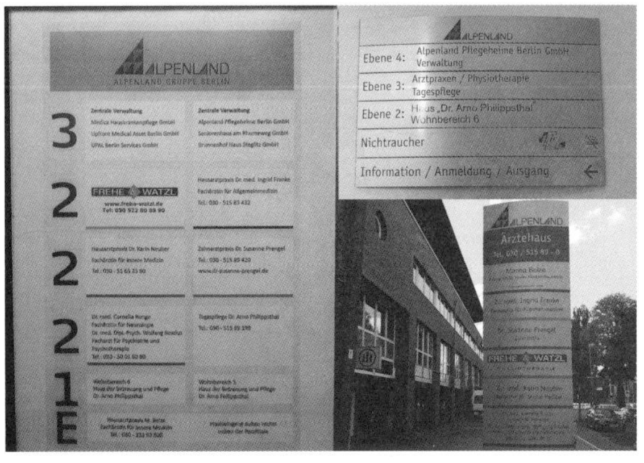

常见问题 01　社区养老服务设施室内设计应营造怎样的室内环境？

12.1　针对老年人的生理变化、心理需求和行为特点，社区养老服务设施室内设计应营造安全便捷、温馨舒适、熟悉亲切的室内环境（图 12.1）。

12.2　即改类设施的室内设计应基于不同的空间条件，采用因地制宜的设计方式，通过空间形式、材料、色彩、光环境及家具陈设等室内设计要素营造出适宜的室内环境，同时也应考虑以下几点：

（1）安全便捷是社区养老服务设施室内设计的核心目标，应注重空间形式、界面材料、色彩搭配、光环境及家具陈设的安全性能，消除令老年人发生意外的隐患。同时，针对部分老年人存在健忘、判断力下降等困难，还应注重提高不同空间的辨识度，通过差异化的设计方便老年人识别定位、寻找目标。

（2）温馨舒适是社区养老服务设施室内设计的重要理念，应注重空间形式、界面材料、色彩搭配、光环境及家具陈设的视觉效果，营造令人愉悦的空间感受，提高老年人的认同感。

（3）熟悉亲切是社区养老服务设施室内设计的重要理念，应注重空间形式、界面材料、色彩搭配、光环境及家具陈设的居家感和属地特色，运用所在区域的文化和装饰元素，营造老年人熟悉的生活场景，引发老年人的归属感。

营造安全便捷的活动环境

营造温馨舒适的空间感受

配置熟悉陈设，营造熟悉亲切的生活环境

图 12.1　社区养老服务设施室内空间示意图

常见问题 02 室内设计中的界面材料应注意哪些要点?

12.3 为了营造安全便捷的室内环境，在室内设计中应注重界面材料的安全性能，材料的选择应满足不同界面的使用需求，避免安全隐患。

（1）地面材料的选择应满足不同功能空间的使用需要，并重点关注其防滑、弹性的性能，老人聚集的活动场所，应提高相应防滑等级，避免由于地面不防滑或太硬导致老年人发生跌倒和骨折等。[①]目前常用的地面材料，如防滑地砖、塑胶地板、木地板、地毯等（图 12.2）。

（2）墙面材料的选择应满足不同功能空间的使用需要，并重点关注耐磕碰、便于后期维护和吸音的性能，预防轮椅等设备通行时造成墙面的磕碰损坏，并便于日常清洁或消毒。目前常用的墙面材料，如耐擦洗的涂料、壁纸、木饰面等。此外，由于社区养老服务设施经常需要利用老年人生活空间的墙面进行展示，还可考虑采用聚酯纤维板、软木板等墙面材料，既方便经常更换、不破坏墙面，还可发挥良好的吸音作用（图 12.3）。

（3）天花材料的选择应满足不同功能空间的使用需要，宜采用吸音和浅色（较高反射率）材料，既可消除室内噪声，避免老年人受嘈杂环境影响产生不适感，[②]又有利于增强室内照度，营造适宜的光环境。目前常用的天花材料，如矿棉吸音板、穿孔石膏板、穿孔铝板、微孔砂吸音板等（图 12.4）。

①参见《老年人照料设施建筑设计标准》（JGJ 450—2018）。

②参见《老年人照料设施建筑设计标准》（JGJ 450—2018）。

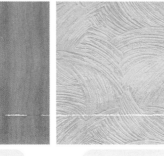

③图 12.2 来源：www.moxingzu.com。

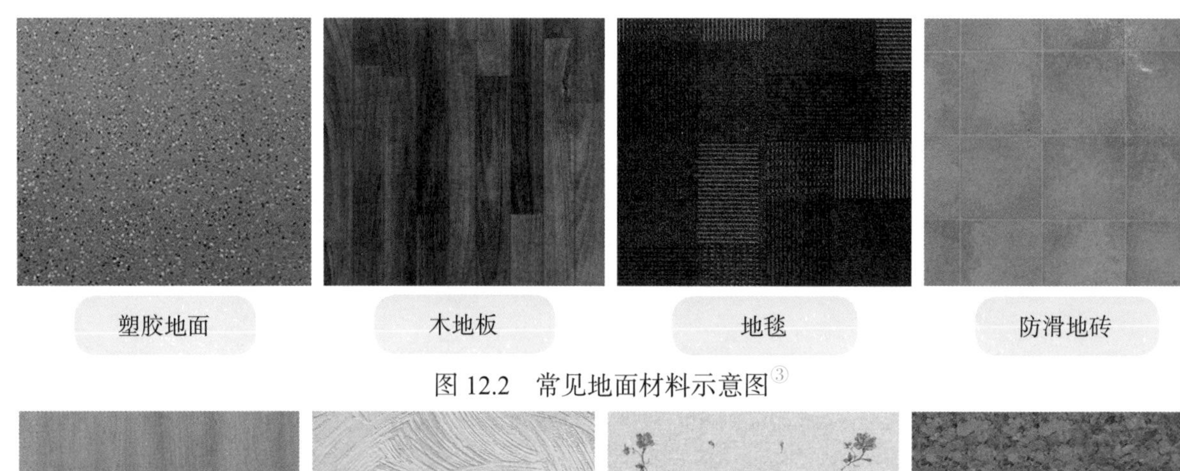

图 12.2 常见地面材料示意图[③]

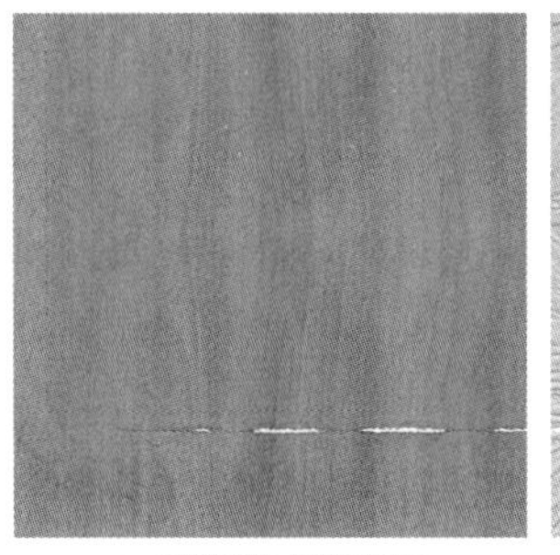

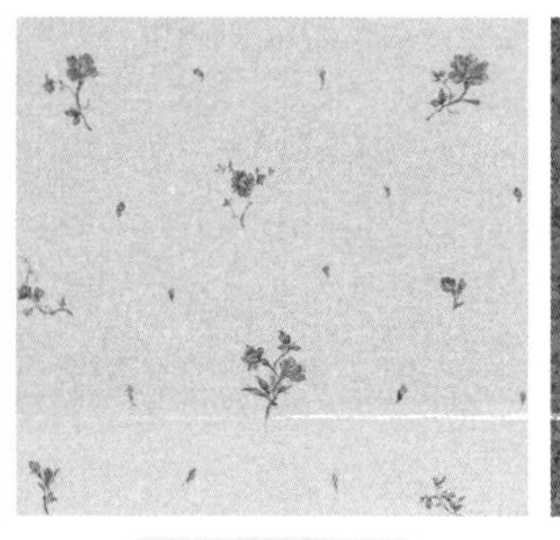

图 12.3 常见墙面材料示意图

（4）针对老年人眼部对眩光敏感的问题，各界面材料均应采用哑光表面材质，避免地面、墙面和天花有眩光导致老年人判断失误（图 12.5）。

（5）针对老年人免疫力下降的问题，各界面材料均应注重绿色环保性能，采用污染物挥发量少、防菌、防霉的材料。

12.4　为了避免老年人产生视错觉，在室内设计中应注意界面材料的花纹、肌理不宜太强烈和复杂，避免由于在地面、墙面等处采用过于炫目的材料而导致老年人产生不安定感（图 12.6）。

12.5　为了营造温馨舒适的室内环境，在室内设计中应注重界面材料、色彩、肌理的丰富性，避免由于材料过于单一而造成室内氛围枯燥沉闷（图 12.7）。

12.6　为了提高不同空间的识别性，在室内设计中可通过调整不同空间或重点部位的界面材料，强调空间位置的变化（图 12.8）。

④ 图 12.4（左）来源：http://product.11467.com。

⑤ 图 12.4（中）来源：http://cn.truste-xporter.com。

⑥ 图 12.4（右）来源：http://gonglue.guojj.com。

⑦ 图 12.5（右）来源：http://jiancai.ccd.com.cn。

矿棉吸音板[4]

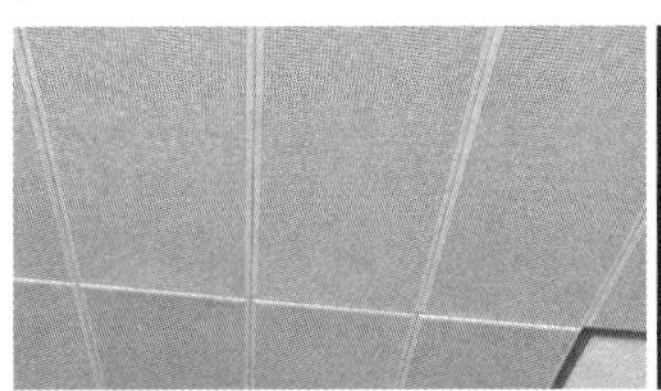

微孔砂吸音板[5]

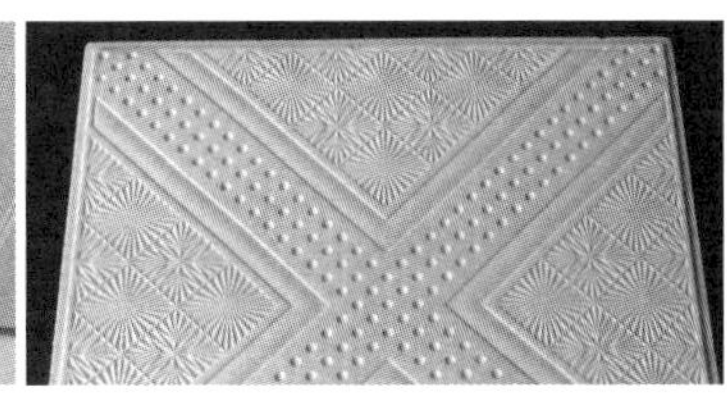

石膏板[6]

图 12.4　常见天花材料示意图

地毯

肌理涂料

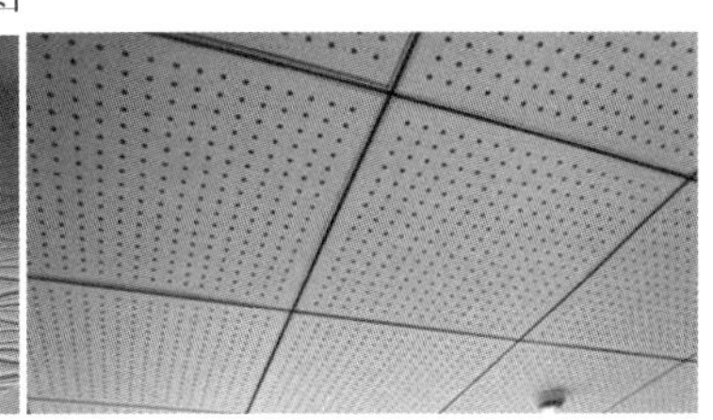

矿棉板[7]

图 12.5　常见哑光界面材料示意图

避免采用图案复杂、色彩对比强烈的地面

应选择图案简洁、颜色统一的地面，避免老年人产生视错觉

图 12.6　走廊地面材质和图案效果对比

白色天花提升小空间的开敞感

米黄色的壁纸墙面色泽温馨

地毯兼顾舒适性与吸音性能

木饰面造型强化走道尽端的空间位置

地面材质的变化强调空间位置变化

图 12.7 走廊空间界面材料示意图

图 12.8 休息区界面材料示意图

案例分析 界面材料设计要点（图 12.9）

天花增加灯带造型，强调电梯厅的空间位置感

地面局部材质变化避免单调感，同时提高空间识别性

各界面材料均采用哑光表面材质，防止产生眩光

墙面增加壁纸等装饰，强调空间位置

图 12.9 界面材料设计要点

常见问题 03 室内设计中的色彩设计应注意哪些要点?

12.7 为了营造温馨舒适的室内环境，在室内设计中应注重色彩设计的整体性，协调好界面、家具、陈设、软装、配饰的色彩关系。色彩设计的主要内容一般包括：区分界面色彩关系、构建色彩体系和具有提示功能的色彩处理方式等。

12.8 室内色彩设计应针对老年人视觉下降的生理特点，宜适当加大各界面的明度差异，提高色彩饱和度，以便老年人辨识。例如以下几点：

（1）明确区分地面、墙面的色相和明度，方便老年人辨识不同界面，室内各界面的色彩明度宜按照天花、墙面、地面从高至低依次下降（图 12.10）。

（2）明确区分主体和背景的色相和明度，方便老年人识别。如搭配家具陈设、扶手辅具、开关按钮的颜色时，应使其明显区分于背景的色彩（图 12.11）。

（3）适当增大色彩饱和度，方便视觉下降的老年人更好地感受色彩差异（图 12.12）。

12.9 室内色彩体系应以暖色系为主，营造令人愉悦的心理感受。如老年人生活空间中就餐区、多功能活动区和老年人居室等处的界面宜采用米黄色、木色等暖色系色彩，搭配以木质为主的暖色系家具陈设，营造温暖的感觉（图 12.13）。

12.10 室内色彩设计应注意丰富性，发挥色彩的提示功能，在协调的整体色彩环境中宜利用差异化的色彩进行点缀，既可活跃环境氛围，又可方便老年人识别。

（1）采用重点提示的方式，增强识别性，如在垂直交通、卫生间、服务台等需要重点标识的部位，通过界面色相的改变、饱和度的提高或明度的差异进行提示（图 12.14）。

（2）采用分区设计的方式，方便老年人寻找不同的功能空间或进行分组活动。如在不同的活动区域采用不同的色彩，可以帮助老年人明确区分（图 12.15）。

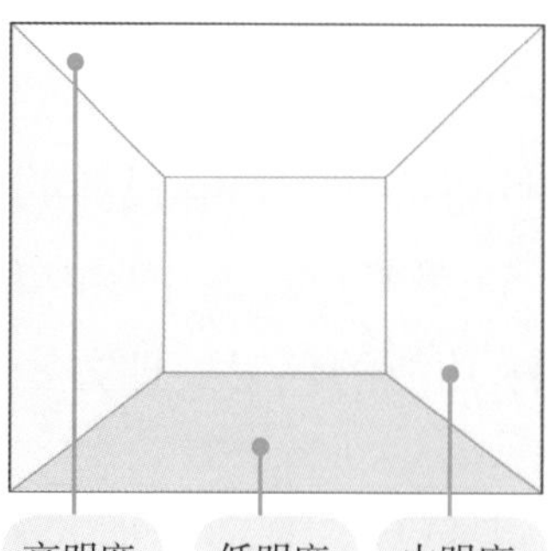

通过色彩明度差异区分空间界面
高明度
低明度
中明度

图 12.10　色彩明度分布示意图

扶手颜色与背景颜色区分

图 12.11　加强主体与背景的对比

暖色系是社区养老服务设施常用的色彩

图 12.12　色彩饱和度分布示意图

低色温灯光
米黄色座椅
浅木色饰面

图 12.13　色彩搭配设计示意图

通过色彩差异增强空间识别性

图 12.14　重点部位的色彩提示

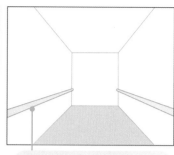

局部采用深木色饰面装饰墙面、天花、地面，限定空间位置、增强识别性
墙面采用暖色材质进行装饰，如米黄色壁纸、浅木色饰面等，确定整体效果

图 12.15　采用差异性色彩区分室内不同区域

（3）采用局部点缀的方式，提高室内色彩的丰富性。如用冷色调的家具、陈设、绿植等对以暖色系为主的整体色彩环境进行点缀（图 12.16）。

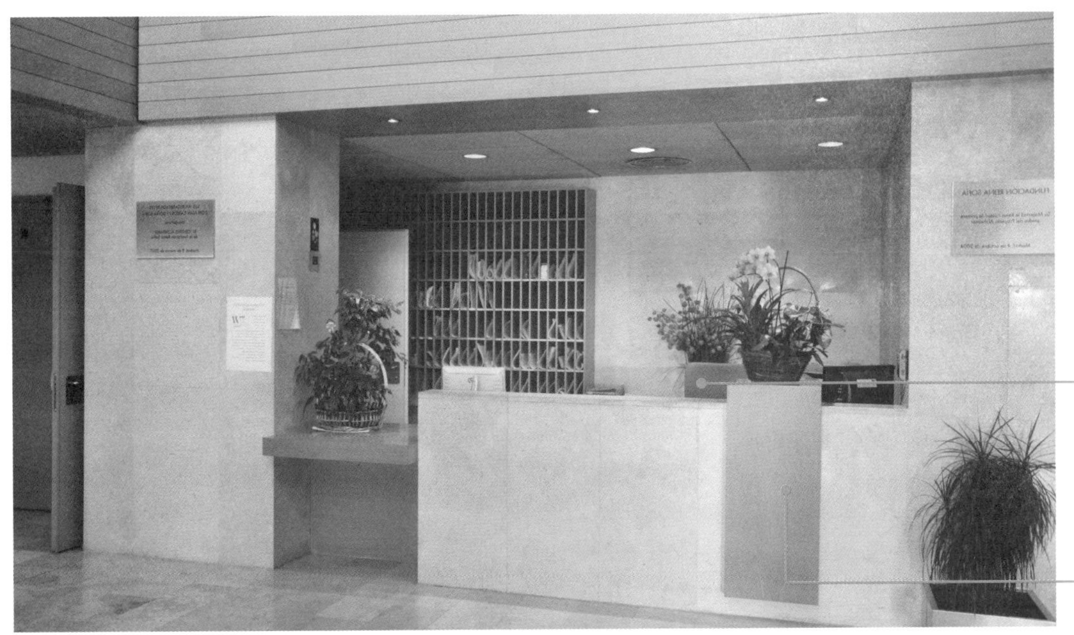
利用植物丰富空间色彩
前台位置局部采用深木色点缀

图 12.16 局部点缀提高室内色彩丰富性

案例分析 色彩设计要点（图 12.17）

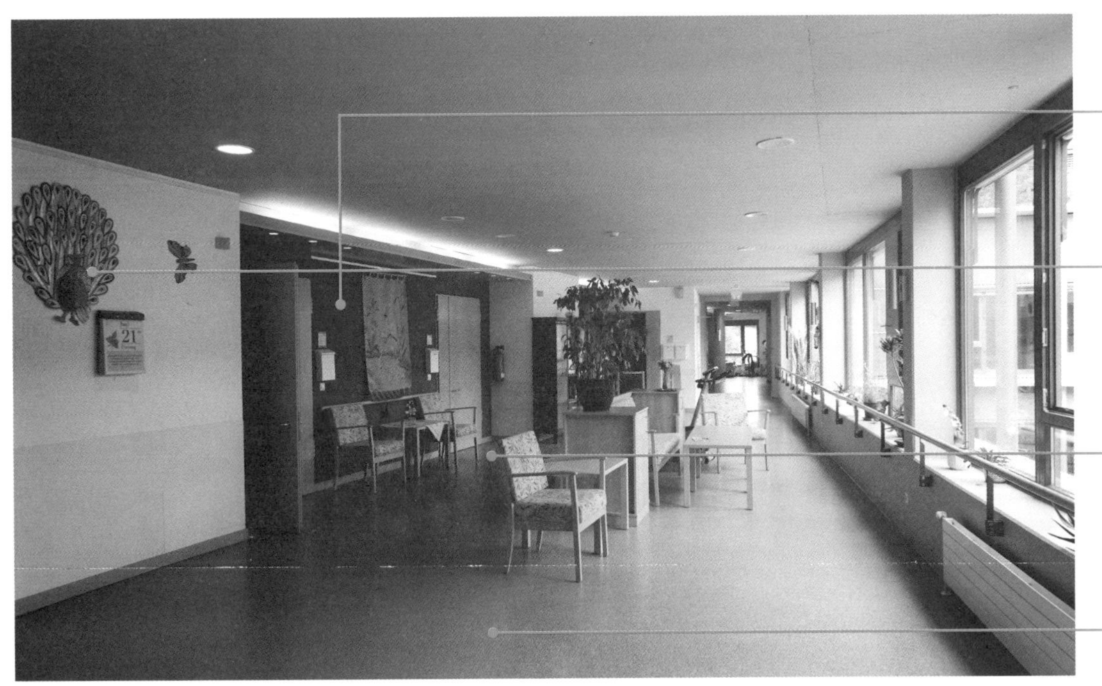
入户空间墙面采用低明度色彩，区分于走廊墙面，增强识别性
局部点缀高饱和度装饰品，丰富空间色彩
采用木色系为主的家具颜色营造温暖空间氛围
地面、墙面、天花色彩明度明确区分

图 12.17 色彩设计要点

常见问题 04 室内设计中的光环境设计应注意哪些要点?

12.11 社区养老服务设施室内光环境设计应符合老年人视觉功能减弱的生理特点，适当提高老年人生活和交通空间的室内照度值。室内照度值详见表 12.1。

12.12 社区养老服务设施室内光环境设计应注意均匀性，避免由于室内各空间，或局部空间中各部分的照度差异过大而出现视觉不适，提升光环境的舒适度（图 12.18）。

表 12.1 社区养老服务设施中主要空间（用房）的室内照明标准参考值

空间或场所	活动形式	参考平面及其高度	照度标准最小值/lx	显色指数（R_a）
接待区	—	—	≥200	80
就餐区、多功能活动区、日间休息区、康复理疗区、心理慰藉区等	一般活动	—	≥300	80
	书写、阅读、手工			80
老年人卧室	一般活动	0.75 m水平面	≥150	80
	床头、阅读		≥300	80
老年人起居室	一般活动	0.75 m水平面	≥200	80
	书写、阅读		≥500	80
老年人卫生间和助浴室	—	—	≥200	80
通行空间	—	—	≥150	80
备注	本表提供的是社区养老服务设施中老年人生活空间（用房）和通行空间的照明标准参考值，其他空间（用房）的照明标准可参考《建筑照明设计标准》（GB 50034—2013）。			

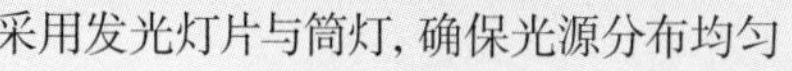

采用发光灯片与筒灯，确保光源分布均匀

大面积开窗，自然采光充足，天花设置灯带与筒灯保证空间照度均匀，层次丰富

图 12.18 各类室内光环境设计分析

12.13　社区养老服务设施室内光环境设计应注意精细度，充分考虑各空间的使用方式，采用“一般照明 + 局部照明”的方式，在重点区域增加局部照明，细化室内光环境。如在活动区中有老年人进行阅读、手工等视觉作业的区域增加吊灯或地灯，在走廊的展示区增加射灯，提升室内光环境的精细度（图 12.19）。

12.14　社区养老服务设施室内光环境设计应选择显色性好的光源，[1]建议采用显色指数 $R_a > 80$ 的光源，以便应对老年人辨色能力降低的问题。

[1] 参见《老年人照料设施建筑设计标准》（JGJ 450—2018）建筑电气的相关要求。

12.15　社区养老服务设施室内光环境设计应防止室内眩光的产生，从合理选择界面材料、照明方式、灯具类型和遮阳等方面采取措施（图 12.20、图 12.21）。

（1）选择哑光表面的界面材料，防止地面、墙面和天花等界面产生眩光。

（2）采用间接照明方式，如天花处采用光带，避免光线直射老年人眼部。

（3）在保证照度水平的前提条件下，可优先选择间接型灯具，如带有磨砂灯罩的吊灯、吸顶灯；当选择直接型灯具如筒灯、格栅灯时，应有防眩光处理。

手工活动区桌面上方设置造型灯具满足老年人阅读、手工等视觉作业需求

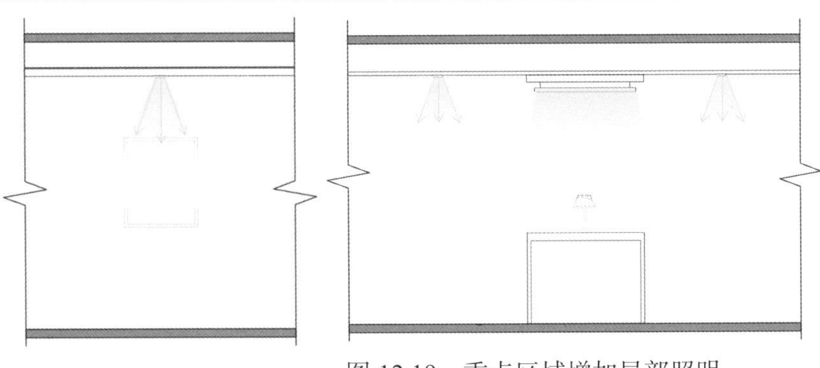

走廊装饰画上方增加射灯，便于老年人观赏画作

图 12.19　重点区域增加局部照明

间接照明灯带

吸顶灯

防眩光灯具

格栅灯

图 12.20　具备防眩光功能的照明方式与灯具示意图

有阳光直射的房间应设置遮阳纱帘，防止强光直射

图 12.21　休息区设置半透光窗帘

案例分析　光环境设计要点（图 12.22）

选择显色性好的光源
光环境设计注意均匀性
对重点区域增加局部照明

图 12.22　室内设计中光环境设计要点

常见问题 05 室内设计中的家具陈设应注意哪些要点?

12.16 社区养老服务设施的家具一般包括服务台、桌椅、操作台、沙发、床具和柜子等。选择家具时应针对老年人生理特点，采用使用方便、安全稳固、组合灵活且具有居家感的形式。

（1）家具选型应注重使用方便，采用符合老年人人体工学和使用特点的家具形式，如适当降低操作台、服务台的高度以适应老年人的身高下降；服务台、操作台和桌子下方预留可供轮椅老年人腿部伸入的空间；设置坐式接待的服务台等（图 12.23）。

（2）方便老年人使用，并避免发生意外。如采用结构稳固的桌椅、沙发、柜子等，避免其在老年人需要起身或行走撑扶时发生倾覆；采用配备扶手的沙发和座椅，方便老年人起身时进行撑扶；家具转角部做导圆角处理，避免老年人磕碰受伤；桌椅腿部不宜外伸，避免老年人绊倒摔伤等（图 12.24）。

（3）家具选型应注重灵活性，合理协调家具形式和尺寸，方便通过灵活组合转变使用方式，提高空间的利用效率。如就餐区、多功能活动区等处采用易挪动、可组合或可折叠的桌椅（图 12.25），可根据活动需要灵活调整家具布局；日间照料室采用可折叠的床具、沙发，休息时间以外可转作其他用途等。

（4）家具选型应注重居家感，避免采用“医疗感”“办公化”的家具形式（图 12.26）。

图 12.23 坐式服务台示意图

桌角抹圆的餐桌

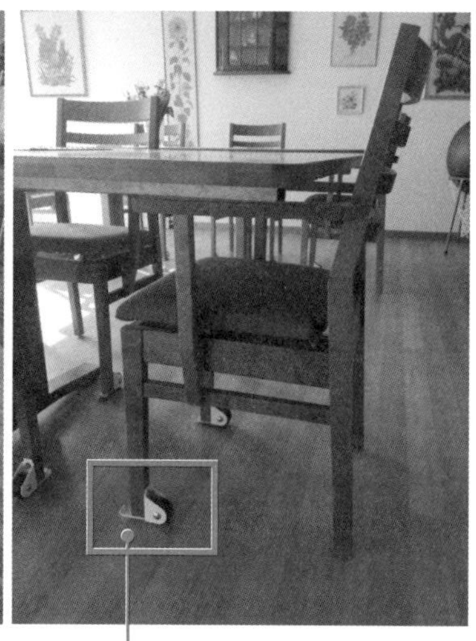
配备滑轮的桌椅

带扶手的沙发、座椅

图 12.24　家具的适老化细节示意图

图 12.25　折叠桌椅示意图

避免采用“医疗感”“办公化”的家具

322
09
宜选用带有“居家感”的家具

图 12.26　家具风格对比示意图

12.17 社区养老服务设施室内设计中，为了营造良好的室内氛围，还应布置一些装饰陈设，一般包括饰物小品、绿植鱼缸等，丰富室内效果。同时，针对老年人的怀旧心理，还可布置一些能引发老年人回忆的陈设，如老物件、老照片、老家具等，当老年人驻足欣赏时，可引发讨论话题，促进相互交往（图 12.27）。

布置具有年代感的装饰元素，提升老年人对场所的熟悉感

图 12.27 具有“怀旧感”的陈设示意图

案例分析 色彩设计要点（图 12.28）

采用“居家感”家具样式

配备带扶手的沙发和座椅，方便撑扶

家具转角为圆角，避免磕碰受伤

布置软装陈设，营造良好的室内氛围

图 12.28 室内设计中色彩设计要点

常见问题 06 室内设计中的标识系统应注意哪些要点?

12.18　标识系统是建筑设计的重要组成部分，一般包括识别性、导向性、空间性、信息性和管理性等五类。在社区养老服务设施室内设计中，应重点做好识别性、导向性等两类标识，前者可方便老年人确定所在的空间位置，后者则可帮助老年人寻找想去的目标。

（1）标识系统的形式应协调统一，同类标识宜采用规范的图案、字体和色彩，形成统一整体方便老年人认知（图 12.29）。

（2）标识系统应满足老年人视觉下降的特点，通过适当放大字体和图案、加强材质差异、增大色差和对比度等方式方便老年人识别（图 12.30）。

（3）标识系统宜采用老年人熟悉的形式，突出所在区域的文化和环境特色。

室内标识设计形式应注意协调统一

采用带有地域文化特色的标识牌

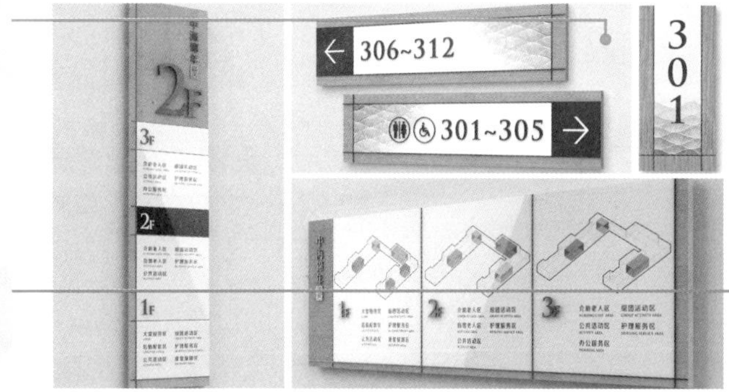

图 12.29　室内标识示意图（1）

适当放大标识的字体加强对比度，以便老年人识别

采用图案化标识，提高辨识度

图 12.30　室内标识示意图（2）

案例分析　室内适老化环境营造设计解析 （图 12.31）

均匀布置照明灯具，室内光线充足均匀

利用储物柜设置展架，既可存放老年人的物品，又可用于展示老年人的作品

护理区设置工作台面的局部照明，方便护理人员工作

采用开放的服务台，加强老年人和护理人员的视线联系

采用适老化家具：桌子转角为圆角，避免磕碰；椅子配备扶手，方便老年人撑扶；椅背设置把手，方便移动

采用防滑地板，避免老年人摔倒，提高安全性；同时大面积的木质铺装又可营造温馨的室内氛围

利用铺装的颜色深浅区分走廊和老年人活动区，提高空间识别性

图 12.31　室内适老化环境营造设计示例

重点功能空间室内设计要点

目标解析：

在社区养老服务设施的室内设计中，应重点关注老年人经常活动的生活空间及交通空间。由于既改类设施需基于原有用房的功能进行转换，而且室内空间服务功能多样，不同功能空间的使用方式和需求差异明显，会存在空间与使用功能不符的问题。因此，室内设计需要根据老年人的情况和实际需求，分别从功能布局、界面材料、光环境、色彩搭配、家具陈设 5 个方面，通过细致、周到的室内设计，营造最适宜的室内环境。

13 重点功能空间室内设计要点

改造设计常见问题

（1）社区养老服务设施的重点室内空间有哪些？

（2）接待区室内设计要点有哪些？

（3）就餐区室内设计要点有哪些？

（4）多功能活动区室内设计要点有哪些？

（5）日间休息室区室内设计要点有哪些？

（6）健康指导区、康复理疗区和心理慰藉区室内设计要点有哪些？

（7）卫浴空间室内设计要点有哪些？

（8）老年人居室室内设计要点有哪些？

（9）通行空间室内设计要点有哪些？

常见问题 01 社区养老服务设施的重点室内空间有哪些？

13.1 社区养老服务设施的重点室内空间（用房）包括接待区、就餐区、多功能活动区、日间休息区、康复理疗区和心理慰藉区、卫浴空间、老年人居室、通行空间等，在室内设计中应合理解决其功能布局、界面材料、色彩设计、光环境和家具陈设，为老年人营造安全便捷、温馨舒适、熟悉亲切的室内环境（图 13.1）。

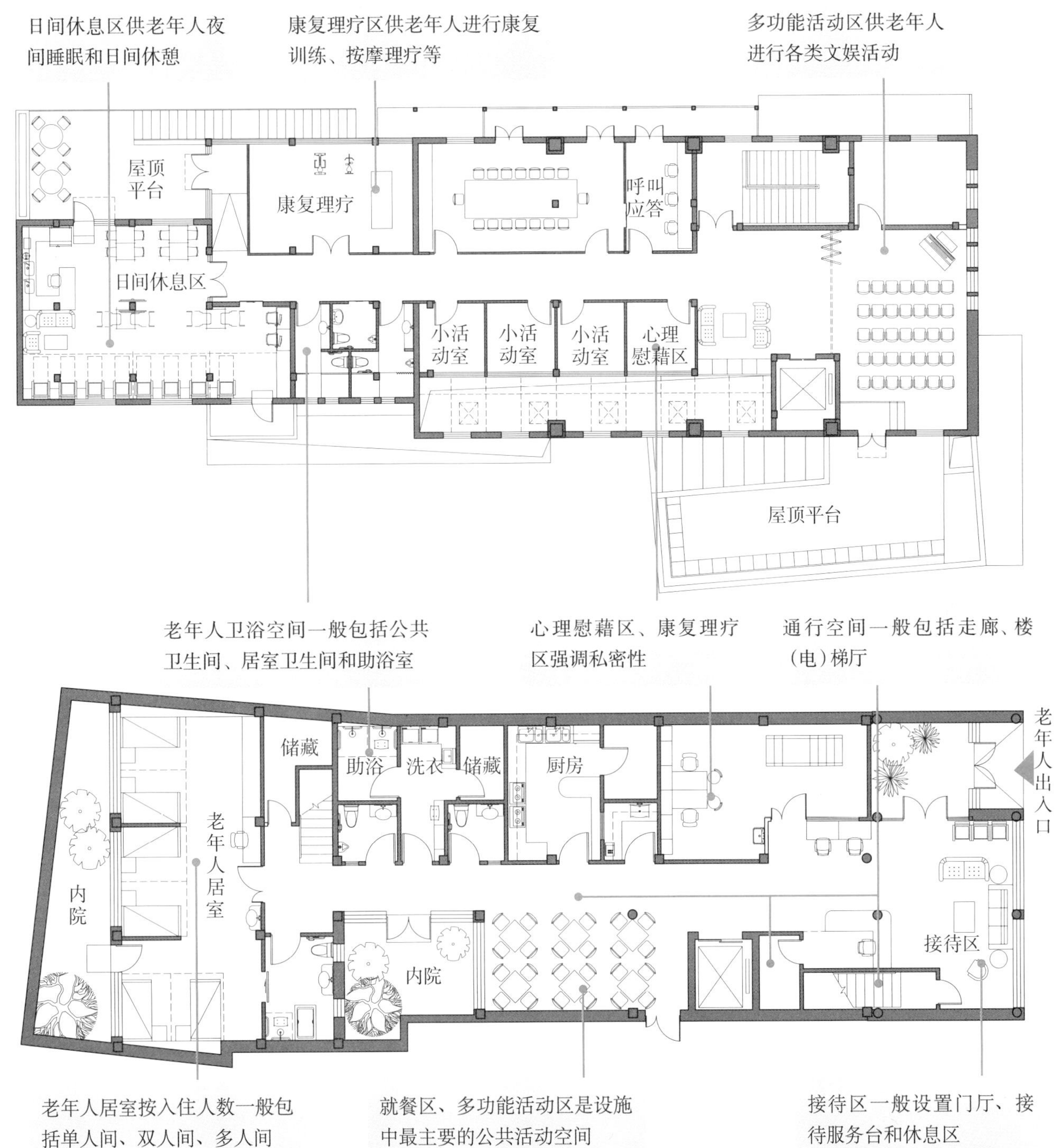

图 13.1 某服务类社区养老服务设施二层平面图（上）与某入住类社区养老服务设施一层平面图（下）

常见问题 02 接待区室内设计要点有哪些?

13.2　社区养老服务设施的接待区是为老年人提供接待、问询、指导等服务的空间。

13.3　接待区的功能布局应考虑以下要点：

（1）接待区的功能分区一般包括门厅区、前台区、休息区、展示区和物品临时存放区，满足老年人进入后临时停留休息、了解服务情况、寄存小件物品等需要（图 13.2）。对于建筑规模受限的项目，可适当合并上述功能区，提高空间利用效率。

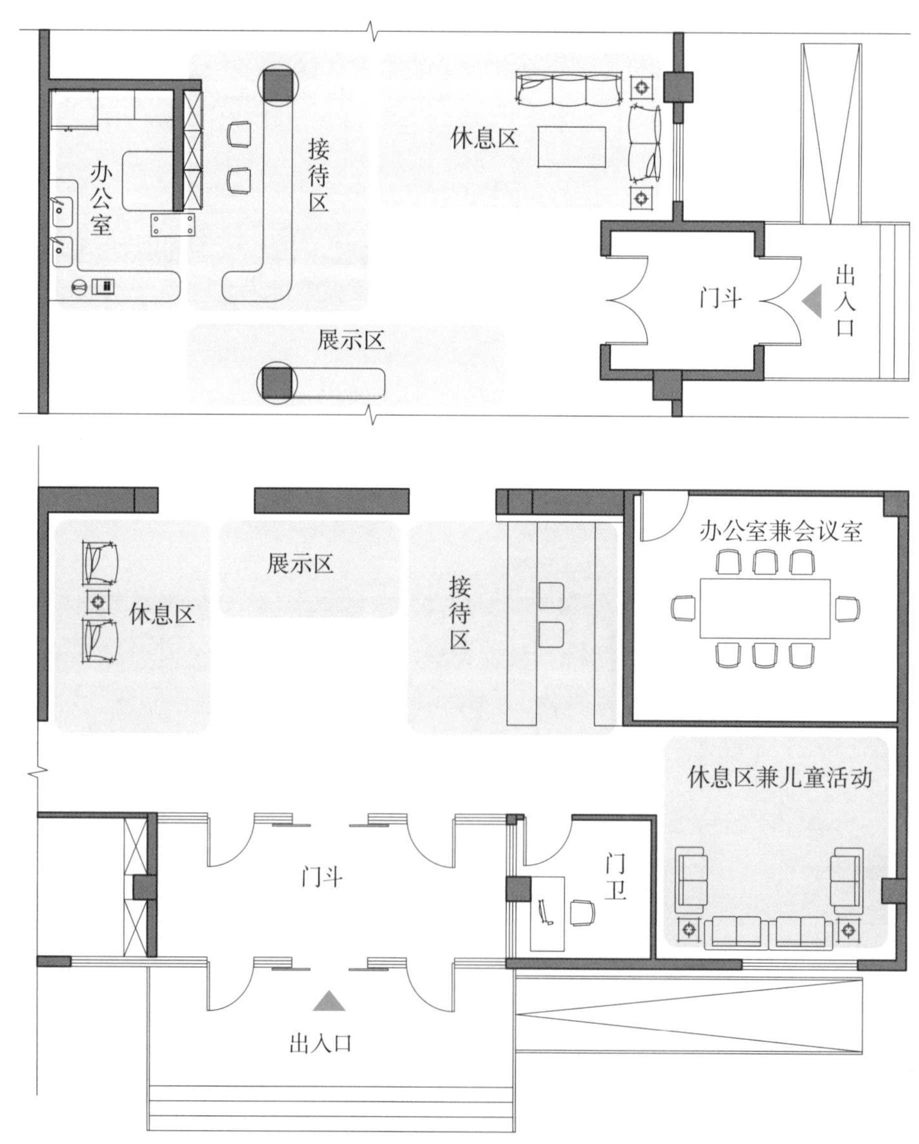

图 13.2　各类接待区的功能分区

（2）接待区的面积既应与社区养老服务设施的建筑规模相匹配，避免由于空间过小、服务人数众多而造成拥挤感；又应以营造居家感和亲切感的室内环境为目标，避免由于空间过大、过空而造成疏离感（图 13.3）。

（3）接待区前台的位置选择应考虑视线的多方向可达性，尽量打通与相邻的老年人生活空间和交通空间的视线交流，如从前台可观察就餐区、活动区、楼（电）梯厅和走廊，以便服务人员及时发现老年人的活动情况（图 13.4）。

图 13.3　接待区空间效果对比

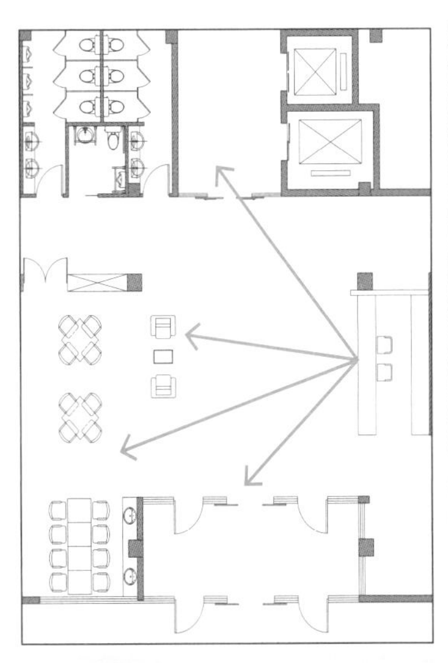

工作人员应可观察到老年人在不同位置的活动情况

图 13.4　接待区功能分区及流线示意图

13.4 接待区的界面材料应考虑以下要点：

（1）由于接待区是人员活动最频繁的空间，所以应选择耐磨且防滑的地面材料，如防滑地砖、表面做防滑结晶处理的石材等。接待区与其他空间地面交界、采用不同的材料时，应保证交界处的地面材料高度平齐，避免形成细小高差（图 13.5）。

（2）为了方便老年人进入后即可获得醒目的视觉引导，接待区的前台等重点部位的墙面材料宜有所区别，如局部采用木饰面、石材及壁纸等具有多样的色彩纹样和肌理装饰的界面材料，增强提示作用。

（3）由于接待区人流密集嘈杂、声环境不佳，容易引起老年人的不适感，因此墙面和天花宜采用吸音性能好的界面材料，如墙面处宜采用木饰面吸音板、硬包壁布饰面等；天花处采用矿棉吸音板、穿孔石膏板、微孔砂吸音板等，可以有效改善声环境。

13.5 接待区的色彩设计应考虑以下要点：

接待区的色彩设计应采用整体协调、局部突出的方式，既要通过较为一致的色彩体系营造平静、安定的心理感受；又要在前台等重点部位通过局部的色彩变化提高辨识度，如设置背景墙、改变材料和色彩、增大色差和对比度等，方便老年人识别（图 13.6）。

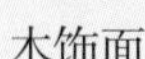

图 13.5 常见接待区界面材料示意图

图 13.6 接待区前台色彩设计

13.6　接待区的光环境应考虑以下要点：

（1）接待区是室内外过渡的空间，在光环境设计中应注意光源照度的渐进性，从室外到室内，逐步增强光源照度。例如：门厅区的光源照度应略低于接待区其他区域，避免造成老年人进入前后由于照度剧变而产生眼部不适（图 13.7）。

（2）为了更好地应对不同时段室外照度的变化，接待区处可采用具备多种调光模式的光源，以便根据室外天气情况调节室内光源照度，营造舒适的光环境（图 13.8）。

（3）接待区的灯具布局应满足使用需要，采用多途径照明方式，形成丰富的光环境。例如：在天花处采用一般照明，均匀布置灯具，以保证接待区整体照度均匀；在前台上方增加局部照明，以满足桌面书写的需要；在背景墙处设置局部照明，以增强提示作用。

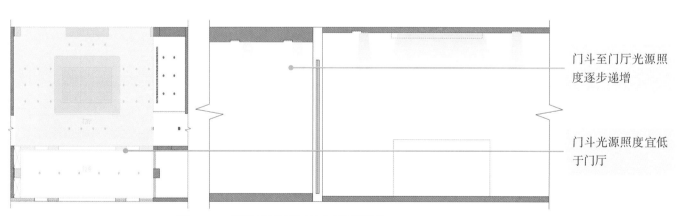

门斗至门厅光源照度逐步递增
门斗光源照度宜低于门厅

图 13.7　接待区天花灯具布置示意图

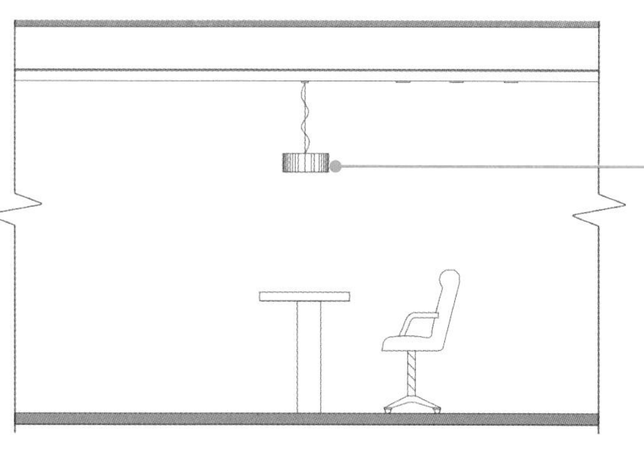

前台上方增加局部照明，满足书写工作需要

图 13.8　接待区前台光环境设计

13.7　接待区的家具陈设应考虑以下要点：

（1）接待区的家具一般包括前台和工作座椅、休息座椅（沙发）、置物架（柜）、信报架等。

（2）前台的形式应满足为老年人提供坐式服务的需要，采用降低台面、下部挑空等方式，为老年人提供座椅，并方便轮椅老年人使用。在建筑规模较小的项目中，为了提高空间的利用效率，可将前台与其他辅助功能组合，例如：与备餐台、操作台、休闲吧台等整合，方便服务人员同时兼顾（图 13.9）。

（3）由于老年人的听力下降，为了方便其在接待区休息时进行交流，休息座椅宜按 3~5 人的小组方式布置，避免因座椅间距离过大而导致交流不畅（图 13.10）。

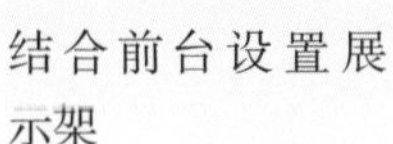

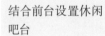

图 13.9　结合前台设置展示台

（4）为方便老年人在室内自如活动，应在出入口附近设置置物架（柜）、信报架等，方便存放衣物、拖鞋、雨具等小件物品，拿取信报和宣传材料（图 13.11）。

（5）接待区的陈设一般包括观赏性、展示性和标识性摆设和物品，如设置绿植、鱼缸，提高空间的观赏性，并增加老年人的讨论话题；设置展架、展板和标识牌，方便老年人了解服务内容、获取引导信息（图 13.12）。

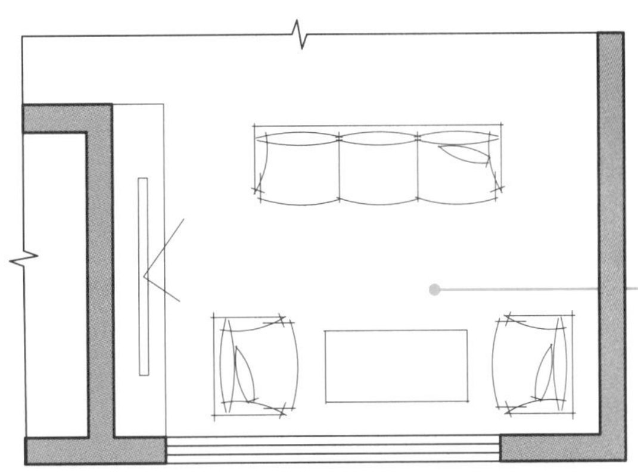

图 13.10　接待区休息区平面布局与空间效果示意图

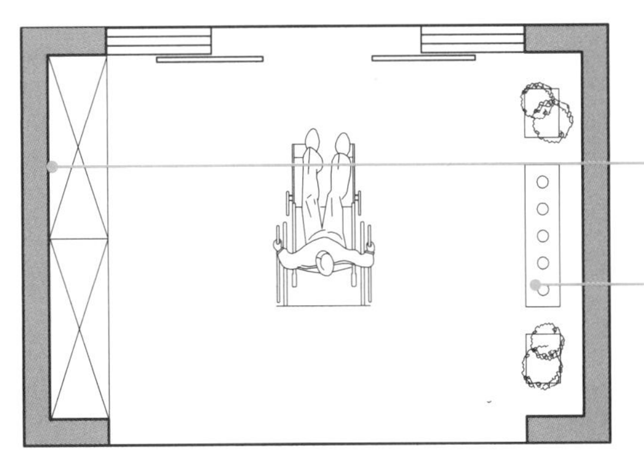

图 13.11　接待区门厅（斗）平面布局与空间效果示意图

图 13.12　接待区陈设小品效果示意图

案例分析　接待区设计要点（图 13.13）

设置带扶手的休息座椅，方便老年人起身

灯具布局采用多途径照明方式，丰富光环境层次

天花采用微孔砂吸音板，有效改善声环境

前台上方设置重点照明，满足书写阅读要求

背景墙与前台通过材质、颜色做出明确区分，加强提示作用

地面材料应防滑，防止老年人滑倒受伤

墙面采用木饰面吸音板，提升声环境品质

采用具有地方特色的界面形式，增强环境熟悉感

前台位置可观察到就餐区、楼（电）梯厅和走廊的情况

采用坐式服务台，并在下方预留轮椅位置

图 13.13　接待区设计要点分析

常见问题 03 就餐区室内设计要点有哪些?

13.8 社区养老服务设施的就餐区是供老年人集中就餐的空间。

13.9 就餐区的功能布局应考虑以下要点：

（1）就餐区的功能分区一般包括备餐区、取餐区、就餐区和洗手处，满足老年人取餐、就餐活动的需要。在社区养老服务设施中，就餐区可同时兼做老年人活动厅，在就餐时间以外开展多种形式的集体活动，提高空间的利用效率（图 13.14）。

（2）就餐区的面积应与社区养老服务设施的建筑规模相匹配，每餐位使用面积不宜小于 2.5 m²。[①]

（3）就餐区的附近宜设置老年人卫生间，并注意对卫生间的出入口进行视线遮挡，保护老年人隐私。

（4）布置餐桌椅时应考虑老年人和轮椅使用的要求，通道净宽应满足无障碍通行标准，宜在主通道两侧设置轮椅餐位，并设置供轮椅回转的空间。

（5）就餐区内应设置洗手池，方便老年人就餐前后洗手，洗手池的形式应满足乘坐轮椅的老年人的使用需要（图 13.15）。

① 参见《老年人照料设施建筑设计标准》（JGJ 450—2018）中老年人集中使用的餐厅的相关要求。

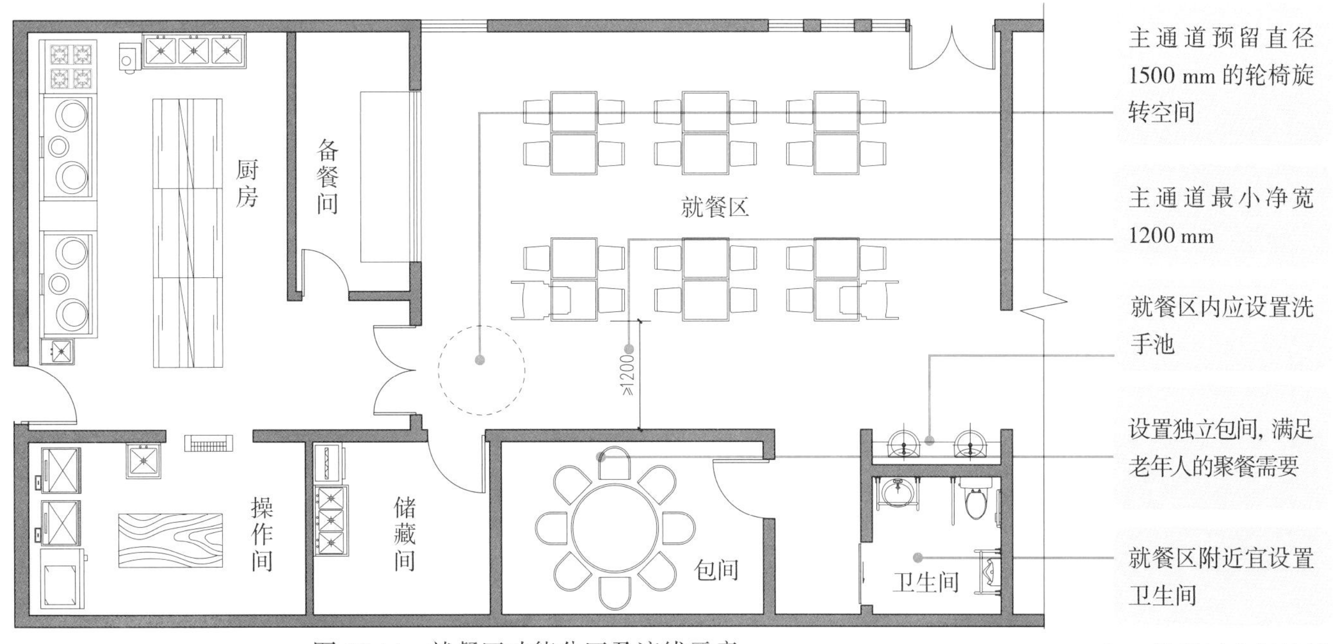
厨房
备餐间
就餐区
≥1200
操作间
储藏间
包间
卫生间
主通道预留直径1500 mm 的轮椅旋转空间
主通道最小净宽1200 mm
就餐区内应设置洗手池
设置独立包间，满足老年人的聚餐需要
就餐区附近宜设置卫生间
就餐区人行流线
图 13.14 就餐区功能分区及流线示意

13.10　就餐区的界面材料应考虑以下要点：

（1）由于就餐区需要经常进行清洁，所以地面应采用防滑、易清洁且耐污的材料，如防滑地砖等；而墙面则宜采用易清洁且耐污的材料，或设置可擦洗的墙裙，如木质材料、壁纸、墙砖等。

（2）由于在就餐高峰时，多种噪声混杂，如说话声音、餐具碰撞声、设备噪声等，导致声环境嘈杂，易影响老年人的就餐心情与食欲，因此墙面和天花宜采用吸音性能好的界面材料，例如：墙面处宜采用木饰面吸音板等；天花处采用矿棉吸音板、穿孔石膏板、微孔砂吸音板等，可以有效改善声环境（图 13.16）。

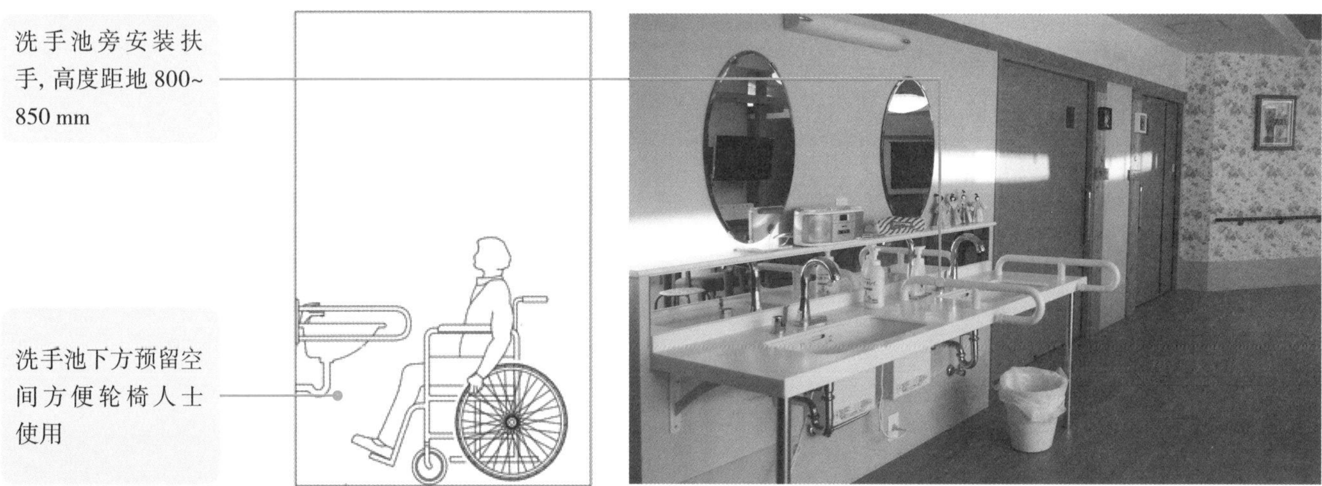

图 13.15　就餐区内配置洗手池示意图

图 13.16　常见就餐区界面材料示意图

（3）由于就餐区同时兼做活动厅，需要考虑展示的需要，可在墙面预留挂镜线，或采用展示墙面，方便悬挂、张贴宣传品或老年人创作的作品。

（4）就餐区与厨房、备餐间之间宜采用透明界面，展示整洁、卫生的食物制作环境，使老年人对食品安全更加放心（图 13.17）。

13.11　就餐区的色彩设计应考虑以下要点：

（1）就餐区的色彩设计应采用整体协调、局部突出的方式，整体采用明朗、轻快的暖色调，以便促进老年人食欲（图 13.18）。

（2）为了丰富就餐区的色彩设计，可通过局部色彩变化进行调节。例如：在取餐口、洗手处的墙面局部采用高彩度色彩加以突出，方便老年人识别；采用色彩不同的餐椅进行点缀，并方便划分区域；设置绿植花卉，丰富色彩效果（图 13.19）。

图 13.17　就餐区与备餐间之间采用透明隔断

就餐区内摆放绿植花卉，丰富空间色彩

就餐区与备餐间之间采用透明隔断，使老年人对食品安全放心

图 13.18　就餐区宜以暖色调为主

局部采用高彩度色彩活跃空间气氛

采用与空间界面互补色的座椅，丰富就餐区色彩

图 13.19　就餐区色彩环境示意图

13.12　就餐区的光环境应考虑以下要点（图 13.20）：

（1）就餐区的光环境设计中应注意提高光源照度和显色性，并采用暖色系光源，以便老年人看清菜品颜色，增强就餐食欲。

（2）由于就餐区需要经常转换功能，所以天花和灯具宜均匀布置，避免由于与单一家具布局过于对应而影响灵活使用。同时，照明设计中宜配置多种灯光模式，以适应多种功能的使用需求。对于取餐台、展示墙面等重点部位，可增加局部照明，丰富光环境。

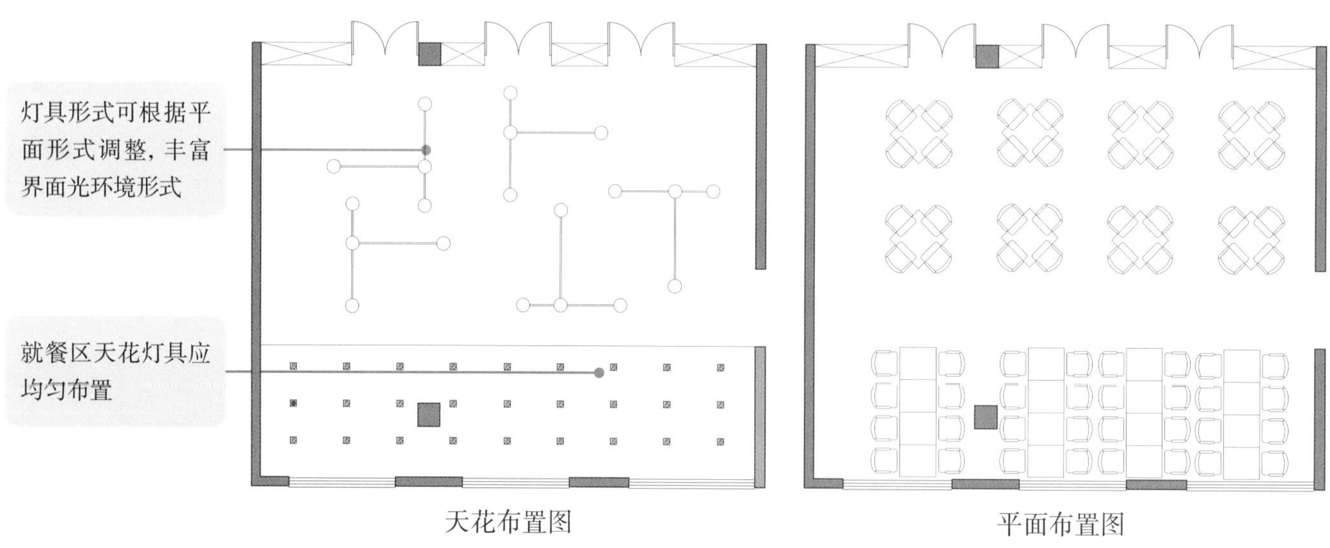
灯具形式可根据平面形式调整，丰富界面光环境形式
就餐区天花灯具应均匀布置
天花布置图
平面布置图

图 13.20　就餐区天花和灯具的布置及效果示意图

13.13　就餐区的家具陈设应考虑以下要点（图 13.21）：

（1）就餐区的家具一般包括餐桌椅、备餐台、洗手台等。

（2）餐桌、备餐台、洗手台的形式应便于轮椅人士使用，如采用下部挑空或后缩的形式，方便乘坐轮椅的老年人就近使用。

（3）就餐区中宜摆设花草绿植、装饰小品等，以便丰富室内效果，促进食欲。

13.14　就餐区应考虑以下特殊要点（图 13.22）：

在社区养老服务设施中，由于就餐区经常被用来开展联欢、演出等集体活动，因此天花、墙面上宜预留挂钩等，以便在重要节日时张灯结彩，增加喜庆气氛。

就餐区家具避免“食堂化”

选用带扶手椅子方便老年人起身

可选用前腿带轮的座椅

避免使用独腿支撑的家具

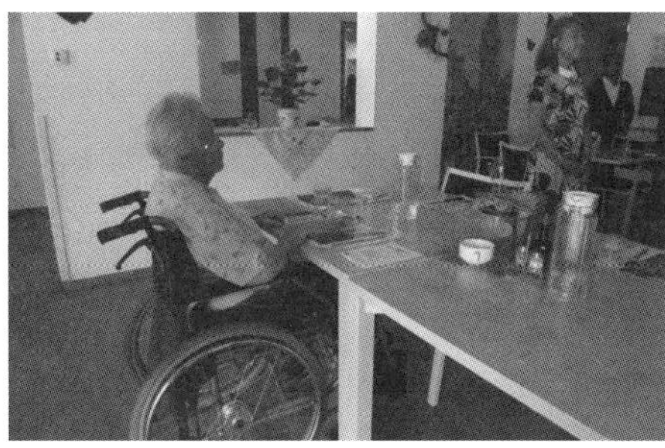

餐桌下方预留轮椅空间

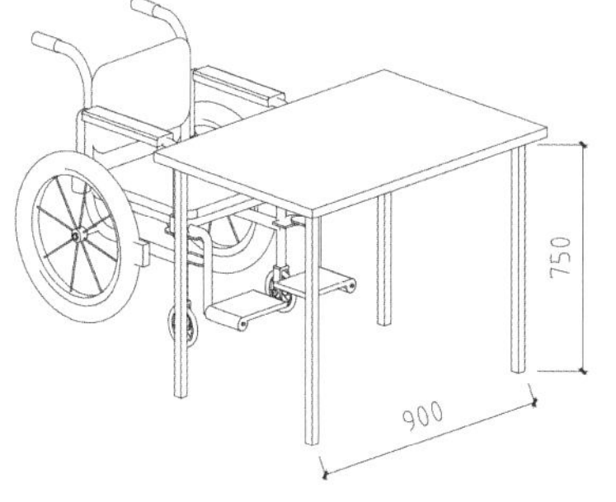

注意轮椅餐位的餐桌尺寸

图 13.21　就餐区家具的适老化细节示意图

天花预留挂钩以满足联欢、演出等活动需要

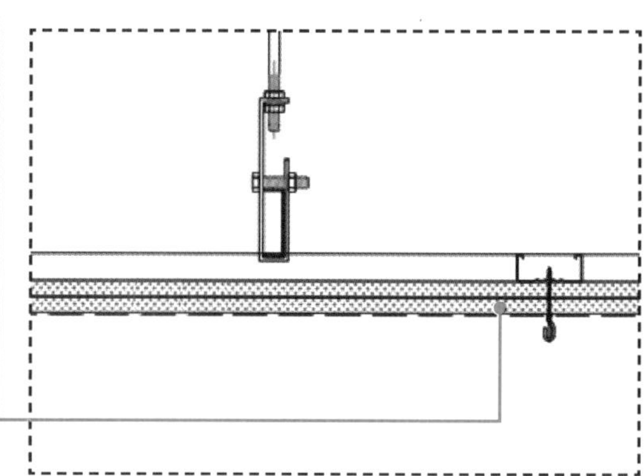

成品筒形钩固定于龙骨上

图 13.22　就餐区天花预留挂钩示意图

案例分析　就餐区设计要点（图 13.23）

墙面处宜采用木饰面吸音板，提升声环境品质

大空间采用均匀的照明布置，适应不同活动时桌椅的多种布局方式

柱体阳角圆角处理，避免对老人产生碰撞伤害等危险

利用材质限定空间、地面材质与天花相互呼应，满足大型会议活动气氛需求

座椅采用高彩度色彩，便于老年人识别

选用便于老人抓、扶、握的餐椅，餐桌应便于轮椅人士使用

图 13.23　就餐区设计要点分析

常见问题 04 多功能活动区室内设计要点有哪些?

13.15 社区养老服务设施的多功能活动区属于文化娱乐空间，供老年人开展各类有益于身心健康的棋牌、书画、手工、音乐、舞蹈、影视、网络和游戏等活动。此外，部分社区养老服务设施还单独设置多功能厅，供老年人进行较大规模的集体活动，如观影、联欢、学习、交流和会议等。

13.16 多功能活动区的功能布局应考虑以下要点：

（1）多功能活动区的功能分区一般包括各类活动区和休闲区，以满足老年人开展不同种类文化娱乐活动、进行休闲交流的需要。对于建筑规模受限的项目，可合并各类活动区，并通过设置活动隔断或变换家具平面等方式进行分时利用，提高空间利用效率（图 13.24）。

（2）多功能活动区宜为开放空间，并通过家具陈设、隔断矮墙等分隔出组团化、小尺度的空间，方便开展不同类型的活动，各类活动区应进行动、静区分，避免相互干扰（图 13.25）。

（3）多功能活动区的面积应与社区养老服务设施的建筑规模相匹配，人均使用面积不宜小于 $2.0m^2$。[1]

[1] 参见《老年人照料设施建筑设计标准》（JGJ 450—2018）中文娱与健身用房的相关要求。

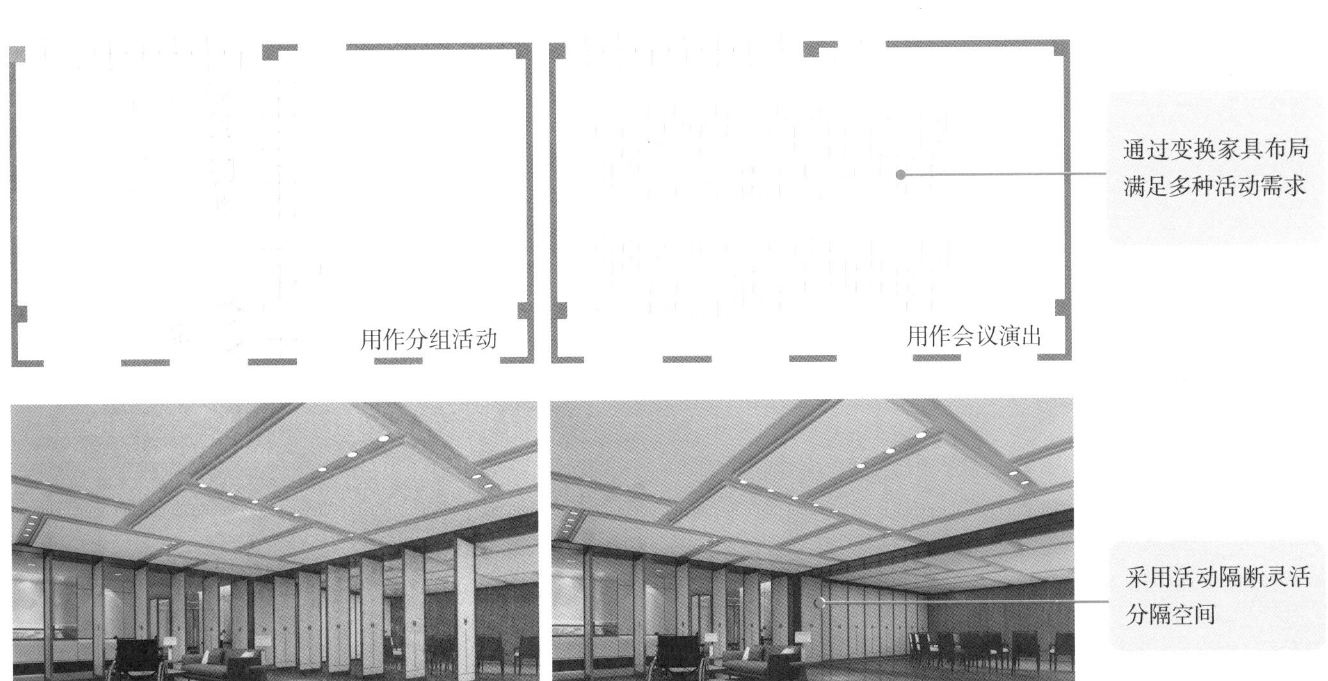
用作分组活动
用作会议演出
通过变换家具布局满足多种活动需求
采用活动隔断灵活分隔空间

图 13.24 多功能活动区平面布局与效果示意图

（4）多功能活动区附近应设置储物间，方便家具、物品存放，以满足功能转化的需求。储物间内可设置水池，方便工作人员进行清理工作。

（5）多功能活动区附近宜设置老年人卫生间，方便老年人使用。

13.17　多功能活动区的界面材料应考虑以下要点：

（1）由于多功能活动区是老年人使用频繁的空间，因此应采用防滑、耐磨且脚感舒适的地面材料，如同质透心 PVC 地材、强化复合木地板等，以满足老年人活动需求（图 13.26）。

（2）由于多功能活动区存在多种活动形式共同进行的时段，如唱歌、做游戏、手工制作等，声环境不佳，容易引起老年人的不适感，因此墙面和天花宜采用吸音性能好的界面材料，例如：墙面处采用木饰面吸音板等；天花处采用矿棉板、穿孔石膏板、微孔砂吸音板等，可以有效改善声环境。

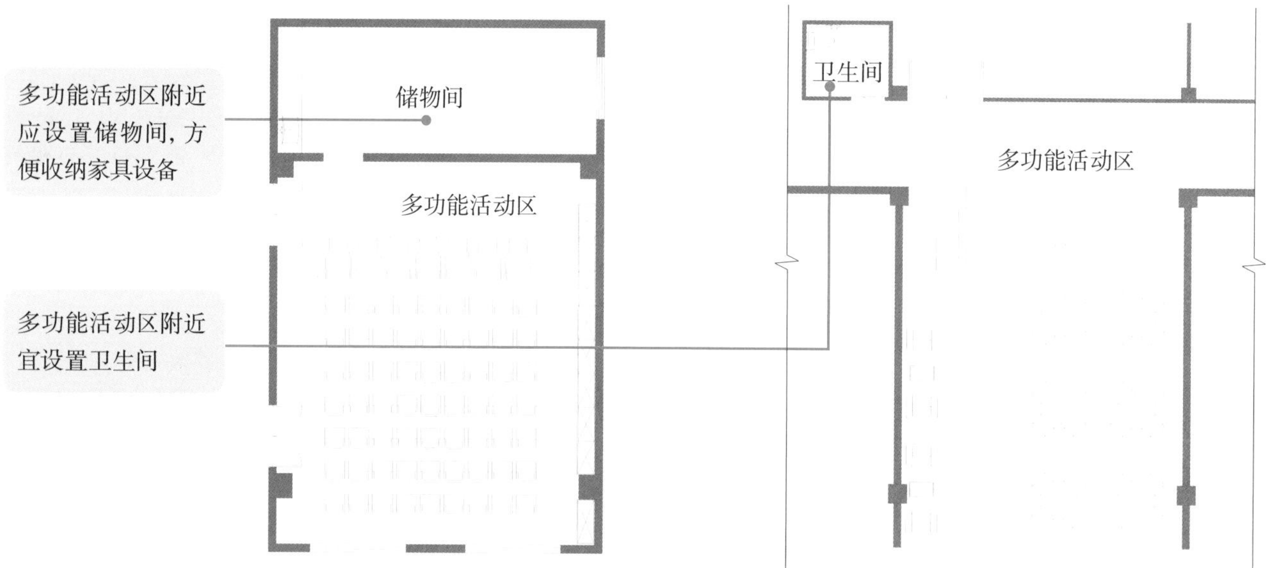

图 13.25　多功能活动区配套功能用房示意图

图 13.26　常见多功能活动区界面材料示意图

（3）由于多功能活动区需要考虑展示的需求，可在墙面预留挂镜线，或采用展示墙面，方便悬挂、张贴宣传品或老年人创作的作品（图 13.27）。

（4）为了方便工作人员及时观察老年人活动情况，多功能活动区宜采用开敞空间或墙面采用透明隔断，保持视线通畅，方便服务人员及时观察老年人活动情况（图 13.28）。

（5）有舞台演出需求的多功能活动区，可采用活动舞台，提高空间利用效率；设置幕布，满足舞台布景需求（图 13.29）。

13.18　多功能活动区的色彩设计应考虑以下要点（图 13.30）：

（1）多功能活动区的色彩设计应采用整体协调、局部突出的方式，既要通过较为一致的色彩体系营造轻松、亲切的心理感受；又要在背景墙等重点部位通过局部的色彩变化提高辨识度，例如：改变材料和色彩、增大色差和对比度等，方便老年人识别。

（2）多功能活动区内宜采用色彩不同的家具进行点缀，并方便划分区域；设置绿植、花卉，丰富色彩效果。

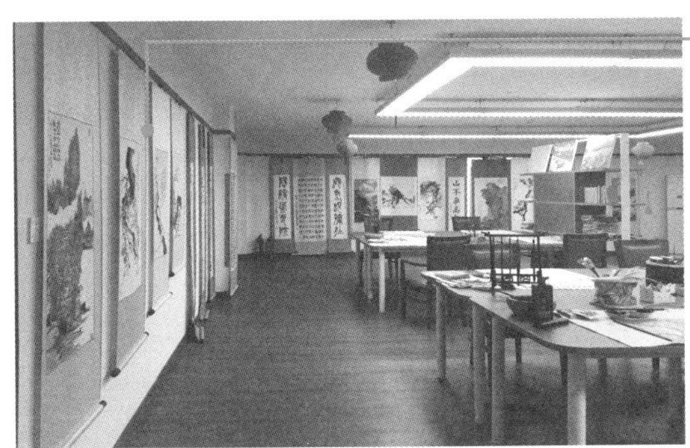
墙面预留挂镜线，
方便墙面展示

图 13.27　多功能活动区墙面预留展示界面

小规模活动厅宜采
用透明隔断，方便
工作人员管理

图 13.28　多功能活动区空间效果示意图

预留会议演出灯光
系统
设置活动舞台，满
足多种活动需要

图 13.29　多功能活动区舞台布景效果示意图

采用饱和度高的红
色座椅，丰富空间
色彩环境

图 13.30　多功能活动区色彩环境示意图

13.19　多功能活动区的光环境应考虑以下要点（图 13.31）：

（1）多功能活动区应注意提高光源照度，并采用暖色系光源，以满足老年人开展活动需求。对于主背景墙等重点部位，可增加局部照明，丰富光环境。

（2）由于多功能活动区经常转化功能，所以天花和灯具宜均匀布置，避免由于与单一家具布局过于对应而影响灵活使用。同时，照明设计中宜配置多种灯光模式，以适应多种功能的使用需求。

（3）由于多功能活动区有讲座、联欢的活动需要，应在天花、墙面处配合大屏、音响、灯光厂家提前预留管线点位，满足设备使用需求。

13.20　多功能活动区的家具陈设应考虑以下要点：

（1）多功能活动区的家具一般包括桌椅、柜子、展示架等。

（2）桌椅形式应采用可组合、可折叠的产品，以便灵活使用。

（3）多功能活动区中宜摆设花草绿植、装饰小品等装饰陈设，以便丰富室内效果，陈设品宜选用老年人创作的作品，增加老年人话题讨论。

采用不规则的灯具平面布置形式，并保证照度均匀

图 13.31　多功能活动区天花和灯具的布置及效果示意图

案例分析 多功能活动区设计要点 （图 13.32）

设置展示架和储物柜，提升空间品质

预留充足的强弱电点位，满足后期使用

采用活动隔断灵活分隔空间，满足多种功能使用需求

采用不规则的灯具平面布置形式，并保证照度均匀

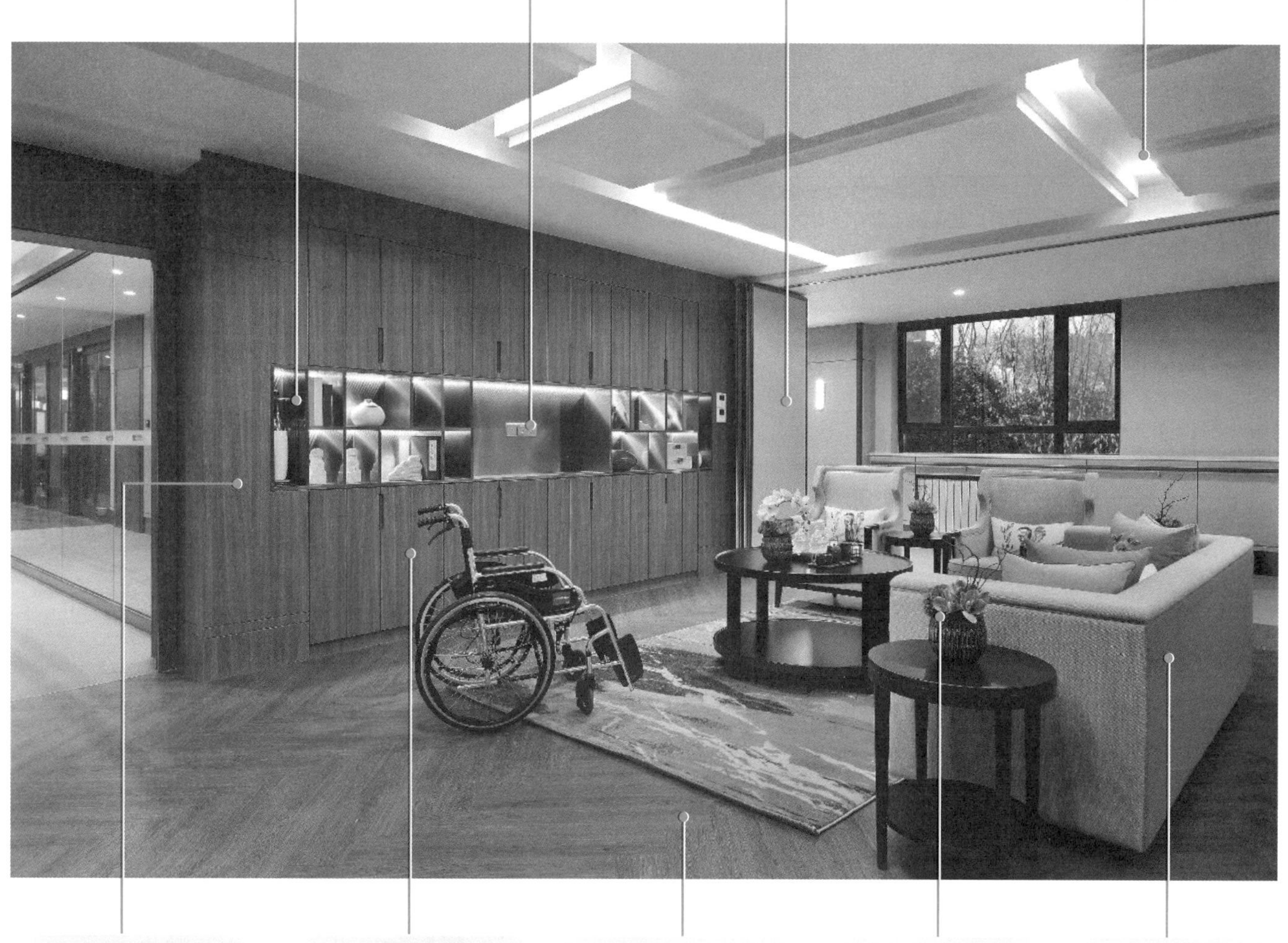

界面材质应考虑吸音性能以便不同分组活动时避免干扰

色彩设计应采用整体协调、局部突出的方式

采用防滑、耐磨且脚感舒适的地面材料

设置绿植、花卉，丰富色彩效果

采用单人或双人小组团座椅，预留轮椅位置

图 13.32 多功能活动区设计要点分析

常见问题 05 日间休息区室内设计要点有哪些?

13.21 社区养老服务设施的日间休息区是供老年人进行午睡和日间短时休息的空间。

13.22 日间休息区的功能布局应考虑以下要点（图 13.33）：

（1）日间休息区的功能分区一般包括：睡眠区、储物区。满足老年人休息、工作人员收纳布草物品的需要。在社区养老服务设施中，日间休息区即可单独设置，又可与活动区结合设置，通过设置灵活隔断、屏风、隔帘等，在老年人休息时进行遮挡，提高空间使用效率。

（2）日间休息区的面积应与社区养老服务设施的建筑规模相匹配。

（3）日间休息区附近应设置储物间，方便家具、物品存放，以满足功能转化的需求。

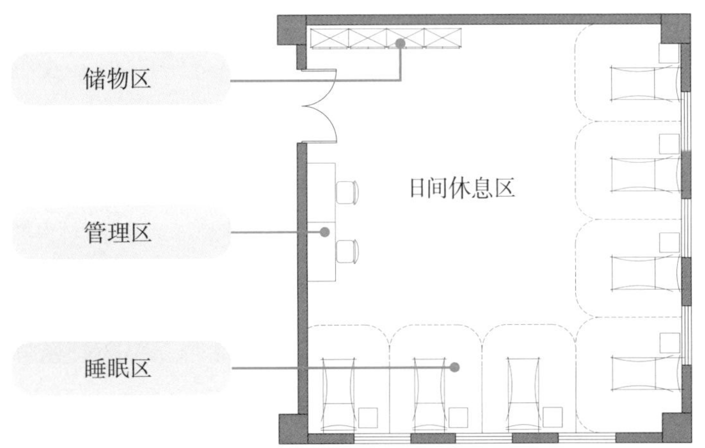

图 13.33 日间休息区平面布局及效果示意图

13.23　日间休息区的界面材料应考虑以下要点：

（1）日间休息区是老年人休息的空间，所以宜采用具备吸音效果的界面材料，如：地面处采用地毯、PVC 地材等；墙面处采用木饰面吸音板、软（硬）包壁布饰面等；天花处采用矿棉板或穿孔石膏板或微孔砂吸音板，可以有效改善声环境，以保证老年人休息质量（图 13.34）。

（2）考虑到老年人的隐私需求，日间休息区应在床之间设置屏风或隔帘，以遮挡视线（图 13.35）。

13.24　日间休息区的色彩设计应考虑以下要点（图 13.36）：

（1）日间休息区的色彩设计应采用整体协调、局部点缀的方式，整体采用温馨、舒适的暖色调，营造“居家感”的空间氛围。

（2）采用高彩度或冷色调的家具进行点缀，活跃空间气氛；设置绿植、花卉，丰富色彩效果。

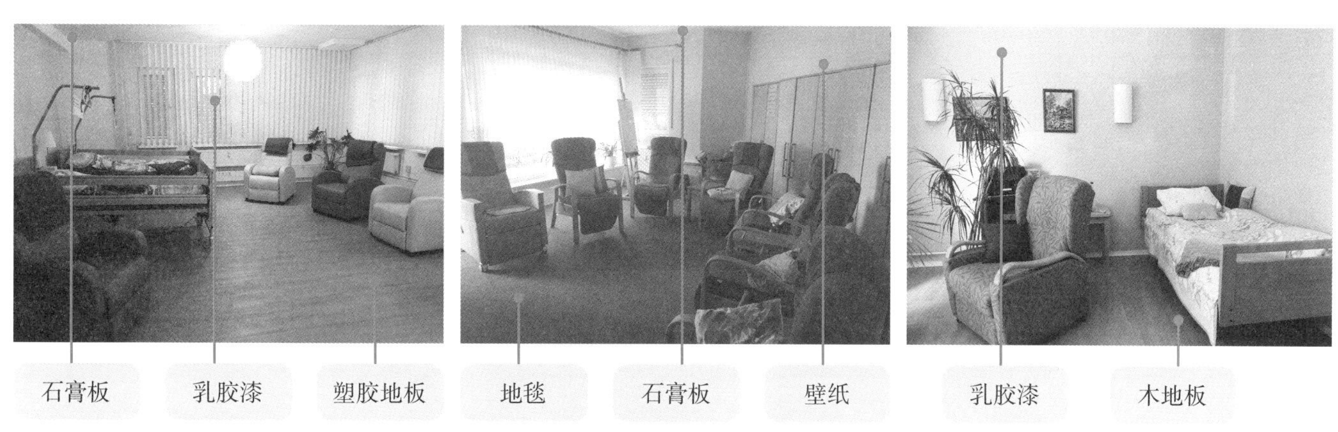

图 13.34　常见日间休息区界面材料示意图

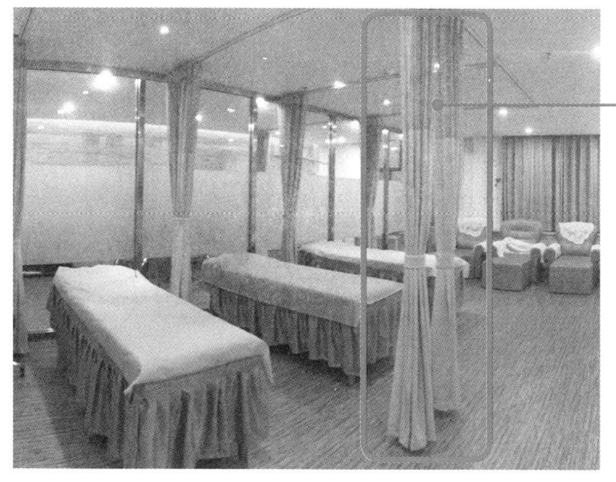

图 13.35　设置软帘保证隐私，避免干扰

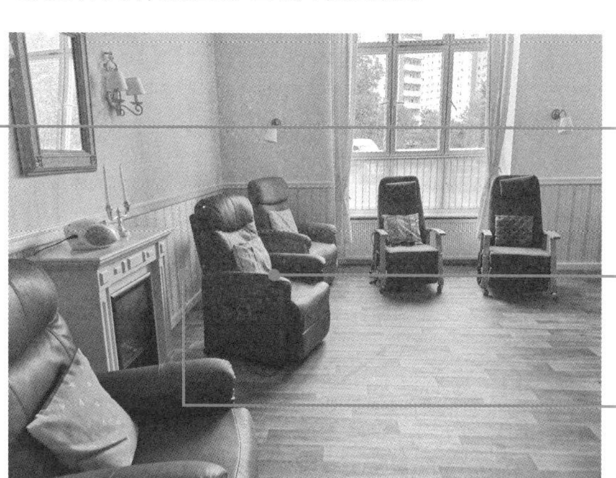

图 13.36　日间休息区色彩环境示意图

13.25　日间休息区的光环境应考虑以下要点（图 13.37）：

（1）日间休息区宜均匀布置灯具，避免由于与单一家具布局过于对应而影响灵活使用。

（2）为保证老年人休息质量，日间休息区的天花处应采用具备防眩光措施的灯具，或采用间接照明方式；南向房间采用窗帘遮光，避免光线直射老年人眼部。

13.26　日间休息区的家具陈设应考虑以下要点（图 13.38）：

（1）日间休息区的家具一般包括床具、储物架（柜）等。

（2）床具的形式应同时满足老年人平躺和坐靠的需要，宜采用具备转换功能、轻便、稳固且易于移动的形式，提高空间使用效率。

（3）日间休息区中宜摆设花草绿植、装饰小品等装饰陈设，以提升空间品质。

南向房间应考虑遮阳，避免阳光直射，保证休息质量

图 13.37　日间休息区的防眩光措施示意图

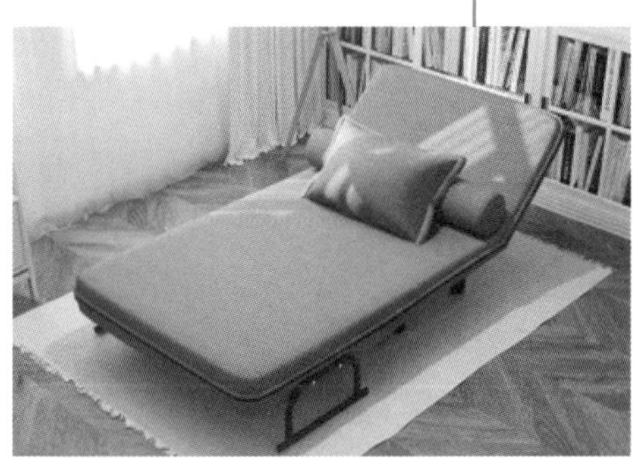

图 13.38　日间休息区适宜的家具示意图[1]

① 图 13.38 来源：http://img10.360buying.com。

案例分析 日间休息区设计要点（图 13.39）

配置电视等设施，丰富老年人的日常生活
天花灯具均匀布置，保证室内亮度一致，方便空间多功能的需求
宜位于光照充足处，同时配备遮光帘，防止老人休息时太阳光照过强
整体采用温馨、舒适的暖色调，营造“居家感”的空间氛围
床具的形式应满足老年人平躺和坐靠的需要，宜采用具备转换功能、轻便且易于移动的形式

图 13.39　日间休息区设计要点分析

常见问题 06 健康指导区、康复理疗区和心理慰藉区室内设计要点有哪些?

13.27 健康指导区是供专业保健康复人员办公和为老年人提供诊断和指导的空间；康复理疗区是供老年人在专业人员指导下进行康复训练的空间。

13.28 社区养老服务设施的心理慰藉区是供专业心理咨询工作人员办公和为老年人提供辅导的空间。

13.29 健康指导区、康复理疗区和心理慰藉区的功能布局应考虑以下要点：

（1）健康指导区和康复理疗区功能分区一般包括各类康复训练区、接诊区。由于老年人的康复活动内容不同，所以应分区域活动，以便提供不同的康复训练。接诊区与训练区之间应避免视线遮挡，以便服务人员及时了解老年人的需要（图 13.40）。

（2）心理慰藉区应避免设置在人员活动密集的开放空间附近，以保护老年人隐私（图 13.41）。

图 13.40 康复理疗区平面布局及效果示意图

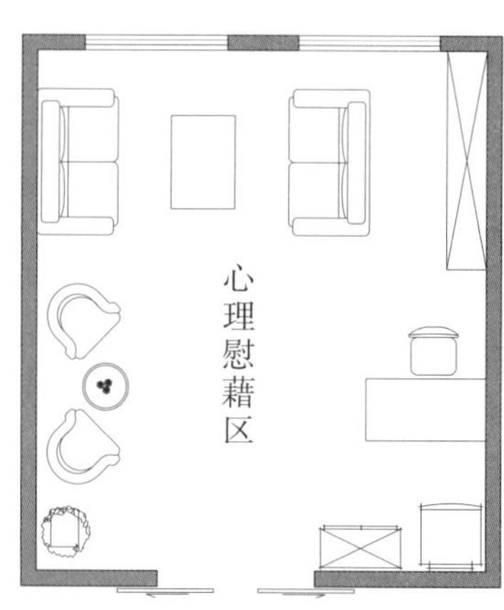

图 13.41 心理慰藉区平面布局及效果示意图[1]

①图 13.41（左）来源：http://jbh.1799.com。

13.30　康复理疗区和心理慰藉区的界面材料应考虑以下要点：

（1）由于康复理疗区是老年人进行身体康复活动的空间，所以应选择弹性效果较好的地面材料，如PVC地材、木地板等，可缓解老年人足部和腿部的疲劳感，有助于提高康复训练活动质量。

（2）由于康复活动会产生噪声，容易引起老年人的不适感，因此康复理疗区的墙面和天花宜采用吸音性能好的界面材料，例如：墙面处采用木饰面吸音板等；天花处采用矿棉板、穿孔石膏板、微孔砂吸音板等，可以有效改善声环境（图13.42）。

（3）由于老年人有在康复活动中观察身体形态的需要，所以康复理疗区的墙面宜设置镜子，以方便老年人使用（图13.43）。

（4）为保护老年人在康复训练时的隐私，不同训练区之间应注意对声音、视线进行隔离设计，没有条件单独成间时可采用软帘进行视线遮挡（图13.44）。

（5）心理慰藉区的界面材料宜有利于营造安静、放松、愉悦的空间感受，应具备吸音效果，例如：地面处应选择地毯地面、木地板等；墙面处应选择壁纸、壁布、肌理涂料等；天花处应选择造型石膏板等，可起到舒缓老年人心情的作用。

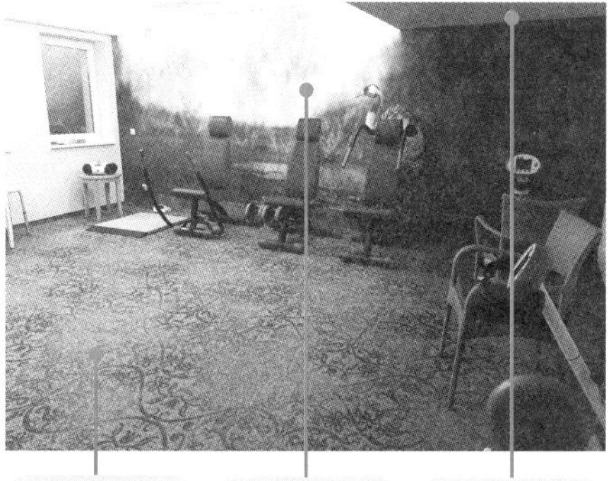

图13.42　常见理疗康复区及心理慰藉区界面材料示意图

图13.43　健康指导区界面示意图

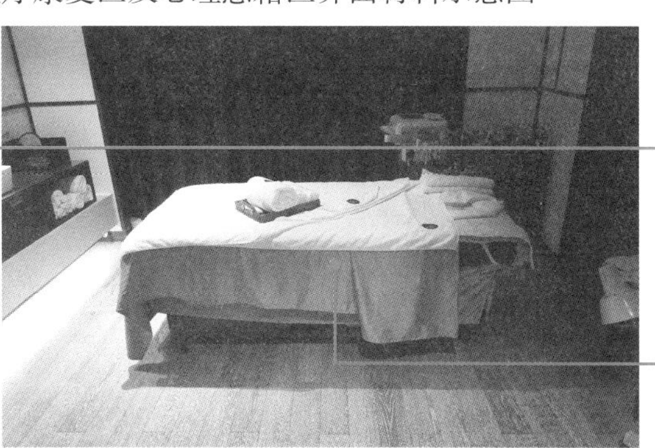

健康指导区设置镜墙，便于老年人观察体态
康复理疗区的按摩区应以单间形式布置或设拉帘遮挡，保护老年人隐私

图13.44　康复理疗区的按摩区效果示意图

13.31　健康指导区、康复理疗区和心理慰藉区的色彩设计应考虑以下要点：

（1）健康指导区、康复理疗区的色彩设计宜为暖色调，并采用高彩度或冷色调的家具，或设置绿植、花卉进行点缀，避免“医疗感”。

（2）心理慰藉区应采用暖色调，有利于心理辅导工作的开展。

13.32　健康指导区、康复理疗区和心理慰藉区的光环境应考虑以下要点（图 13.45）：

（1）由于健康指导区、康复理疗区的设备经常变化位置，所以天花和灯具宜均匀布置，避免由于与单一设备布局过于对应而影响灵活使用。

（2）由于老年人有时会以平躺方式进行康复理疗，康复理疗区应采用具备防眩光措施的灯具，或采用间接照明方式，避免光线直射老年人眼部。

（3）心理慰藉区的照明方式应有助于老年人获得高质量的心理辅导，采用多途径照明方式，形成丰富的光环境。例如：在天花处设置造型灯具，以保证照度标准并提升“居家感”气氛；在沙发或座椅旁增加落地灯或在茶几、边柜上设置台灯，营造温馨、舒缓的光环境，有利于心理辅导工作的开展。

13.33　健康指导区、康复理疗区和心理慰藉区的家具陈设应考虑以下要点：

（1）康复理疗区的家具一般包括桌椅、按摩床、PT 床、康复理疗设备等，宜摆设花草绿植、装饰小品等，以便丰富室内效果。

（2）心理慰藉区的家具一般包括办公桌、座椅、沙发、茶几等，宜采用“居家感”的产品，如柔软的布艺沙发、躺椅，以营造温馨舒适的空间氛围。

宜均匀布置防眩光灯具，满足不同设备更换摆放位置

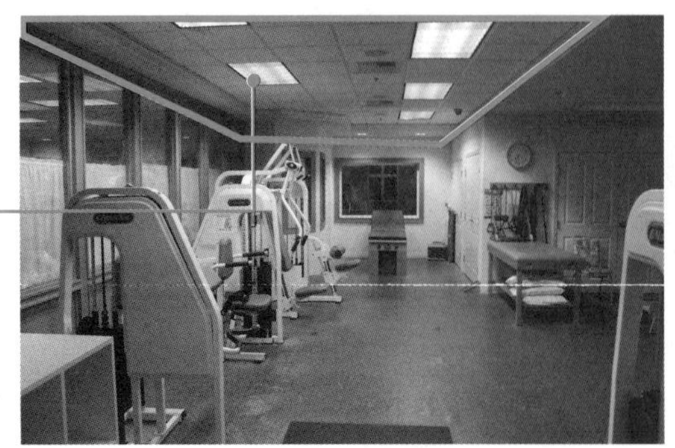

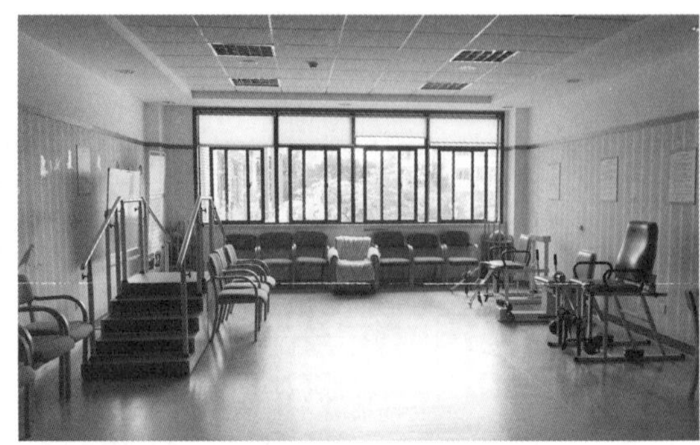

图 13.45　康复理疗区光环境及效果示意图

13.34　健康指导区、康复理疗区和心理慰藉区应考虑以下特殊要点：

（1）由于健康指导区、康复理疗区、心理慰藉区内用电设备较多，应在墙面预留充足的强弱电点位，避免出现后期使用过程中因增设点位导致线管外露而致界面凌乱的问题。

（2）由于心理辅导包含利用音乐治疗的方式，所以心理慰藉区应配置背景音乐系统，以满足使用需求。

案例分析　健康指导区、康复理疗区设计要点（图 13.46）

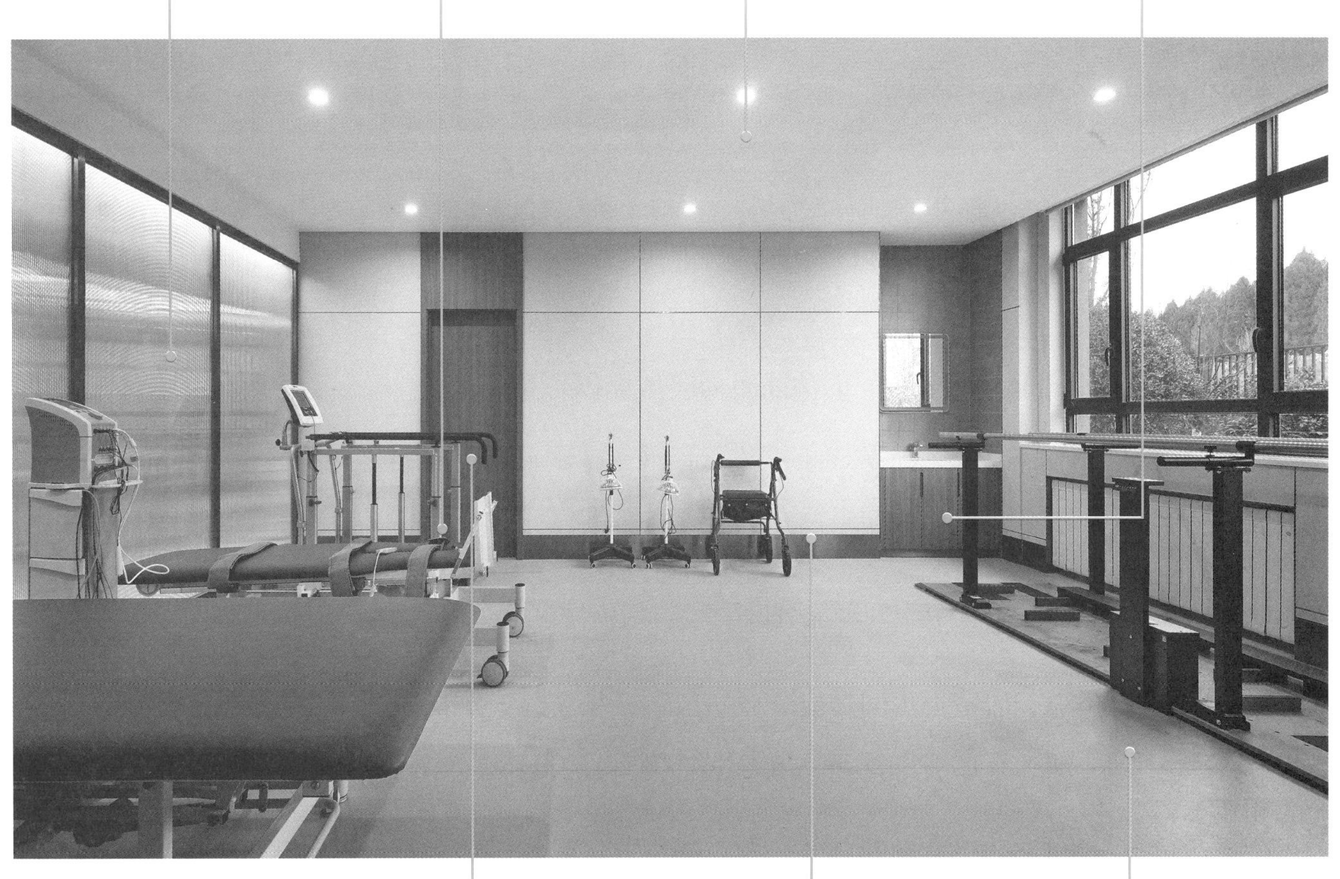

设置半透明玻璃隔断，增加房间通透感
在墙面预留充足的强弱电点位，满足用电设备多和后期设备扩容需求
天花上的灯具宜均匀布置，满足平面设备更换位置
内设洗手池，方便老年人和服务人员使用
墙面、顶面宜采用吸音材料，保证空间声环境品质
色彩设计宜采用暖色调，并搭配高彩度或冷色调的家具，丰富空间色彩环境
地面应采用弹性效果较好的材料，提升行走舒适度

图 13.46　健康指导区、康复理疗区设计要点分析

常见问题 07 卫浴空间室内设计要点有哪些?

13.35 社区养老服务设施的老年人卫浴空间一般包括公共卫生间、居室卫生间及助浴室，均应符合无障碍使用的要求。其中，公共卫生间的设置形式可以是独用的无障碍卫生间，也可以是设置在公共卫生间中的无障碍厕位（图 13.47）。

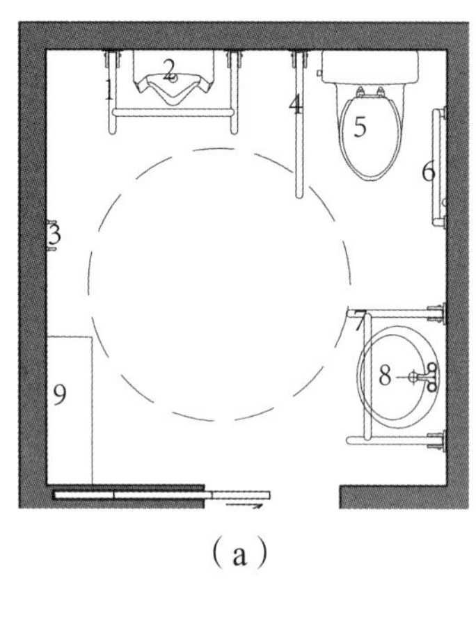

（a）

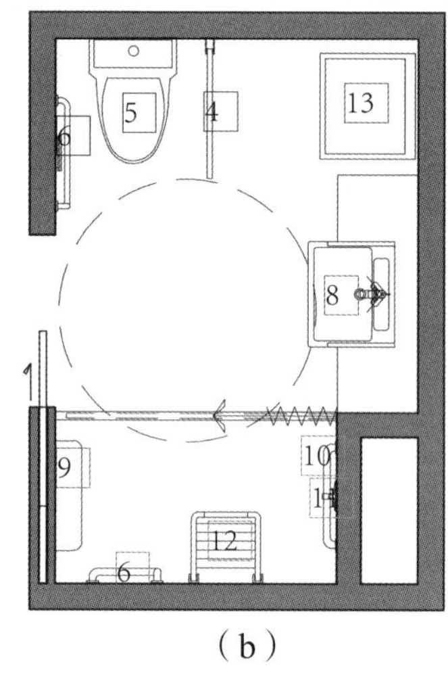

（b）

1. 小便斗扶手
2. 小便斗
3. 挂衣钩
4. 折叠扶手
5. 马桶
6. L 形扶手
7. 洗手池扶手
8. 洗手池
9. 置物架
10. 横向扶手
11. 花洒
12. 折叠凳
13. 洗衣机

（a）无障碍卫生间平面布局　（b）居室卫生间平面布局

图 13.47　老年人卫生间平面布局

13.36 卫浴空间的功能布局应考虑以下要点：

（1）卫浴空间的平面布置主要受卫生洁具及无障碍设备的使用方式所影响，还应预留轮椅回转半径、工作人员协助操作空间。

（2）公共卫生间功能分区一般包括盥洗区、如厕区、清洁辅助区等（图 13.48）。

（3）居室卫生间功能分区一般包括盥洗区、如厕区、淋浴区，空间允许时可增加洗衣机等设备，丰富卫生间功能。

（4）助浴室功能分区一般包括更衣区、洗浴区和清洁辅助区。此外，助浴室内还宜设置马桶，方便老年人使用。

13.37 卫浴空间的界面材料应考虑以下要点：

（1）由于卫浴空间在使用时，地面与墙面会留有大量水渍，所以应采用防水、防滑的地面、墙面材料，如防滑瓷砖等，防止老年人发生跌倒（图 13.49）。

（2）由于卫浴空间湿气较重，所以应可选择防水、防潮的天花材料，如防水石膏板、PVC 板、铝塑板等。

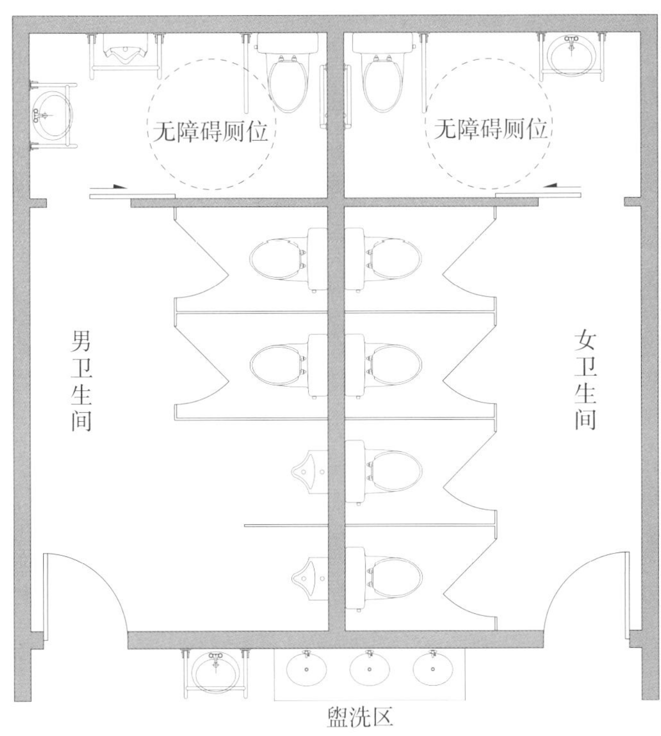

图 13.48　公共卫生间平面布局

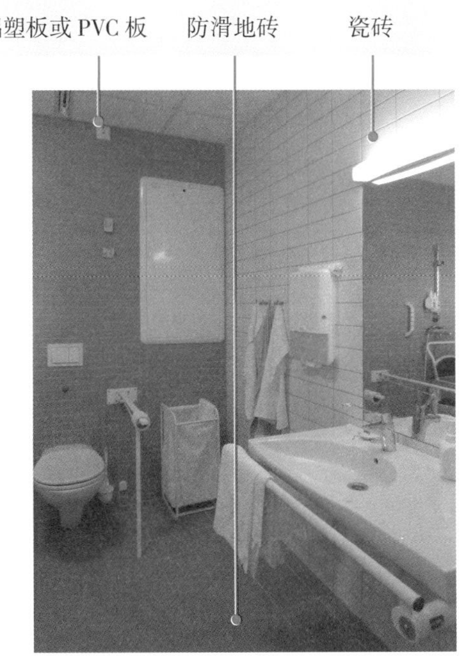

图 13.49　常见卫生间界面材料示意图

（3）助浴室应考虑视线遮挡，例如：门的位置应适当隐蔽，室内还可设置浴帘进行临时遮挡，保护老年人隐私。

13.38　卫浴空间的色彩设计应考虑以下要点（图 13.50）：

（1）卫浴空间的色彩设计应采用整体环境协调、设备清晰易辨的方式，整体采用明朗、轻快的色调，局部界面、洁具采用色彩变化进行调节，如马桶区、淋浴区的局部墙面与地面，活跃空间气氛。

（2）为帮助老年人获得清晰的视觉引导，洁具颜色应与背景界面颜色明显区分，并注意地面与墙面的颜色的明度差异，方便老年人识别。

（3）针对老年人视觉功能下降的特点，应采用中等明度地面材质，避免因采用深色地面材质而产生不安定感。

13.39　卫浴空间的光环境应考虑以下要点（图 13.51）：

（1）为方便老年人使用，卫生间的灯具照明方式应根据平面功能进行针对性设计，例如：马桶上方布置灯具，便于老年人观察排泄物；镜前灯光源应从多角度照亮脸部，保证面部无阴影。

（2）卫浴空间应选择防潮灯具产品，以保证老年人使用时的安全性。

置物台放置绿植丰富空间色彩

增大背景颜色与洁具颜色间的差异，方便老人识别

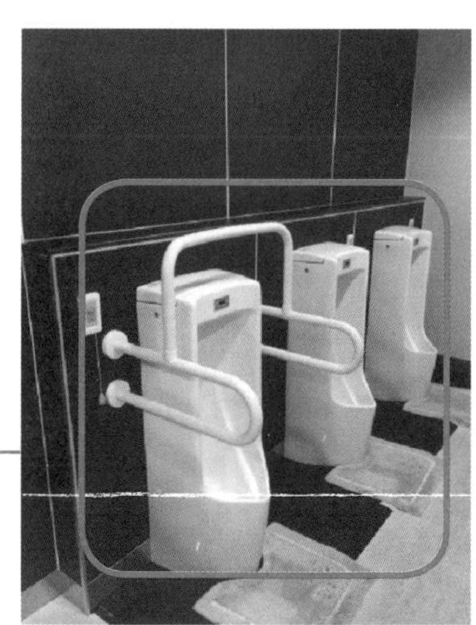

图 13.50　卫生间色彩环境示意图

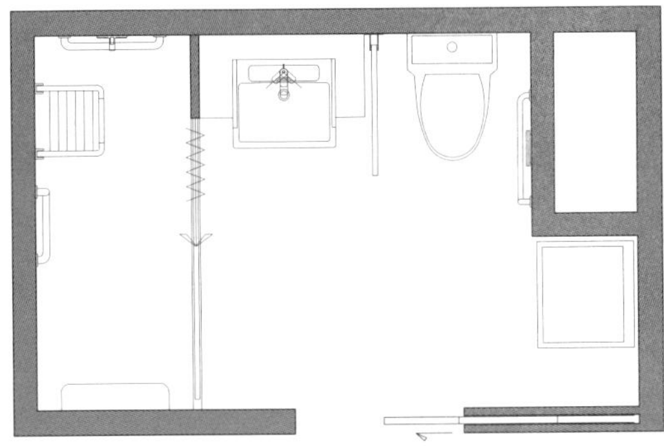

卫生间平面布置图

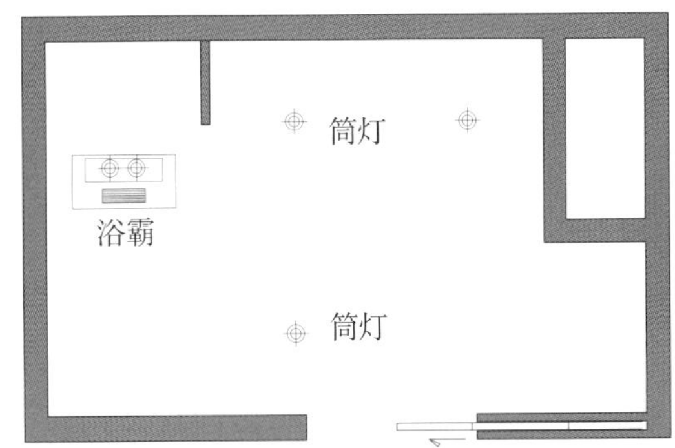

卫生间天花布置图

根据洁具位置针对性布置灯具
马桶上方设置灯具，便于老人如厕时观察排泄物
采用环绕式镜前灯，防止面部阴影
浴室灯具结合浴霸设计，保证洗浴时的室内温度

图 13.51　卫生间平面、天花灯具布局及效果示意图

13.40　卫浴空间的洁具设备与陈设应考虑以下要点：

（1）卫浴空间的设备一般包括盥洗、如厕、洗浴、洗衣、储物等设备，此外，还包括老年人的辅助设备，如扶手、加热装置等。

（2）盥洗设备应符合轮椅人士的使用需要，例如：洗手台应采用下部挑空的形式，方便乘坐轮椅的老年人靠近使用；卫生间镜面应有一定倾斜角度，使老年人坐在轮椅上也可照到镜子（图 13.52）。

（3）如厕设备应采用坐便器，宜具备冲洗功能的产品，方便老年人清洁身体。

（4）洗浴区与助浴间应采用可调节高度的淋浴产品，可兼顾老年人站姿洗浴与坐姿洗浴。如配备浴缸，则宜采用步入式浴缸，方便老年人安全进出（图 13.53）。

设置带有倾斜角度的镜面，方便轮椅人士观察面部

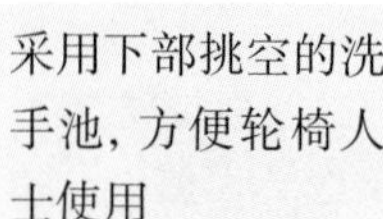
采用下部挑空的洗手池，方便轮椅人士使用

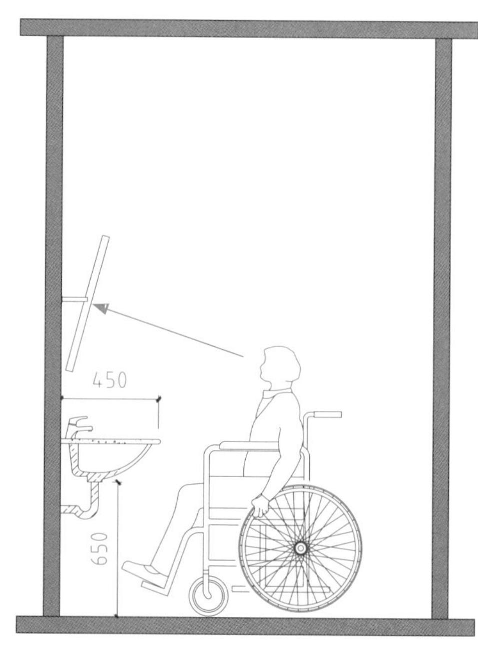
450
650

图 13.52　卫生间盥洗区及效果示意图

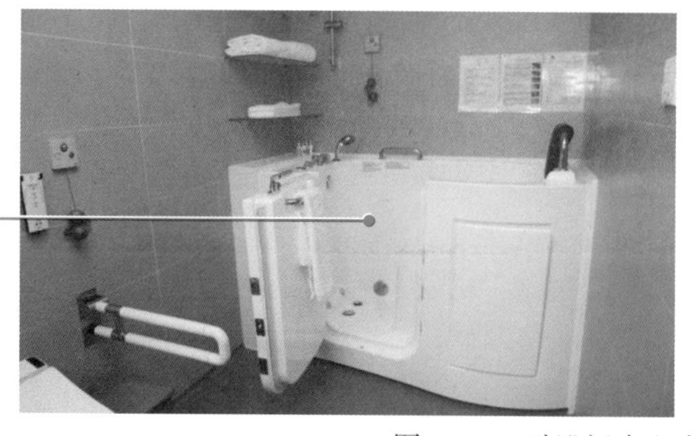
步入式浴缸可方便老年人进出

图 13.53　助浴间步入式浴缸示意图

（5）辅助设备中的安全扶手应设置于卫浴间的重点部位，如马桶、盥洗台、淋浴或浴缸处，方便老年人抓握、撑扶，避免安全隐患（图 13.54）。

（6）由于老年人体质较弱，避免老年人在洗浴、更衣时着凉，所以助浴室应采用加热设备，如浴霸等，以保持温暖舒适的室内温度。

（7）卫浴空间要包含毛巾杆、挂衣钩，并要提供较为充足的储藏空间，由于卫浴空间内湿气较重，储物柜应采用防水材质，如防水板或 PVC 板等，以满足防水、防潮的功能需求。

13.41　卫浴空间的洁具设备应考虑以下特殊要点：

卫生间宜设置推拉门或折叠门，方便开启，减少空间占用，并方便对在卫生间发生跌倒的老年人进行救助（图 13.55）。

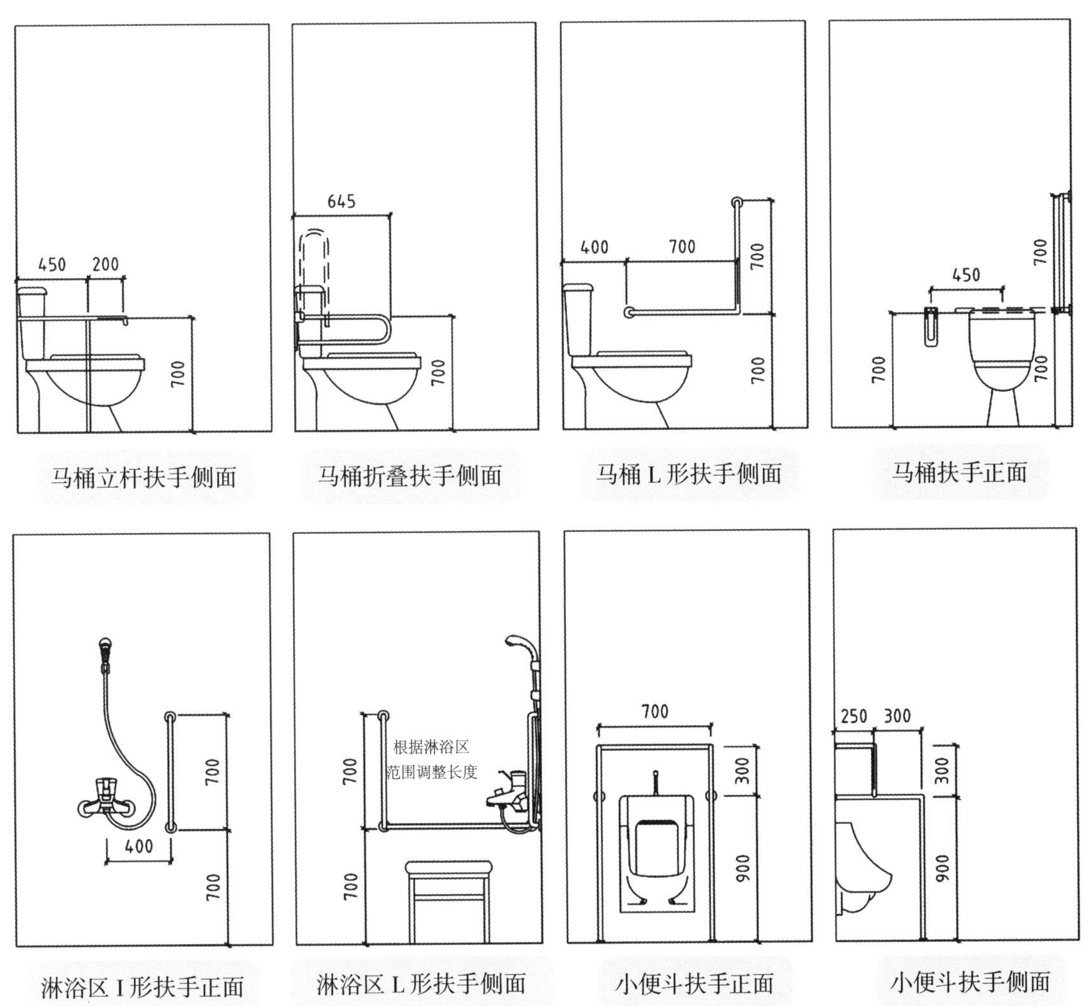

图 13.54　卫生间各类无障碍扶手尺寸示意图

卫生间宜采用推拉门
嵌入式推拉门
外置式推拉门
折叠门

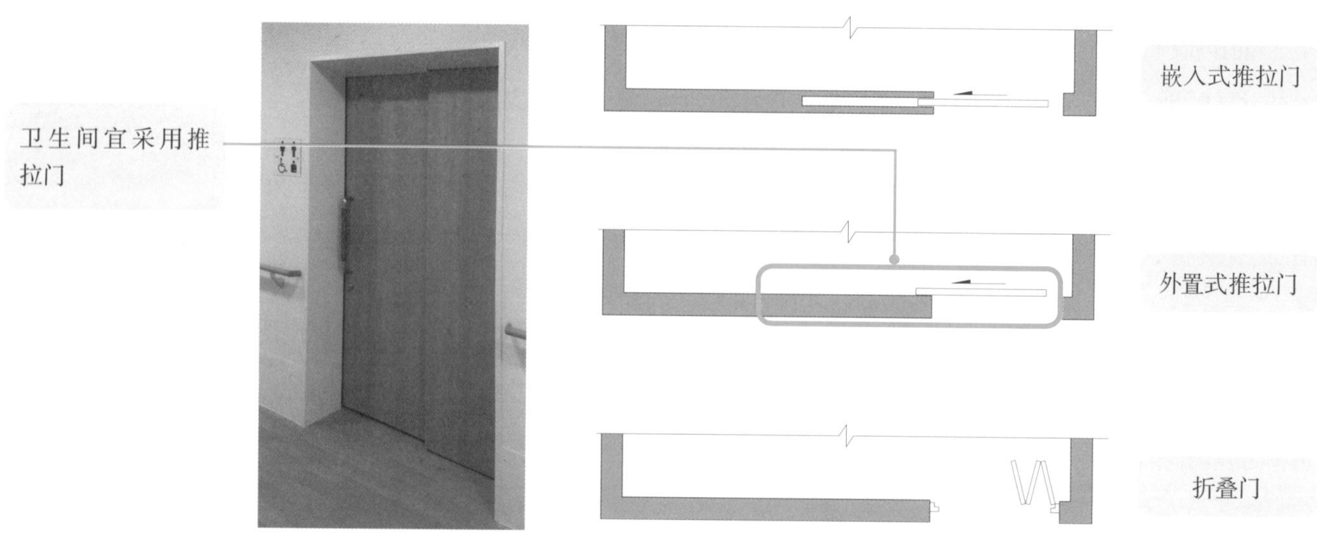

图 13.55　卫生间推拉门平面及效果示意图

案例分析　卫生间设计要点（图 13.56）

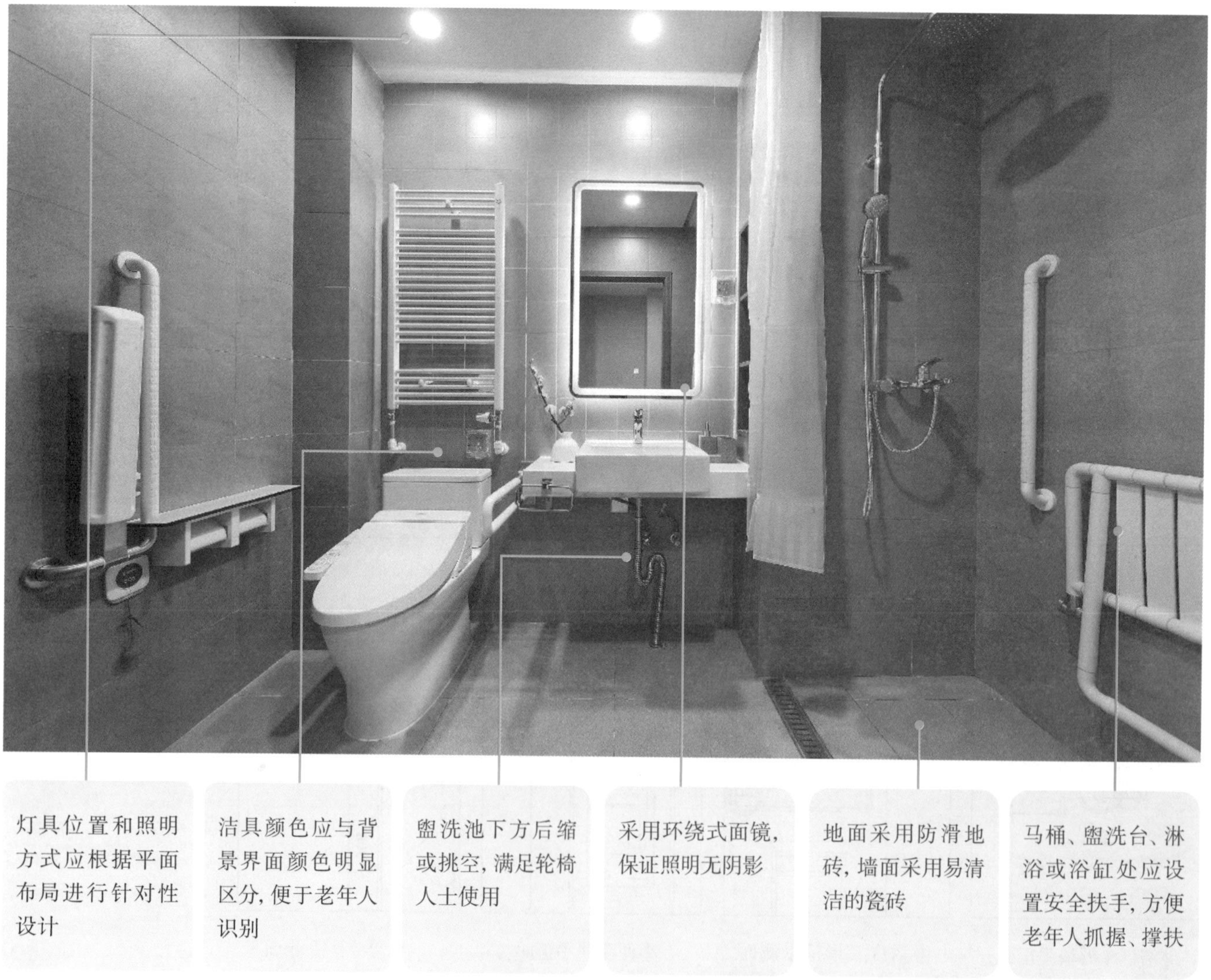

灯具位置和照明方式应根据平面布局进行针对性设计
洁具颜色应与背景界面颜色明显区分，便于老年人识别
盥洗池下方后缩或挑空，满足轮椅人士使用
采用环绕式面镜，保证照明无阴影
地面采用防滑地砖，墙面采用易清洁的瓷砖
马桶、盥洗台、淋浴或浴缸处应设置安全扶手，方便老年人抓握、撑扶

图 13.56　卫生间设计要点分析

案例分析　助浴区设计要点（图 13.57）

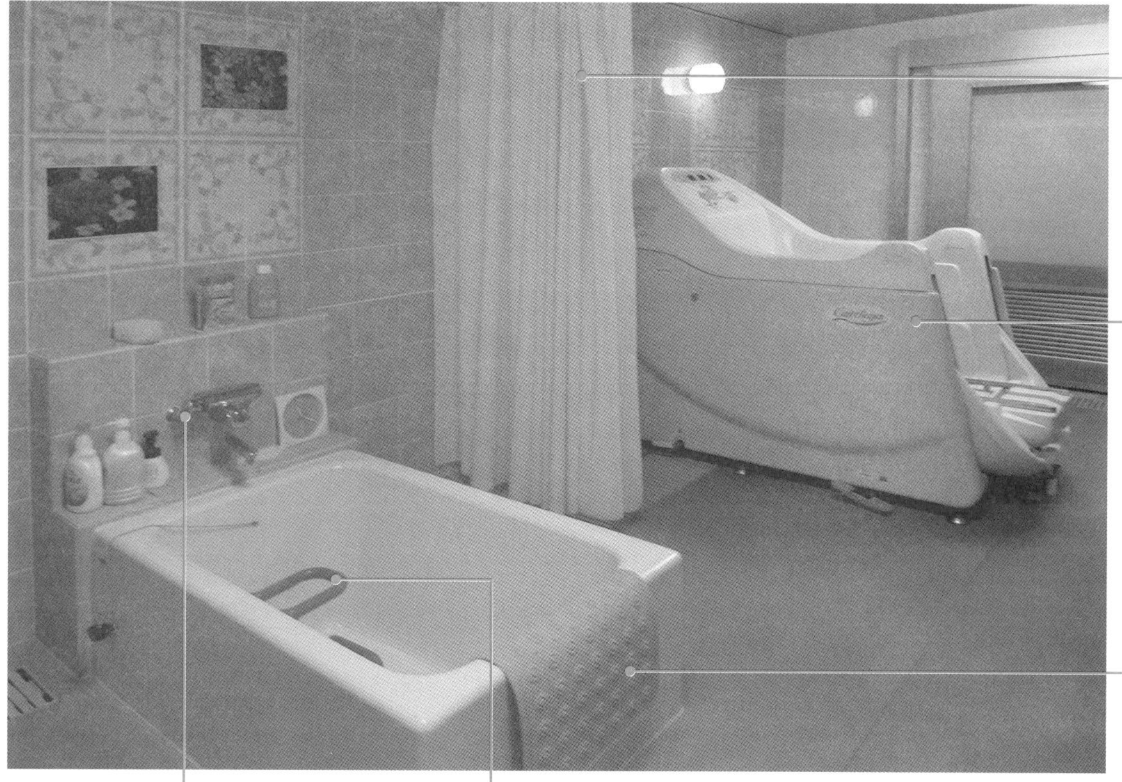

多人助浴区应设置软帘，保护老年人隐私

放置步入式浴池，满足不同身体状况的老年人洗浴

洗浴区旁设置台面摆放洗浴用品，以方便工作人员拿取

助浴区设置扶手，方便老年人起身，确保老年人安全

配备浴霸，保持温暖的室温

助浴区内配备防滑垫或采用防滑地砖，保证老年人洗浴安全

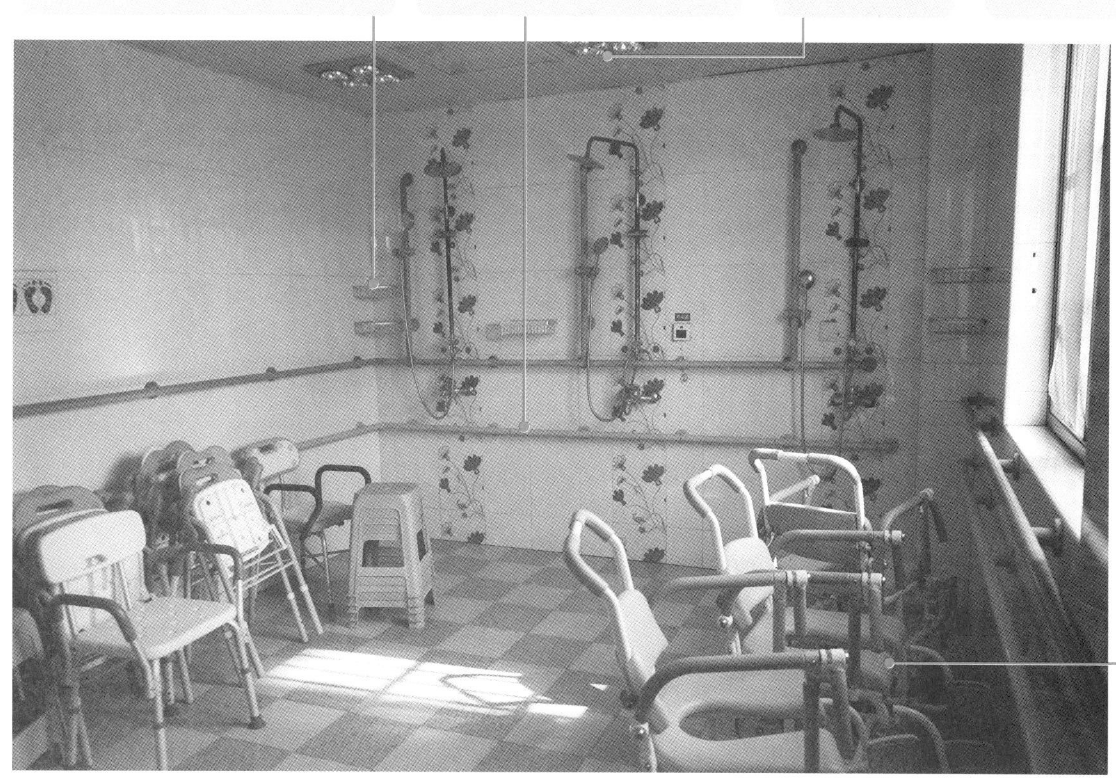

设置能折叠、可移动的浴椅，避免老年人长时间站立，且方便移动

图 13.57　助浴区设计要点分析

常见问题 08 老年人居室室内设计要点有哪些?

13.42 社区养老服务设施的老年人居室是供老年人短（长）期入住的空间，一般按照 1~2 人 / 间设置，建设规模受限的项目不超过 4 人 / 间。

13.43 老年人居室的功能布局应考虑以下要点：

（1）老年人居室的功能分区一般包括通行区、起居区、睡眠区、储物区（图 13.58）。

（2）布置家具时应考虑老年人和轮椅使用的要求，通道净宽应满足无障碍通行标准，并设置供轮椅回转的空间。单人间的面积不应小于 10.0 m^2，双人间的面积不应小于 16.0 m^2。[①]

①参见《老年人照料设施建筑设计标准》（JGJ 450—2018）中的相关规定。

（3）针对老年人喜欢保留物件的特点，老年人居室内应注意多设置储物空间与置物平台，以满足其使用需求。

13.44 老年人居室的界面材料应考虑以下要点（图 13.59）：

（1）老年人居室的界面材料应满足安全、健康的要求，并有利于营造居家氛围，如地面材料应注意防滑、吸音、防眩光，可采用地毯、木地板、PVC 地材等；墙面材料应注意美观、易清洁，可采用壁纸、壁布、肌理涂料、木饰面等；天花材料应注意吸音，可采用石膏板、矿棉板等，营造温馨舒适的空间氛围感觉。

（2）由于老年人居室床头处的墙面上需设置开关、插座、呼叫器等，为了避免多种设备面板位置凌乱，宜通过设置集合型设备板加以整合。同时，为了避免经常触摸开关而致墙面脏污，床头处的墙面宜采用易清洁、耐脏污的材质，如木饰面、可擦洗壁布等，既美观又方便后期清洁、维护。

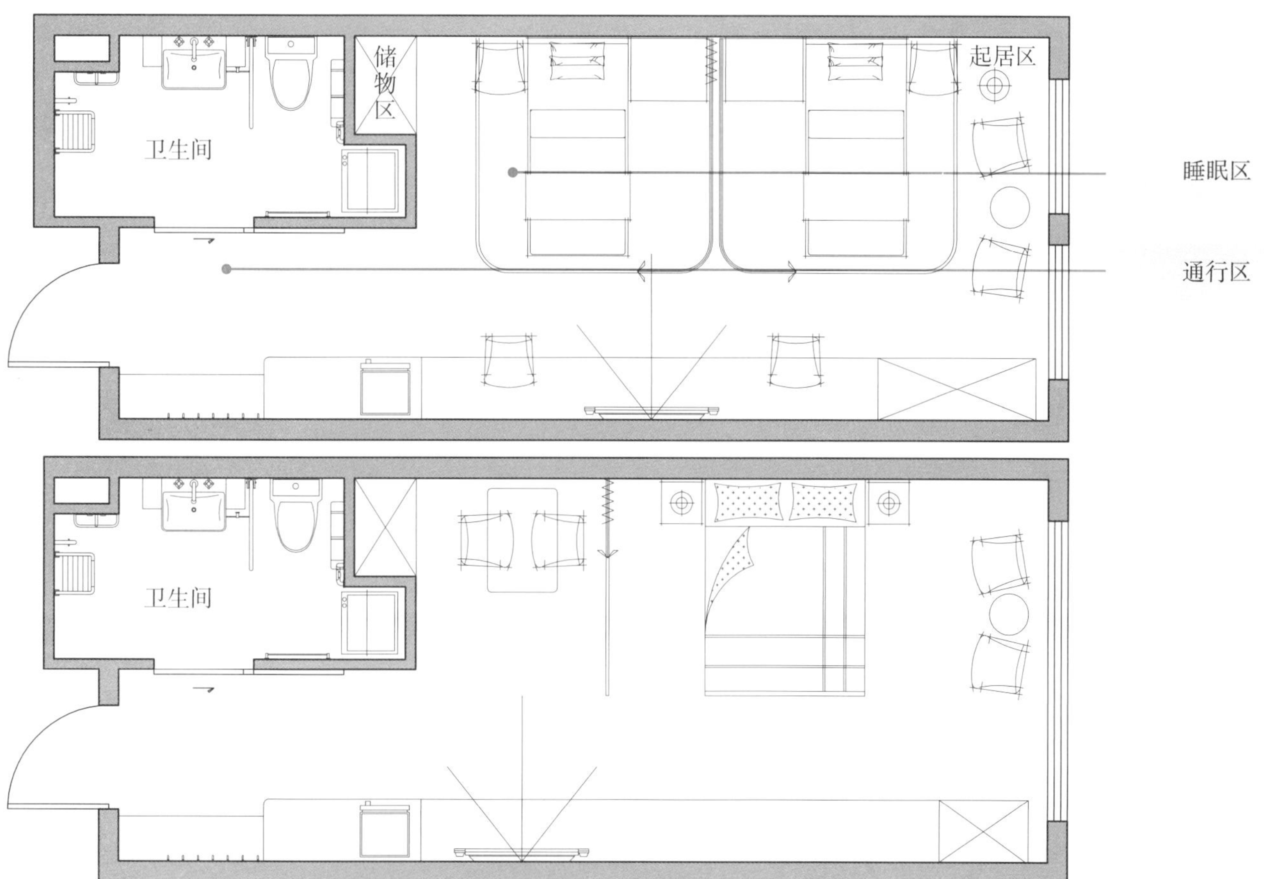

图 13.58 老年人居室功能分区示意图

图 13.59 老年人居室界面材料示意图

13.45 老年人居室的色彩设计应考虑以下要点（图 13.60）：

老年人居室的色彩设计宜整体采用温馨、明亮的暖色调，为了丰富居室单元的色彩设计，可通过局部色彩变化进行调节。如在床头侧墙面局部采用高彩度色彩加以突出，方便老年人识别；采用不同色彩的家具陈设进行点缀，丰富色彩效果。

13.46 老年人居室的光环境应考虑以下要点：

（1）老年人居室的光环境设计应注意提高光源照度和显色性，并采用暖色系光源，有助于营造"居家感"气氛（图 13.61）。

（2）老年人居室的灯具布局应根据功能布局精细化设计，以满足使用要求，因此应采用一般照明与局部照明结合的方式，形成丰富的光环境，例如：在天花处布置与床体对应位置灯具，方便服务人员查看老年人状态并保证照度标准；在书桌、床头、沙发、餐桌处增加局部照明，以满足老年人视觉作业需求，如书写、阅读、用餐等，且丰富光环境。此外，居室应感应设置夜灯，方便老年人夜间活动（图 13.62）。

居室整体采用温馨、明亮的暖色调

采用不同色彩的家具，丰富空间颜色

图 13.60 老年人居室色彩环境示意图

床头上方设置床头灯，满足老年人阅读需求

宜采用多途径照明方式

桌面上方增加装饰吊灯，进行局部照明

图 13.61　老年人居室光环境及效果示意图

配备床头灯，方便老年人卧床时使用

配置落地灯，增加局部照明

图 13.62　老年人居室重点部位照明效果示意图[1]

①图 13.62（右）来源：http://www.cc362.com。

13.47　老年人居室的家具陈设应考虑以下要点（图 13.63）：

（1）老年人居室的家具一般包括护理床、床头柜、书桌、餐桌、茶几、座椅、沙发、衣柜、储物柜等。

（2）老年人居室内的家具应采用轻便、稳固的形式，例如：护理床应具备可调节床板角度功能，方便老年人多功能使用需求；床头柜高度应高于床体，沙发、座椅配备靠背和扶手，方便老年人起身时撑扶；避免采用独腿支撑的餐桌、茶几，以防老年人起身撑扶时发生桌面倾覆；衣柜宜配备活动挂衣杆，方便老年人取拿衣物。

（3）考虑到老年人具有较强的怀旧心理，应鼓励老年人自带部分轻便家具，以营造熟悉、亲切的居家氛围，如座椅、小沙发、茶几等。

（4）老年人居室的陈设一般包括观赏性、展示性和回忆性的摆设和物品，如装饰小品、花草绿植等，丰富空间效果；手工作品、书画作品等，展示老年人丰富的晚年生活；老物件、老照片等，容易引发老年人的归属感，有助于营造熟悉亲切的空间气氛。

采用“居家感”家具有助于营造温馨舒适的空间气氛

宜摆放可引起老人回忆的老照片、老物件等

图 13.63　老年人居室陈设效果示意图

案例分析　老年人居室室内设计要点（图 13.64）

桌面上方增加局部照明，保证照明亮度

起居区与睡眠区之间增加隔帘，方便老人分区使用

吸顶灯位置对应床体，方便卧床使用并便于服务人员检查老年人状况

设置纱帘，防止白天阳光直射房间

床头处的墙面上整合设置开关、插座、呼叫器等

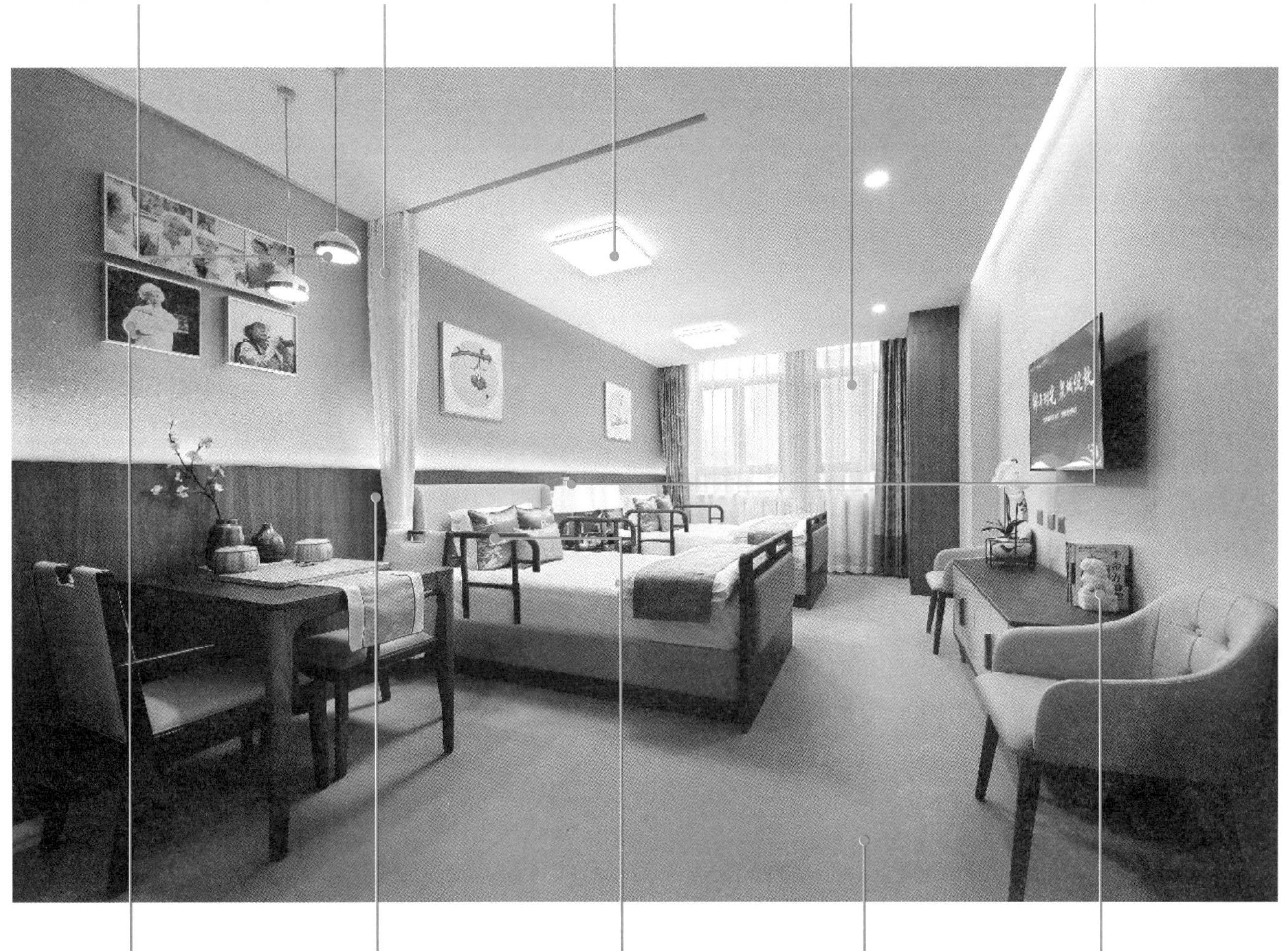

墙面挂放老人的照片，增加归属感

床头处的墙面宜采用易清洁、耐脏污的材质，如木饰面、自洁漆等

选用带扶手的床具，保证老年人起卧安全

地面材料应注意防滑、吸音、防眩光等性能，可采用地毯、塑胶地板等

预留让老年人摆放自己熟悉的饰品物件的位置

图 13.64　老年人居室室内设计要点分析

常见问题 09 通行空间室内设计要点有哪些?

13.48 社区养老服务设施的通行空间包含走廊、楼（电）梯厅和在开放空间中的通道，其在交通功能以外还可兼顾部分展示、休闲等功能。

13.49 通行空间的功能布局应考虑以下要点：

通行空间的功能分区一般包括通行区、展示区和休息区，满足老年人在走廊内活动、休息、交流的多重需求，提高空间使用效率（图 13.65）。

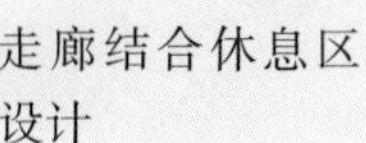

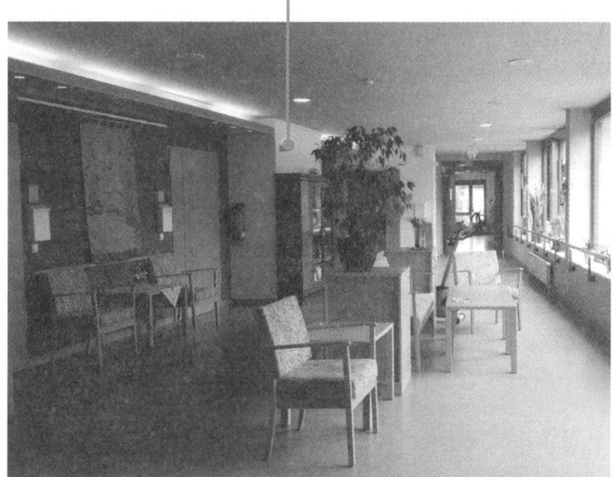

走廊结合活动区设计

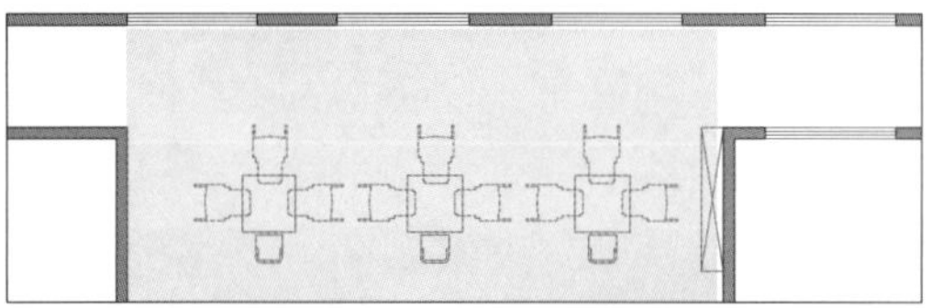

走廊结合阅读区设计

走廊结合电梯厅设计

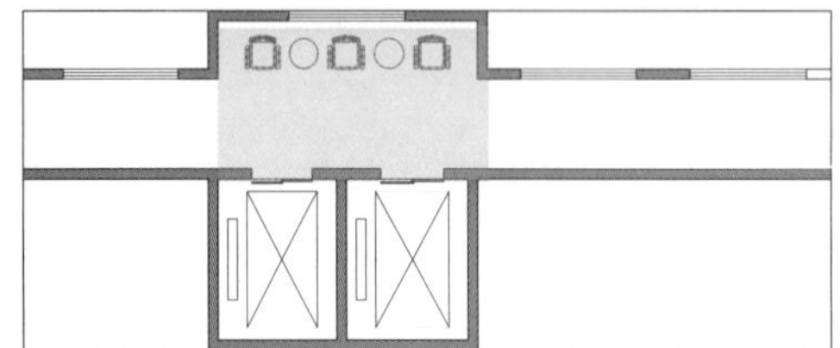

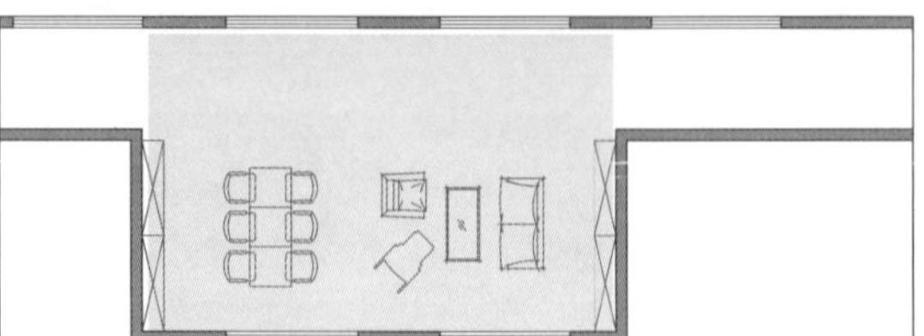

图 13.65 走廊结合其他空间的平面图及效果示意图

13.50 通行空间的界面材料应考虑以下要点（图 13.66）：

（1）由于通行空间人员活动频繁，所以地面应采用耐磨、防滑的材料，如防滑地砖、PVC 地材等。通行空间与其他空间的地面交接处应保证两侧地面材料高度平齐，避免形成细小高差。

（2）为方便老年人在通行空间内获得清晰易辨的视觉提示，其墙面、地面和天花的材料宜与其他空间有所区别。

（3）为了方便在通行空间进行展示，墙面宜采用软札木板、软木板等材料，形成宣传展示界面。

（4）由于通行空间人流密集、声环境不佳，容易引起老年人的不适感，因此天花、墙面宜采用吸音性能好的界面材料，如矿棉吸音板、金属穿孔板或穿孔石膏板、微孔砂吸音板等，可以有效改善声环境。

图 13.66 常见通行空间界面材料示意图

13.51　通行空间的色彩设计应考虑以下要点：

（1）通行空间应采用明快的色彩体系，消除自然采光不足的问题。

（2）通行空间宜采用较为一致的色彩体系，以便突出空间的完整性，并可在重点交通部位、空间转折和交接处通过色彩变化加以提示，如改变界面材料和色彩、增大色差和对比度，方便老年人识别。

（3）为了避免通行空间过于狭长、同质而造成单调乏味的感觉，可采用色彩分区设置，弱化狭长感，方便老年人识别（图 13.67）。

增加彩绘，丰富界面变化，活跃空间气氛

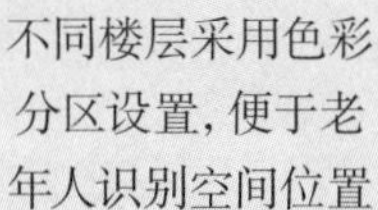

不同楼层采用色彩分区设置，便于老年人识别空间位置

图 13.67　通行空间色彩环境效果示意图

13.52 通行空间的光环境应考虑以下要点（图 13.68）：

（1）当通行空间与其他空间衔接时，二者照度差异不宜过大，以免忽明忽暗造成老年人视觉不适。

（2）走廊空间的灯具布局应满足使用需要，采用多途径照明方式，形成丰富的光环境，例如：在天花处均匀布置灯具，以保证走廊整体照度均匀；在展示墙面设置局部照明，以满足展示功能需求；在与走廊衔接的其他部位增加局部照明，以增强提示作用。

13.53 通行空间的家具陈设应考虑以下要点：

（1）通行空间的家具一般包括休息座椅、展示柜（架）等，布置家具时不应影响通道（图 13.69）。

（2）通行空间的陈设一般包括观赏性、展示性、识别性物品，例如：设置绿植、装饰画作，提高空间品位；摆放老物件、老照片，增加老年人讨论话题且引发老年人的归属感；设置信展墙，方便老年人获取信息；老年人居室入口旁设置个性物品摆放台，方便老年人定位（图 13.70）。

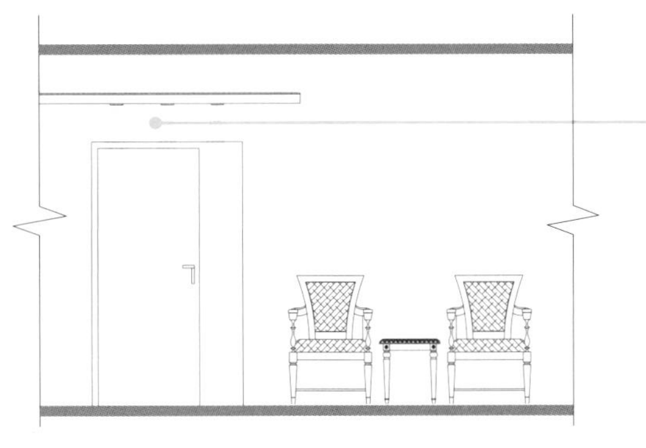
入户门处增强灯光
照明，增强辨识度

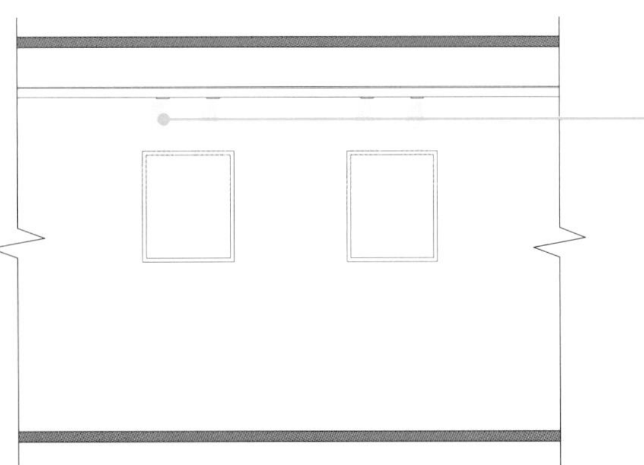
展示墙面设置局部
照明，丰富光环境

图 13.68 通行空间光环境立面及效果示意图

13.54 通行空间的特殊要求应考虑以下要点：

通行空间中的管井、消火栓等宜采用隐蔽方式处理其界面，避免由于老年人不慎触摸引发风险（图 13.71）。

放置装饰品，提高空间品位

图 13.69 通行空间陈设效果示意图（1）

摆放老物件激发老人的归属感，容易引发话题讨论

隐蔽处理消火栓界面

图 13.70 通行空间陈设效果示意图（2）

图 13.71 通行空间中的设备界面处理示意图

案例分析 走廊设计要点（图 13.72）

局部放大，减缓走廊狭长感
地面采用防滑材质，且注意明度变化，提示空间位置
局部采用透明玻璃界面，改善空间采光条件
采用多途径照明方式，丰富光环境
界面材质注意丰富性，减缓走廊单调感
遮蔽暖气，保证扶手的连续性

图 13.72 走廊设计要点分析

增强外观的可识别性和熟悉感

目标解析：

可识别性和熟悉感是社区养老服务设施外观设计的特色需求，既可方便老年人轻松地寻找和判断，又可使设施与所在社区环境相互协调，赢得老年人的认同感。部分既改类设施的原有用房外观简陋无特色、与周围建筑趋同、难以区分，因此在改造设计中一方面应有意识地强调差异、突出特色，增强可识别性；另一方面应运用所在区域的文化和装饰元素，引发老年人的共鸣，增强熟悉感。此外，由于很多地区对社区养老服务设施有统一标识的要求，在外观设计时还应为标牌标志预留好合适的位置。

14 增强外观的可识别性和熟悉感

改造设计常见问题

（1）社区养老服务设施外观造型设计的适老化要素是什么？

（2）如何提高社区养老服务设施外观造型的可识别性？

（3）如何提高社区养老服务设施外观造型的亲切感？

（4）如何协调项目与社区环境的关系，增强外观造型的熟悉感？

（5）如何提高社区养老服务设施外观造型的通透感？

重点评估项 如何判断原有用房的外观造型是否符合项目的功能定位？

14.1 既改类设施的外观优化方案基于对原有用房外观造型的评估分析，注重安全性、可识别性、通透感和亲切感，主要内容参考如下：

（1）原有用房的外观造型是否符合项目定位并易识别？ □（A. 是 B. 否）

（2）外观造型存在什么问题？ □

（A. 门窗少，不通透 B. 缺少属地建筑特色 C. 识别性不强 D. 缺乏亲切感 E. 造型简陋，不美观 F. 有安全隐患 G. 其他）

评估结果提示： 如果第（1）项的结果为“否”，则说明应对原有用房的外观造型进行优化，其他结果可作为改造设计的依据。

常见问题 01 社区养老服务设施外观造型设计的适老化要素是什么?

14.2 社区养老服务设施的外观造型应注重安全性，避免对通行和人员活动造成干扰和安全隐患，同时确保建筑外观上的构件和设备牢固可靠，避免发生倾覆和坠落，保证老年人的使用安全。

14.3 社区养老服务设施的外观造型应符合老年人的审美需要，宜采用端庄美观的造型，适老化要素如图 14.1 所示，主要包括：

（1）可识别性，造型有特色并有明显的标牌标志。

（2）亲切感，设计有小尺度和人性化的细部。

（3）熟悉感，有属地特色的造型和装饰元素。

（4）通透感，方便室内外视线交流的门窗。

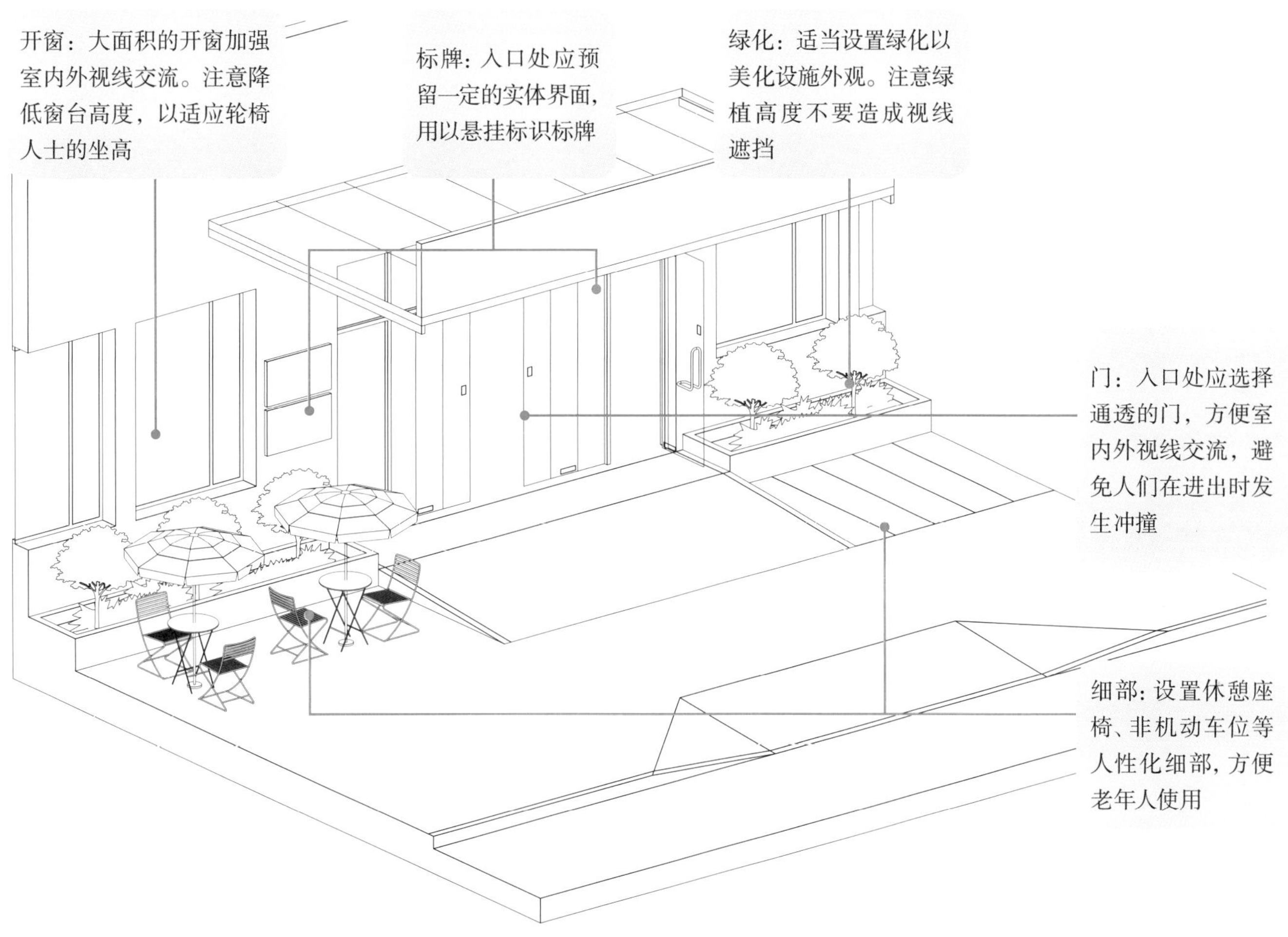

开窗：大面积的开窗加强室内外视线交流。注意降低窗台高度，以适应轮椅人士的坐高
标牌：入口处应预留一定的实体界面，用以悬挂标识标牌
绿化：适当设置绿化以美化设施外观。注意绿植高度不要造成视线遮挡
门：入口处应选择通透的门，方便室内外视线交流，避免人们在进出时发生冲撞
细部：设置休憩座椅、非机动车位等人性化细部，方便老年人使用

图 14.1 典型的外观造型设计轴测示意图

14 增强外观的可识别性和熟悉感

常见问题 02 如何提高社区养老服务设施外观造型的可识别性?

14.4 既改类设施外观造型优化中，应预留明显的位置悬挂标牌标志，方便老年人寻找。

（1）由于很多城市都对社区养老服务设施规定了统一的标识，因此在外观造型改造时，宜在入口上方或两侧预留一定面积的实体界面，以便规范地悬挂标牌标志，提高项目的规范性（图 14.2）。

（2）标牌标志的形式应便于老年人轻松识别，宜采用较大、清晰的字体，并适当加强文字、图案与底色的对比度。

（3）标牌标志宜考虑照明设计，以便进一步加强其可识别性。

图 14.2 预留一定实体界面悬挂统一的标牌标志

常见问题 03 如何提高社区养老服务设施外观造型的亲切感?

14.5 既改类设施外观造型优化中，应提供一些人性化的细部设计，方便老年人使用：

（1）外观造型宜丰富细腻，避免过于单调沉闷的办公感、机构感，突出亲切宜人的居住建筑特征（图 14.3）。

（2）根据老年人在社区生活中喜爱聚集在出入口外闲坐、晒太阳和聊天的习惯，可结合外观改造设置门廊和座椅，方便其临时停留、休闲和交流（图 14.4）。

（3）根据老年人喜爱绿植的特点，可结合外观改造设置垂直绿化、花池小品，方便老年人欣赏和参与美化（图 14.5）。

图 14.3　突出居住建筑亲切宜人的特征，避免机构感

图 14.4　设置门廊和座椅

图 14.5　设置垂直绿化、花池小品，美化环境

常见问题 04　如何协调项目与社区环境的关系，增强外观造型的熟悉感？

14.6　社区养老服务设施要符合所属区域的整体建筑风貌要求，营造和谐统一的环境氛围，避免由于外观造型的陌生感对老年人、特别是失智老年人带来不适（图 14.6）。

14.7　在既改类设施外观造型优化中，宜运用所属区域的文化元素和建筑装饰突出属地性，如使用带有属地特色的建筑材料、色彩和装饰元素，以便增强老年人的熟悉感（图 14.7）。

图 14.6　避免生硬照搬导致陌生感[1]

图 14.7　采用属地特色的元素

[1] 图 14.6 来源：http://www.caservice.cn。

常见问题 05 如何提高社区养老服务设施外观造型的通透感?

14.8 既改类设施外观造型优化中，应扩大门窗面积促进室内外视线交流，方便老年人感知社区生活：

（1）适当扩大老年人出入口和老年人生活空间等处的门窗面积，如采用玻璃幕墙、落地窗等较为通透的界面形式，既方便在室内活动的老年人观察到室外景观和人群活动状况，又方便行人从室外观察到室内老年人的活动场景（图 14.8）。

（2）开窗的位置宜考虑与周边景观和标志物的对景关系，如与标志建筑、绿化景观、活动场地等建立视线联系，对老年人认知周围环境有很好的提示作用。

（3）出入口宜采用通透的门窗形式，既可呈现出开放的姿态，欢迎老年人到来，又可便于进出的人员相互感知，避免发生冲撞（图 14.9）。

（4）在老年人出入口和老年人生活空间处的门前宜避免种植过高、过密的绿篱等植物，以免造成采光和视线的遮挡，形成壁垒森严的感觉（图 14.10）。

图 14.8 老年人生活空间外立面采用落地窗

图 14.9 出入口采用通透的门窗

图 14.10　避免种植过高、过密的植物对室内造成视线遮挡

协调结构设备与空间适用性

目标解析：

既改类设施的改造不仅涉及空间环境的优化设计，同时还包含结构、暖通空调、电气、给排水等多专业的优化设计。其一，部分原有用房由于建设年代较早、结构标准偏低、日常维护不佳，存在结构安全性不够的问题，需要进行结构改造和加固。其二，部分原有用房由于设备条件落后，存在无法满足现有规范及使用要求的问题，需要进行设备改造和增容。然而，根据社区养老服务设施的使用特点，需要较为通透灵活的室内空间，应避免由于不当的结构和设备改造带来交通流线和视线的阻隔。同时，由于空间资源有限，在保证结构安全和设备优化的前提下，还应减少结构和设备改造对空间的占用，需要协调好结构和设备设计与空间适用性的关系。

15 协调结构设备与空间适用性

改造设计常见问题

（1）结构改造加固设计的要点是什么？
（2）给排水系统改造设计的要点是什么？
（3）暖通空调系统改造设计的要点是什么？
（4）电气系统改造设计的要点是什么？
（5）如何协调结构设备改造与空间适用性的关系？

重点评估项 如何判断原有用房的结构和设备条件是否满足使用需求？

15.1 既改类设施的结构和设备改造方案应基于对原有用房的结构可靠性和设备基础条件的评估分析，主要内容参考如下：

（1）原有用房的结构体系和状况是否符合相关标准的要求？□（A. 是 B. 否）

（2）原有用房的给排水系统状况是否符合相关标准的要求？□（A. 是 B. 否）

（3）原有用房的暖通空调系统状况是否符合相关标准的要求？□（A. 是 B. 否）

（4）原有用房的电气系统状况是否符合相关标准的要求？□（A. 是 B. 否）

（5）原有用房周边环境的市政条件是否满足项目的使用要求？□（A. 是 B. 否）

评估结果提示： 如果第（1）（2）（3）（4）项的结果为“否”，则说明应对原有用房进行相应的改造设计，如果第（5）项的结果为“否”，则说明需进一步确定该项目的市政条件能否改善。

常见问题 01 结构改造加固设计的要点是什么？

15.2 既改类设施的结构改造加固设计既应满足相关规范的安全要求，又要保证空间的适用性，常见要点如下：

（1）结构改造和加固设计应注意与空间布局调整相互协调，避免因植入过多的墙体、柱子和梁等结构构件而阻挡交通流线，破坏室内空间的通透感和灵活性，对项目使用带来影响。

（2）当需要增加新的结构体系时，应根据原有用房的结构特点和改造后的空间需要选用可靠的方式，如采用钢结构，以便降低对原有结构体系的影响并减少空间损失。

（3）当需要增加新的结构单元时，除非能够确保对原有用房的结构单元的影响可控，否则新增加的结构单元应单独设置，如与原有结构采用结构缝脱开，以保证两个结构单元的稳固安全（图 15.1）。

（4）当需要增加电梯时，宜采用无基坑、无机房且结构独立的电梯，避免对原有用房的基础和屋顶造成影响（图 15.2）。

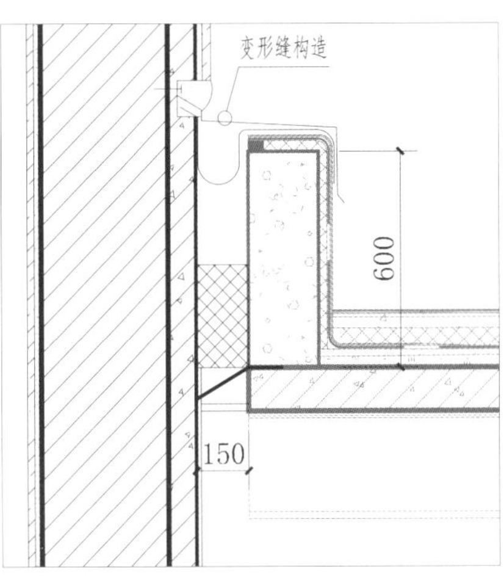

图 15.1　植入的新结构采用钢结构，与原结构脱缝

图 15.2　加设结构独立的电梯

常见问题 02 给排水系统改造设计的要点是什么？

15.3 既改类设施的给排水系统改造设计既应满足相关规范的要求，常见要点如下：

（1）针对老年人对用水体感比较敏感的特点，社区养老服务设施的水质应满足相关规范的硬度和水质标准，水质总硬度（以碳酸钙计）宜为 75~120 mg/L。[①] 如原有供水不能满足时，建议进行水质软化处理，设置软水器进行软化净化处理，调节水质硬度、悬浮物以便达标（图 15.3）。

（2）针对老年人对供水压力比较敏感的特点，社区养老服务设施应注意保证其用水的舒适度，最低配水点的静水压力不宜大于 0.45 MPa。当末端压力超标时，对楼层配水管采取减压措施；当市政给水压力不足时，采取加压供水。当原有加压系统压力不足时，需更换原有水泵。[②]

（3）针对老年人对水温比较敏感的特点，社区养老服务设施宜设置生活热水系统，方便其使用。当原有用房的设备系统无生活热水时，宜根据该项目的服务特点和床位数量增加合适的热水设备，一般分为以下两种方式：

①对无托养入住服务或入住床位数在 10 张及以下的社区养老服务设施，由于其热水用量较小且分散，建议采用分散型热水系统，如电热水器、太阳能热水器、燃气热水器以及小厨宝等。

②对入住床位数多于 10 张的社区养老服务设施，由于热水用量较大，可采用全日制集中热水系统，热源形式可采用风冷热泵、空气源热泵、市政热力、电热水炉等。

（4）针对老年人行动较为迟缓，且应激能力下降，为了防止其在使用热水时被烫伤，社区养老服务设施应采用恒温供水性洁具，热水出水应采用冷热水混合装置，热水的出水温度应设定为 40~50℃，供水温度为 60℃，回水温度为 50℃，且末端应设置防烫伤措施（图 15.4）。

①生活饮用水应符合《生活饮用水卫生标准》(GB 5749—2006) 的相关规定。

②根据《老年人照料设施建筑设计标准》(JGJ 450—2018) 的要求，给水系统应满足给水配件最低工作压力需求，且最低配水点静压力不宜大于 0.45 MPa，水压力大于 0.35 MPa 的配水横管应设减压措施。

（5）在既改类设施选址时，建议尽量选择已设置自动喷水灭火系统的原有用房。当原有用房未设置自动喷水灭火系统时，[3]应加设一整套自动喷淋系统，包括水池、水泵、管道、消防水箱及稳压装置。

（6）当社区养老服务设施有二级运营分包商（如厨房、医疗、洗衣等功能用房），需提前在各用水点加设二级用水计量，以便一级运营商统一管理。

（7）当社区养老服务设施与社区卫生服务设施结合设置时，需考虑医疗废水处理，排水需经过消毒处理，水质应满足相关规范的标准后方可排入市政管网。

③根据《建筑设计防火规范》（GB 50016—2014）的要求，老年人照料设施应设置自动灭火系统，并宜采用自动喷水灭火系统。

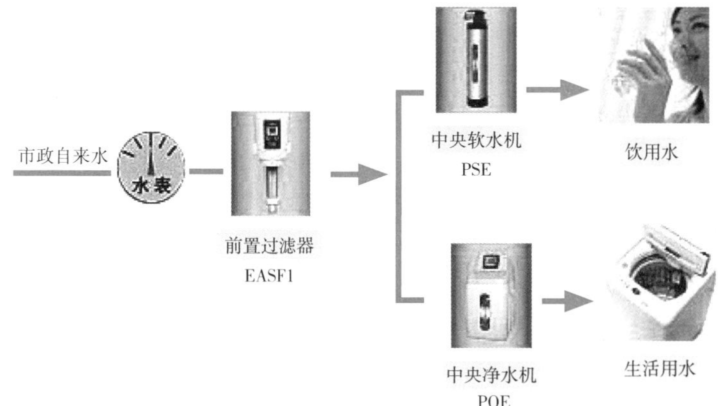

图 15.3　水质软化净化流程示意图

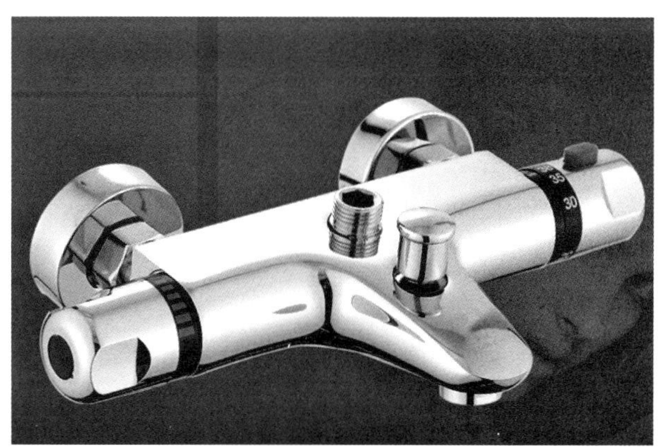

图 15.4　智能恒温供水洁具

常见问题 03 暖通空调系统改造设计的要点是什么？

15.4 既改类设施的暖通空调系统改造设计应满足相关规范的要求，常见要点如下：

（1）针对老年人体质偏弱、免疫机能下降的特点，社区养老服务设施应根据项目所在地区的气候特点选择采用适宜的供暖系统，避免由于室内温度不适影响老年人的身体健康。当原有用房周边无市政供热条件时，可视所在地能源条件和环保要求选择增设燃气锅炉、多联式空调、空气源热泵、分体空调等采暖设备。

（2）老年人生活空间不仅要满足舒适性，更要保证老年人的安全性，采取有效措施避免老年人烫伤。末端散热器、分集水器等应设置防烫伤保护罩，[①]以免老年人由于直接接触而发生烫伤（图 15.5）。

（3）既改类设施应视原有用房条件确定空调系统，当原有用房无供冷系统时，可选择增设独立的分体空调、多联式空调、空气源热泵等制冷设备。

（4）老年人生活空间的室内湿度不宜小于 30%，当原有用房室内湿度不足时，可配备小型加湿器（图 15.6）或在集中空调中设置加湿系统，如高压微雾加湿器等，提高室内环境的舒适性。

（5）既改类设施应根据项目的建筑规模、使用要求和原有用房条件确定是否设置集中新风。对于具备条件，或建筑规模较大的项目，建议设置集中新风设备，以便保证室内空气和外界空气交换，降低室内二氧化碳浓度，保证含氧量充足。对于建筑规模较小的项目，则建议采用安装方便、机型较小的壁挂式新风机（图 15.7）。

①根据《老年人照料设施建筑设计标准》（JGJ 450—2018）的要求，散热器、热水辐射供暖分集水器必须有防止烫伤的保护措施。

② 图 15.6 来源：https://item. taobao. com。

图 15.5 散热器设置防烫伤保护罩

图 15.6 小型加湿器[②]

图 15.7 新风系统

常见问题 04　电气系统改造设计的要点是什么?

15.5　既改类设施的电气系统改造设计既应满足相关规范的要求，又要保证空间的适用性，常见要点如下：

（1）既改类设施宜根据不同功能空间的使用特点和需要合理配置电气设备：

①就餐区、多功能活动区、专项活动区和日间休息区等处，由于经常需要进行功能转换，宜适当增加电源插座的数量并均匀布置电源插座位置，或可采用轨道式插座，避免由于插座过少、位置过远影响灵活使用（图 15.8）。

②健康指导区、康复理疗区、助浴室和带洗浴设备的卫生间应增设局部等电位连接，其中健康指导区、康复理疗区还应设置防静电接地。

③老年人生活空间、交通空间和室外场地应设置视频安防监控系统。

④老年人居室、就餐区、多功能活动区、康复理疗区、卫生间和助浴室等处均应设安全特低电压紧急呼叫装置，呼叫信号送至专人值班场所（图 15.9）。

⑤老年人居室和其附设卫生间应设置常明夜灯。如原有用房无条件设置，可配置便携式可插卸夜灯，或与护理床整合设计感应式夜灯，夜灯在墙面距地面 0.40 m 处设置（图 15.10）。

（2）选用特殊助老电气设备时，如电动助行器、电动升降式坐便辅助器、电动助浴设备、电动护理床等，应提前与厂家沟通好设备输入电压、功率等参数，并确定使用位置，预留电气条件，避免后期使用中因设备原因拆改供电系统。

（3）配合智能化系统的使用，宜完善相关软硬件，形成室内外空间的网络全覆盖，配置采集、监控、定位、报警和呼叫等装置，建设适宜的服务软件平台。

[3] 图 15.8 来源：https://item. taobao. com。

图 15.8　轨道式插座[3]

图 15.9　紧急呼叫装置

图 15.10　感应式夜灯

常见问题 05 如何协调结构设备改造与空间适用性的关系?

15.6 既改类设施应采用适宜的结构和设备改造方法，正确解决与空间适用性的矛盾：

（1）结构和设备改造应本着尽量少占用建筑面积和净高的原则，在保证结构安全和设备适用的前提下，采用适合原有用房条件的改造方案，避免影响空间布局和感受。例如：当原有用房室内层高较低时，可调整喷淋管道的布置路线，将传统的鱼骨状改为交叉状，减少喷淋系统对有限空间高度的占用。

（2）给排水、暖通空调和电气系统改造前，应复核原有系统和设备是否可沿用及需新增的容量，以便节约改造经费。

（3）设备和部品选型应配合空间条件和改造需要，避免造成安全隐患，并影响老年人使用。例如：配合对卫生间、淋浴间室内外地面高差的消除，建议在其门口地面交界处采用线型地漏，或采用设置淋浴间内、淋浴间门口和卫生间门口三道排水防线的方式，以便保证干湿分区，防止流水外溢和地滑造成老年人跌倒（图 15.11）。

（4）设备改造和部品选型应配合营造适老化的室内环境，避免给老年人带来不适的感受。如应注意设备选型和安装方式对室内声环境的影响，采用相应的改善措施：

①对能够产生震动的设备应确保安装稳固，避免震动带来的噪声。

②为保证老年人的睡眠质量，社区养老服务设施卫生间应选用降噪材质的卫生洁具及管材，[①]并避免管道穿越日间休息区和老年人居室。

③老年人生活空间的空调及新风设备应延长风机盘管至风口间的长度，设备管道要注意减震降噪，同时保证洞口密封性。

①根据《老年人照料设施建筑设计标准》(JGJ 450—2018) 的要求，卫生洁具和给排水配件应选用节水型、低噪声产品。给水、热水管道设计流速不宜大于 1.00 m/s，排水管应选用低噪声管材或采用降噪声措施。

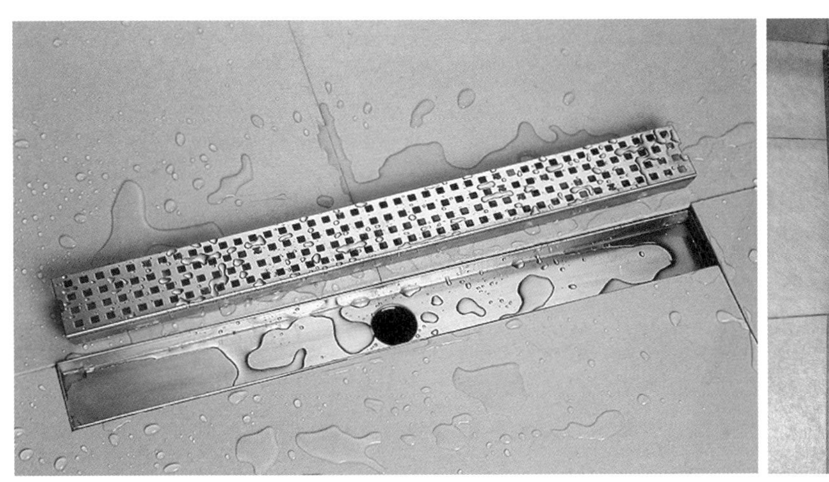

图 15.11　线型防溢地漏

拓展和完善老年人活动场地

目标解析：

在室外晒太阳、聊天和健身等休闲活动深受老年人的欢迎，也非常有利于老年人的身心健康。既改造类设施的原有用房受到用地条件的限制，没有室外空间或室外空间狭小，存在室外场地不足的问题。因此，在改造设计中应充分利用有限的用地和建筑界面，尽可能扩大室外活动场地，营造更多的老年人活动环境。

16 拓展和完善老年人活动场地

改造设计常见问题

（1）如何在原有室外场地中确定老年人活动场地的位置？
（2）如何改造老年人活动场地的环境设计，消除安全隐患？
（3）如何应对原有场地的自然环境缺陷？
（4）如何提升老年人活动场地的环境品质和细节设计？
（5）原有室外场地不足时，应如何拓展老年人活动空间？

评估重点项　如何判断原有用房的室外场地是否需要进行改造优化？

16.1　既改类设施的老年人活动场地优化方案基于对原有用房室外场地条件的评估，主要内容参考如下：

（1）原有用房是否有充足的室外场地？　□（A. 是　B. 否）

（2）是否有符合日照标准的老年人室外活动场地？ □（A. 是　B. 否）

（3）拟设置的老年人活动场地存在哪些不足？□
（A. 场地总面积小　B. 日照不足　C. 通风不良　D. 缺少遮阳　E. 不避风　F. 场地形式单一　G. 铺装场地偏少　H. 缺少休闲健身设备　I. 缺少绿化景观小品　J. 邻近噪声或空气污染源　K. 其他）

（4）拟设置的老年人活动场地存在哪些安全隐患？ □
（A. 地面坑洼不平或有高差　B. 有刺、有毒或致敏性高的植物　C. 有不安全的建筑构件　D. 有不安全的设备　E. 有车辆穿行　F. 其他）

（5）原有室外场地不足时，有哪些拓展场地的条件？ □
（A. 有可改造的上人屋面　B. 有可设置垂直绿化的界面　C. 有可改造的连廊或雨棚等　D. 其他）

评估结果提示：　如果第（1）（2）项的结果为“否”，则说明应对原有用房的室外环境进行优化，其他结果可作为改造设计的依据。

常见问题 01　如何在原有室外场地中确定老年人活动场地的位置?

16.2　社区养老服务设施的老年人活动场地应设置在室外场地中日照充足、没有污染、没有车辆干扰的位置，以便保证老年人室外活动的安全。

16.3　老年人活动场地宜具有一定的围合性，如设置在建筑的内院中，或利用建筑、绿化和小品形成一定的围合感，以便服务人员对老年人进行看护，防止患有认知症的老年人走失（图 16.1）。

16.4　当原有场地存在面积过大、形式单一的问题时，应注意对场地面积较大的活动场地进行功能分区，以便兼顾老年人在室外活动中的集体性和个体性的不同需求，为老年人提供更多的选择。如利用绿化、小品和水面等对场地进行划分，形成有大有小、动静皆宜的不同活动区域，大的区域可供老年人集体活动，小的区域则可供老年人独处或小组交流。

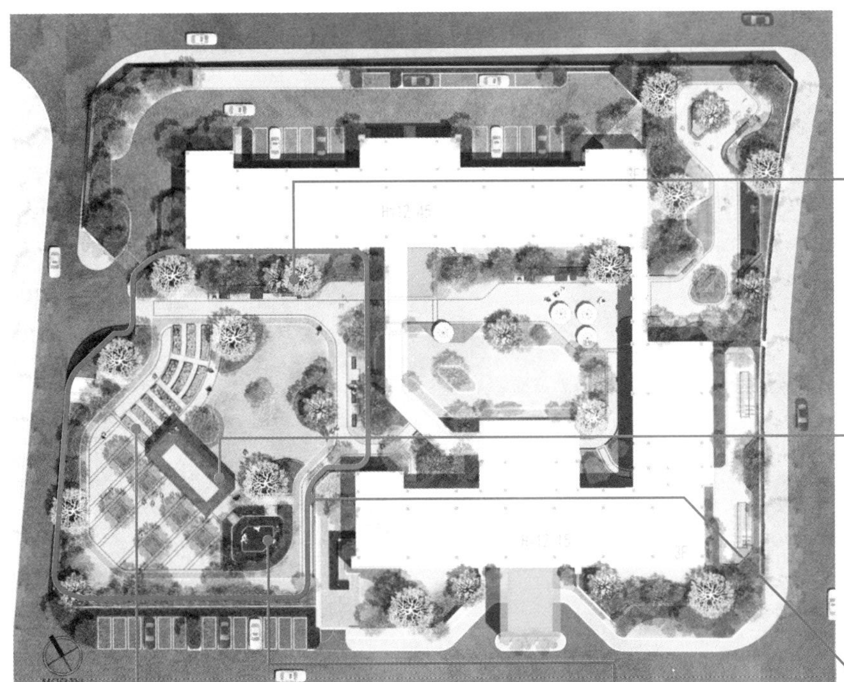

景观区：设置各类花池，下部架空便于轮椅接近

休闲座椅区：设置廊架和座椅，方便老年人观景、聊天

种植区：设置蔬菜、花卉的种植区域，丰富老年人的活动形式

健身器械区：设置适合老年人使用的健身器材

健康步道区：设置环形塑胶走道并配以扶手，方便老年人散步，并可做康复训练

图 16.1　老年人活动场地宜具有一定的围合性，设置丰富的活动区

常见问题 02 如何改造老年人活动场地的环境设计，消除安全隐患?

16.5 既改类设施应针对原有室外场地的具体问题，对拟设置的老年人活动场地进行改造，消除安全隐患：

（1）调整室外交通流线，避免车辆穿行老年人活动场地。

（2）注意地面铺装，采用防滑的材料，并在重点区域增加弹性地面铺装，如在健身器械区、漫步区等处铺设塑胶地面，以防止老年人进行锻炼活动时跌倒摔伤（图 16.2）。[①]

①室外地面应满足《老年人照料设施建筑设计标准》（JGJ 450—2018）的相关要求。

（3）在地面高差处进行无障碍改造，如消除细小高差、增设室外无障碍坡道和升降设备。

（4）根据老年人的人体尺度调整健身器材、景观小品的高度和形式，增强其安全牢固性并设置防护措施，如在健步道处增设扶手，方便老年人行走时进行撑扶；在健身设备周边增设防护栏，避免老年人健身时与他人发生碰撞（图 16.3）。

（5）调整老年人活动场地的植物配置，避免带刺、有毒、致敏性高的植物（图 16.4）。

图 16.2 活动场地铺装防滑地面

图 16.3 增设防护栏

图 16.4 去除带刺、有毒植物

常见问题 03 如何应对原有场地的自然环境缺陷?

16.6 既改类设施应针对原有室外场地的具体问题，对拟设置的老年人活动场地进行改造，提高环境品质：

（1）当原有场地存在日照采光不佳时，拆除或改造影响日照的遮蔽物，改善日照采光条件。

（2）当原有场地存在不避风的问题时，可增设具有挡风作用墙体、小品、绿篱等进行改善。

（3）当项目所在地区存在雨雪较多的问题时，可在老年人活动场地设置雨棚、连廊、阳光房等，方便老年人在雨雪天气使用（图 16.5）。

（4）当项目位于严寒和寒冷地区时，宜增设温室、阳光房等供冬季使用。

图 16.5 设置雨棚、连廊、阳光房供雨雪天气使用

常见问题 04 如何提升老年人活动场地的环境品质和细节设计?

16.7 由于老年人在社区养老服务设施中的室外活动一般以闲坐、晒太阳为主，在既改类设施室外活动场地改造优化中，应增加休闲座椅的配置数量，设置可灵活组合的休闲座椅，方便轮椅人士加入，以更好地满足使用需要（图 16.6）。

16.8 发挥绿化景观的疗愈作用，加强老年人活动场地中植物配置和景观元素的丰富性，营造声、光、触、味、嗅觉俱佳的休闲环境，发挥对老年人康复训练的辅助作用（图 16.7）。

16.9 根据老年人的人体尺度调整景观小品和健身器械的高度，如提高水池、花池下挑空、降低健身器械高度等，方便老年人、特别是轮椅人士使用（图 16.8）。

16.10 利用活动场地设计促进老年人参与集体活动，如将休闲座椅进行适度围合，以便老年人相互交流；再如在休闲座椅附近预留轮椅停留的位置，方便乘坐轮椅的老年人参与交流。

①图 16.8（左）来源:www.archcollege.com。

图 16.6 活动区设置可灵活组合的休闲座椅，方便轮椅人士加入

图 16.7 配置丰富的绿化促进景观疗愈

注意植物的丰富性，在不同季节开花结果，变化色彩，老年人由此感受季节变化，春夏听到鸟语闻到花香，秋冬品尝果实

设低位喷泉，老年人可听到流水声，并用手触摸感受

花池底部挑空，令轮椅人士能够靠近观赏

图 16.8 景观小品应方便轮椅人士使用①

常见问题 05 原有室外场地不足时，应如何拓展老年人活动空间？

16.11 当原有室外场地面积不足时，应挖掘空间潜力扩大老年人活动场地：

（1）当具备屋顶改造条件时，可将原有屋顶改造为可上人屋面，成为老年人活动场地。位于屋顶的老年人活动场地应可无障碍通达，并有防止老年人坠落的安全装置[②]（图 16.9）。

（2）当原有用房具备改造条件时，可将建筑局部挑空或退台，形成室外或半室外的老年人活动场地（图 16.10）。

（3）利用墙面、栅栏、廊架等界面设置绿化种植和健身器械，如结合围墙和栅栏设置垂直绿化和灌溉装置，进行花草种植，拓展景观绿化；再如，利用墙面铺设不同触感的材料，形成辅助老年人触觉训练的触摸墙。

（4）放大外廊和雨棚，形成可遮风雨的半室外休闲区，设置座椅供老年人闲坐、晒太阳和进行交流。还可做可封闭可开启的连廊，在夏季打开进行通风，冬季封闭保温。

②根据《民用建筑设计统一标准》（GB 50352—2019）的要求，上人屋面的栏杆高度不应小于 1.2 m，并有可靠安全措施。

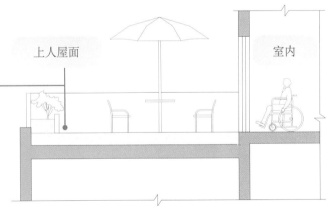

图 16.9 利用建筑屋顶做老年人活动场地

图 16.10 室内外垂直绿化

绿色智能技术保障运营可持续

目标解析：

为了保障社区养老服务设施的可持续发展，在设计阶段应充分考虑服务和运营的需要，结合现代科技的发展趋势，探索绿色、智慧等新技术的应用，降低运营成本，提高管理水平，为老年人提供可持续、稳定的居家养老服务。既改类设施在改造设计中，需完善新技术的应用条件，并为未来技术进步预留一定的发展空间。

17 绿色智能技术保障运营可持续

绿色技术

17.1 社区养老服务设施应采用绿色技术，实现节能环保目标，降低项目运营成本，为老年人提供健康、舒适、低耗、无害可持续的养老服务空间。

17.2 不同项目宜结合具体的建设条件采用以下绿色技术：

（1）保证建筑结构安全性，建筑结构应满足承载力和建筑使用功能要求。建筑外墙、屋面、门窗及外保温等围护结构应满足安全、耐久和防护的相关规定，如阳台、外窗、防护栏等应提升安全防护措施，使用长寿命、耐腐蚀、抗老化、耐久性好的管材、管线、部件。建筑应具有安全防护的警示和引导标识系统。

（2）做好建筑节能设计，对建筑的体形、平面布局、空间尺度、围护结构等进行节能设计，提高建筑的节能水平，降低运营阶段的能耗成本。例如：合理布局建筑朝向，充分利用自然采光和通风；控制建筑体形系数、窗地比，满足相关标准；围护结构采用有效的保温、隔热措施；在天窗、高窗和西晒的部分做好遮阳处理；选用 LED 节能灯具等（图 17.1）。

（3）利用可再生能源，结合项目所在地区的环境特点，充分利用太阳能、风能、水能、地热能等，减少对化石能源的消耗。例如：园林灯和路灯可采用太阳能灯具；结合建筑立面和屋顶宜设置太阳能热水器、光电板；在厨房、卫生间屋顶等处设置无动力风帽；采用地源热泵、水源热泵、空气源热泵等（图 17.2）。

（4）提高建筑节水性能，选用节水型设备，建立雨水回收和中水利用系统，降低运营阶段的水耗成本。例如：选用节水型卫生器具，减少供水能耗；建筑屋面、绿地、道路等其表面铺装选择透水较好的铺装材料；在景观设计中设置雨水收集池或雨水花园；利用中水冲厕、浇灌等。

（5）引入装配式技术，对部分建筑构件和设备部品实行标准化、工业化，提高预制率，减少现场施工污染、节约资源和能源、提高材料利用率。例如：统一老年人卫浴空间的尺寸和布局，采用更加集约的集成式卫浴（图 17.3）；集成式厨房，橱柜一体化，定制胶衣台面，无需排烟道，节省厨房空间；提高适老性，缩短工期，便于清洁，减少对原有用房的破坏。

（6）注重建筑材料的环保性能，例如：采用钢材等可回收材料，降低对环境的影响；采用环保性能好的装饰材料，保障老年人的身体健康。

（7）营造健康舒适空间环境，例如：主要功能房间（就餐区、厨房、卫生间、多功能活动区、专项活动区）应设置独立控制环境调节装置，避免与污染物串通，防止厨房、卫生间的排气倒灌。

17.3　既改类设施改造设计中应结合项目所在地区的气候特点和原有用房的基础条件，选择适宜的绿色技术，并通过各专业的配合和协调，发挥绿色技术的积极作用。

图 17.1　选用 LED 节能灯具

图 17.2　利用可再生能源

图 17.3　采用装配集成式卫浴

智能系统

17.4　社区养老服务设施应采用智慧系统，形成网络管理服务平台，管理各类数据，提高服务水平。智慧系统的服务对象既包括在设施中活动的老年人，还包括在社区里需要上门服务的老年人。

17.5　不同项目宜结合具体的使用需求选配以下针对老年人的智慧系统：

（1）行动安全监控系统，即对老年人在设施中的活动进行实时监控，如通过无线定位和报警系统显示室内外各空间的使用状况，协助确定老年人的行动安全，并在发生安全问题时自动报警（图 17.4）。

（2）特殊照护人群防走失系统，即针对认知症老年人等特殊照料人群的防走失装置，如用可穿戴的定位和检测设备帮助服务人员确定特殊照护人群的所在位置，防止其发生迷路、走失等安全事故（图 17.5）。

（3）安全呼叫系统，即方便老年人在发生紧急状况时呼叫服务人员的装置，如采用穿戴式呼叫器或安装在老年人居室和卫生间等重点空间的固定式呼叫器（按钮），帮助老年人及时通知服务人员并得到救助（图 17.6）。

（4）健康管理系统，即结合物联网、云计算、大数据等信息交互多元化和新应用的照护及健康管理平台，对老年人的健康数据进行采集、分析和管理，以便提供针对性的服务（图 17.7）。

（5）服务管理系统，即结合物联网、云计算、大数据等信息交互多元化和新应用服务管理平台，对社区内老年人的生活需求进行采集，方便运营管理，调动社会资源，为老年人提供设施内和入户的各类服务（图 17.8）。

17.6　配合智慧系统的使用，在既改类设施改造设计中应注意相关软硬件的完善，形成对室内外空间的网络全覆盖，合理配置采集、监控、定位、报警和呼叫等装置，并建设适宜的服务软件平台。

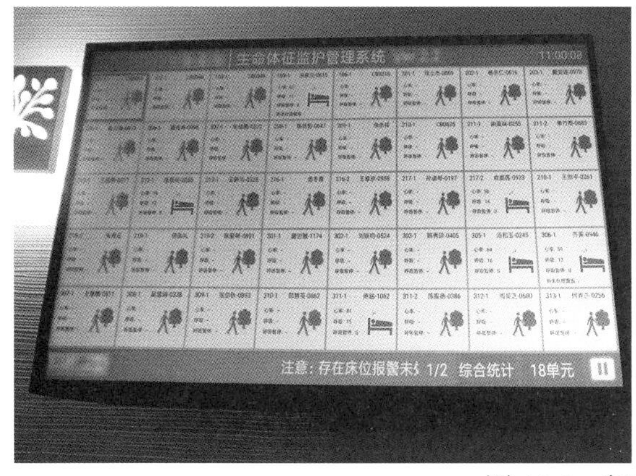

图 17.4　行动安全监控系统

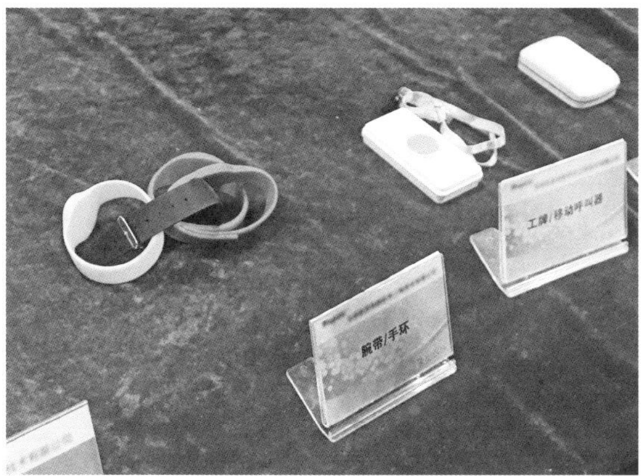

图 17.5　可穿戴设备

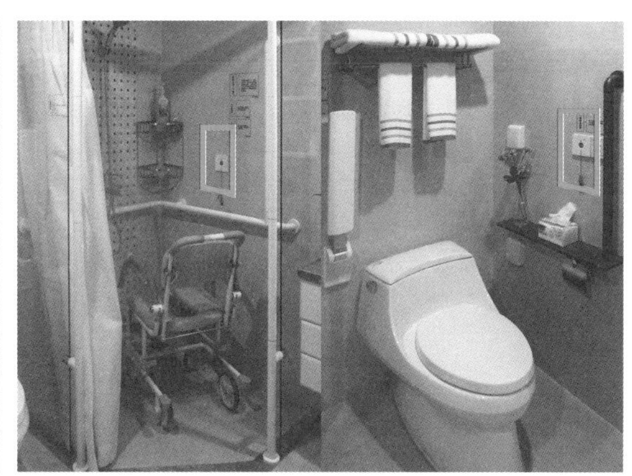

图 17.6　安全呼叫系统

图 17.7　健康管理系统

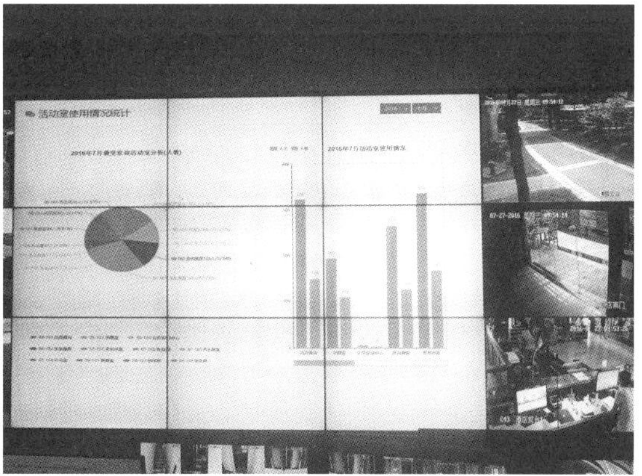

图 17.8　服务管理系统

可弥补空间改造局限的设备

目标解析：

在既改类设施建设中，往往会出现由于原有用房不具备改造条件而难以满足适老化要求的问题，需要本着空间改造设计与家具设备协同的改造设计理念，采用一些特殊的适老化设备加以辅助。

18 可弥补空间改造局限的设备

常见适老设备类型

（1）地面高差处的无障碍升降设备；
（2）细小地面高差消除设备；
（3）适合不同空间条件的安全扶手；
（4）安全的沐浴辅助设备。

18.1 地面高差处的无障碍升降设备（图 18.1）

（1）轮椅升降机

基本描述：一种小型无轿厢、平台式电梯，方便人员站立或乘坐轮椅在高差之间垂直升降。

适用条件：可用于在小于 3 m 的高差处升降；由于体形较小，占用空间小，可有效应对高差处空间不足的局限。

（2）座椅电梯

基本描述：一种安装在楼梯侧面的座椅式电梯，方便人员就座并在高差之间升降。

适用条件：对高差大小没有明确限制，可拐弯转向，适用于在多段楼梯处升降；由于需要在楼梯扶手或墙体处安装轨道，占用楼梯的通行宽度，因此仅用于通行宽度充足处；此外，只能提升人员而非轮椅。

（3）斜挂式平台电梯

基本描述：一种安装在楼梯侧面的平台式电梯，方便乘坐轮椅的人士在高差之间通行。

适用条件：适用于在直行楼梯处升降；由于需要在楼梯扶手或墙体处安装轨道，占用楼梯的通行宽度，因此用于通行宽度充足处。

① 图 18.1 来源：lehner-lifttechnik。

图 18.1 轮椅升降机、座椅电梯、斜挂式平台电梯[①]

18.2　细小地面高差消除设备

段消差（小坡道）（图 18.2）

基本描述：一种安装在地面细小高差处的成品小坡道，能使高差变为一个缓缓的坡度，方便人员、轮椅和室内车辆自由通行，避免老年人被绊倒摔伤。

适用条件：适用于不大于 50 mm 的细小高差、门槛处；为 EVA 材质，防滑耐磨，可切割，安装方便；设计感强，能与居家装饰风格协调。

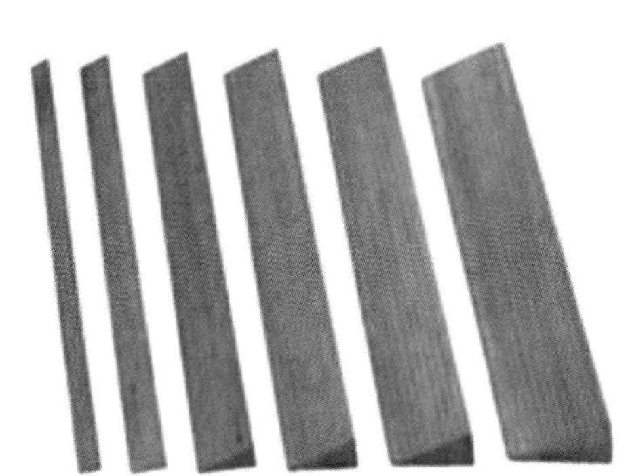

图 18.2　段消差（坡段板）

18.3　适合不同空间条件的安全扶手（图 18.3）

（1）壁装式实木扶手

基本描述：采用实木制作的扶手类型，断面为圆棒形，一侧设置有防滑凹槽，握持稳定性高，表面装饰为防滑高光漆，材质精细。有多种形式（I/L 型），并可根据需要切割组合。

适用条件：常安装在室内墙面上，如走廊、卫生间干区等处，老年人可依扶其站立、转身等，保持身体平衡稳定，降低跌倒、摔倒的风险。一般有多种颜色可供选择，能与居家装饰风格协调。

（2）浴室壁装式树脂扶手

基本描述：采用 ABS/ 尼龙材料制作的扶手类型，内衬部分为优质不锈钢材质，具有环保、抗菌、耐腐蚀、耐火、耐磨等性能，结构精致稳固，有多种形式（I/L 型）。

适用条件：常安装在洗浴空间或潮湿处的墙面上，表面有防滑凸起，满足遇水防滑的需要，老年人可依扶其站立、转身等，保持身体平衡，降低跌倒、摔倒的风险。有多种颜色可供选择。

（3）据置扶手

基本描述：自带底板、不需要固定在墙面上的扶手类型，采用实体钢材作为配重，以便保证扶手的稳固性。有多种形式，如底板设置在扶手一侧的单边据置扶手、底板设置在扶手两侧的中立式据置扶手和底板带凹槽的坐便器据置扶手。扶手有三挡撑扶，适合不同身高的人使用，还可自带夜光条带，以便老年人在夜晚也可方便准确地使用扶手。

适用条件：常用于老年人居室和卫生间且不具备安装壁装式扶手处，底板可插入床下、沙发下或坐便器下，作为床边围挡和助起扶手，方便老年人起坐时撑扶，防止坠床、跌倒。

（4）壁装式折叠扶手

基本描述：设置在卫生间坐便器处的可收折壁装式扶手，有助起和姿态保持功能，可以保障老年人如厕时身体前倾支撑、重心稳定，保持有利的姿态并方便老年人起坐时撑扶助力，防范可能发生的摔倒风险。

适用条件：用于老年人卫生间，由于其可收折，对空间影响较小，可用于空间受限处，表面为耐水防菌树脂，可设置于潮湿空间。由于其有最大承重要求，选用时需注意。

（5）壁装式置物板扶手

基本描述：带置物板的壁装式扶手，由水平置物板和竖直扶手组成，既可方便老年人临时放置手机等小物品，又可保障老年人起坐时撑扶助力，防范可能发生的摔倒风险。

适用条件：常用于老年人卫生间坐便器处，由于其造型更像家庭装修的样式，可更好地突出社区养老服务设施的居家感。

（6）马桶助力架

基本描述：设置在卫生间坐便器处的无固定式扶手，扶手可向上折叠，方便老年人如厕时的姿态保持和起坐时撑扶助力，并不影响其通行。扶手高度可调节，适合不同身高的人使用。

适用条件：用于老年人卫生间坐便器处，适宜宽 750 mm、进深不小于 900 mm 的空间，表面为耐水防菌树脂，可设置于潮湿空间。由于其有最大承重要求，选用时需注意。

（7）电动马桶助力架

基本描述：设置在卫生间坐便器处的可升降式扶手和坐便圈，可电动调节高度，扶手和坐便圈一起升降，帮助老年人减轻起身时的膝部压力，稳固耐用。扶手高度可以分为 2 挡进行调节，每挡的调节间隔距离为 50 mm，适合不同身高的人使用。

适用条件：用于老年人卫生间坐便器处，设计简约、紧凑，可设置在狭小的卫生间中。由于其有最大承重要求，选用时需注意。

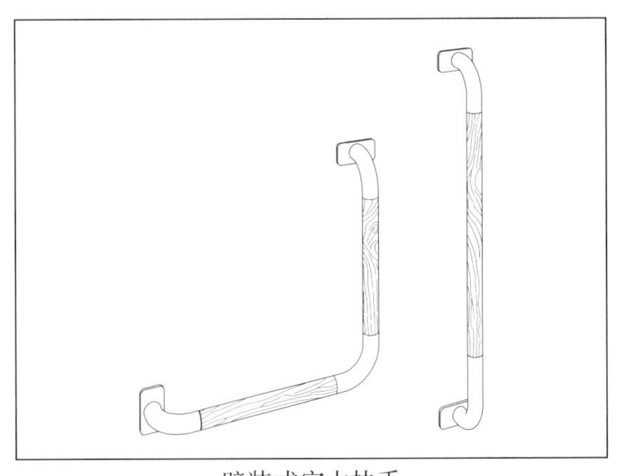

壁装式实木扶手

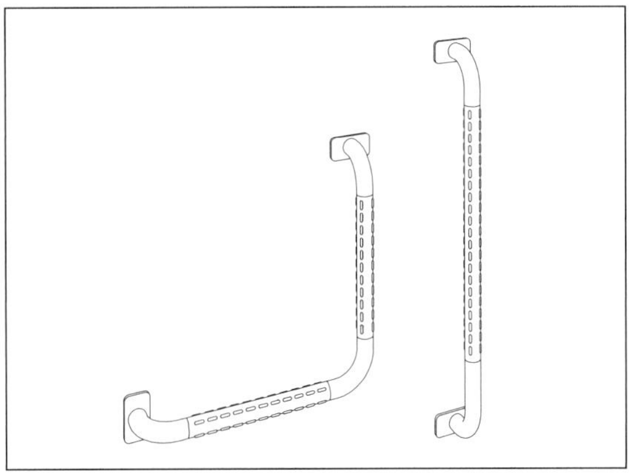

浴室壁装式树脂扶手

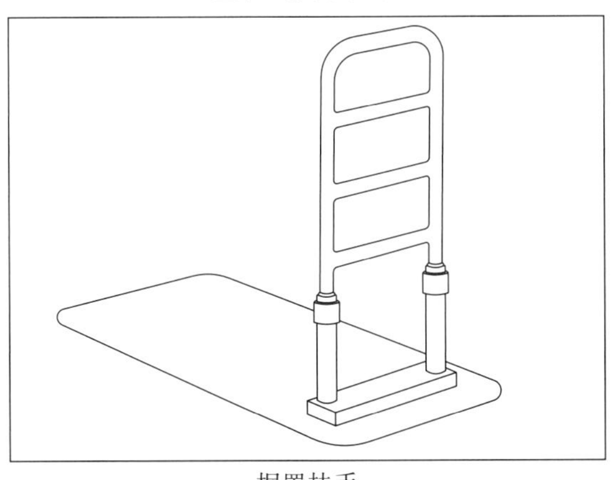

据置扶手

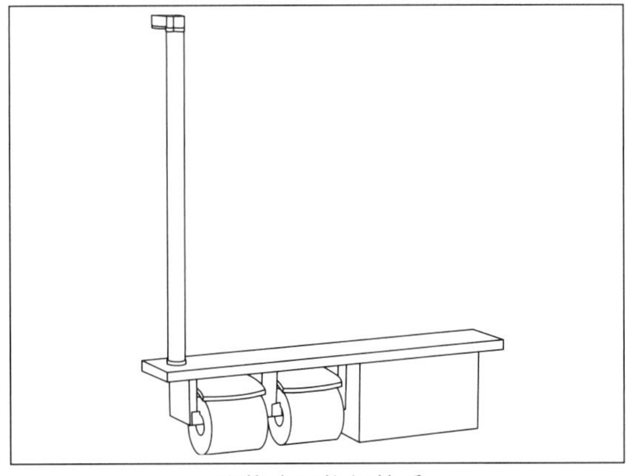

壁装式置物板扶手

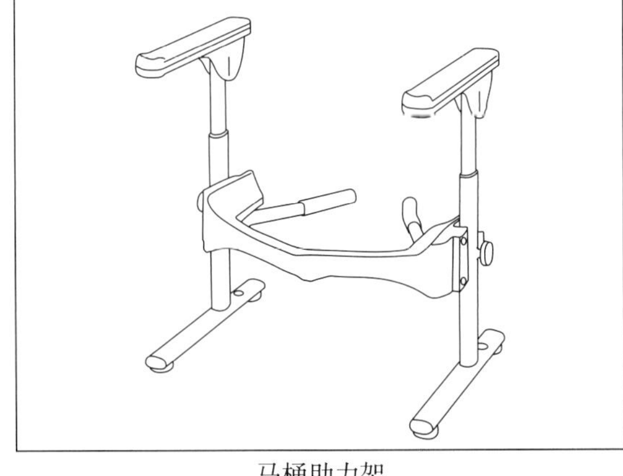

马桶助力架

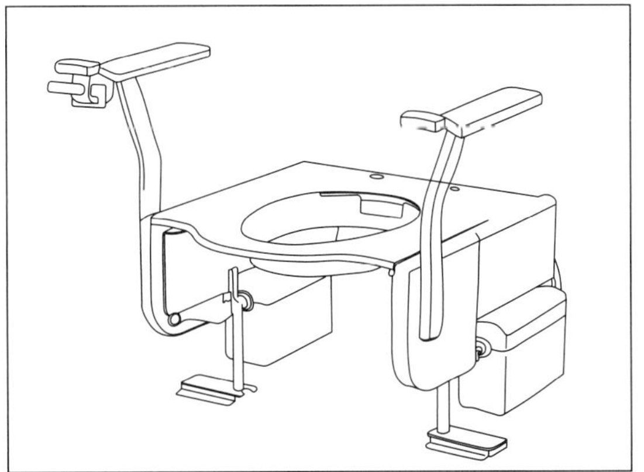

电动马桶助力架

图 18.3　适合不同空间条件的安全扶手

18.4 安全的沐浴辅助设备（图 18.4）

（1）折叠沐浴椅

基本描述：可折叠式的沐浴椅，坐垫和椅背为 EVA 材质，缓解入座时的疼痛和冰冷感，耐水性好。腿的防滑和耐磨性强，安全稳固，可方便拆卸。扶手可掀起，起身入座更方便。
适用条件：用于老年人洗浴空间，可方便老年人坐姿沐浴，椅子的高矮可以调节，适合不同身高的人使用。

（2）U 形凹槽沐浴椅

基本描述：座位处带 U 形凹槽的沐浴椅，坐垫和椅背为 EVA 材质，缓解入座时的疼痛和冰冷感，耐水性好。腿的防滑和耐磨性强，安全稳固，方便拆卸。扶手可掀起，起身入座更方便。
适用条件：用于老年人洗浴空间，可方便老年人坐姿沐浴，U 形凹槽可方便坐着用喷头清洗下身，椅子的高矮可以调节，适合不同身高的人使用。

（3）旋转沐浴椅

基本描述：座位下带有旋转杆的沐浴椅，坐垫和椅背为 EVA 材质，缓解入座时的疼痛和冰冷感，耐水性好。腿的防滑和耐磨性强，安全稳固，方便拆卸。扶手可掀起，起身入座更方便。
适用条件：用于老年人洗浴空间，可方便老年人坐姿沐浴，方便自由调节方向，灵活使用。由于其有最大承重要求，选用时需注意。

（4）如厕沐浴轮椅

基本描述：可用于如厕、沐浴的轮椅，座椅为 U 形，如厕时可直接推至马桶上方如厕，沐浴时方便清洗下身。车架为铝合金材质，防水耐用。座椅高度可以调节、扶手可抬起、扶手前方有支撑，可有效提供支撑保护。脚踏板可翻起也可摘下，方便移乘。
适用条件：用于老年人卫生间和洗浴空间，可方便老年人直接乘坐轮椅如厕和沐浴，使用方便。

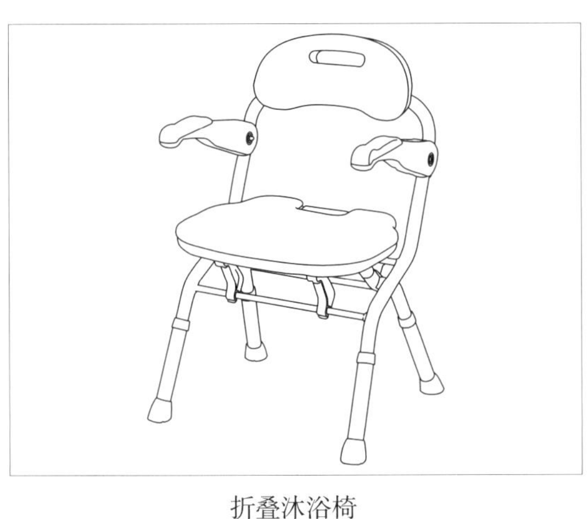

折叠沐浴椅

U 形凹槽沐浴椅

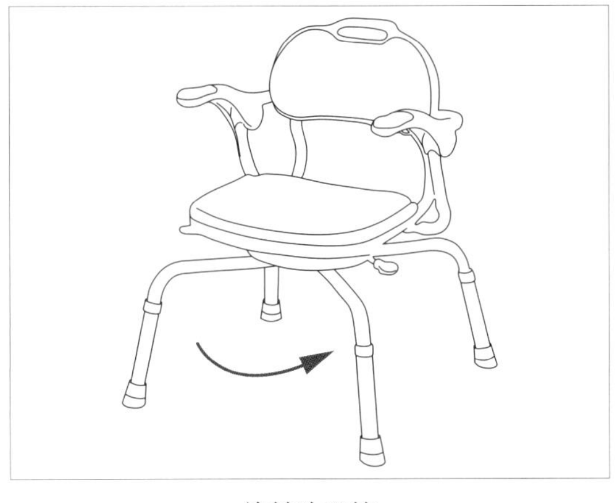

旋转沐浴椅

如厕沐浴轮椅

图 18.4　安全的沐浴辅助设备

改造案例解读

目标解析：

结合北京大栅栏社区养老服务驿站的改造建设，深入解读城市既有社区建筑适老化改造的关键难点，并结合实践经验总结具有针对性的设计策略，为既有建筑改造类社区养老服务设施改造设计提供参考案例。

19 改造案例解读

项目概况

项目名称： 大栅栏社区养老服务驿站

用地位置： 北京市大栅栏街道延寿街 87 号

用地面积： 820 m² **建筑面积：** 1151 m² **建筑层数：** 1~2 层

主要功能： 膳食供应、日间休息、文化娱乐、保健康复、辅具展示、入户服务等

项目位于大栅栏历史街区居民生活配套设施集中的延寿街上，交通位置便利，其主要功能以日间生活照料为主，兼顾对居家老年人的入户服务。项目由一组旧建筑改造而成，原有用房主体功能为菜市场，结构安全度低且周边建筑密集，改造难度较大。在改造过程中，重点从提高建筑安全度、改善室内采光通风条件、植入灵活的活动空间等方面入手，建成后大大提升了当地养老服务水平，深受周边居民好评。[①]（图 19.1~ 图 19.13）

①参见程晓青，张华西，尹思谨. 既有建筑适老化改造的社区实践——北京市大栅栏社区养老服务驿站营建启示 [J]. 建筑学报，2018（8）：62-67。

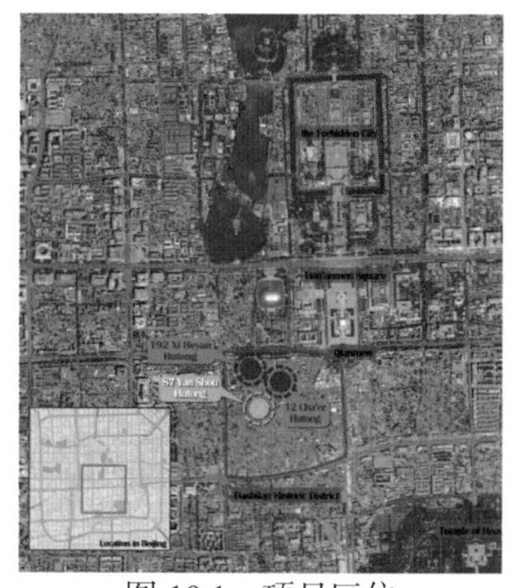

图 19.1 项目区位

改造前评估与策略分析

难点 1：用地面积狭小，难以满足指标
策略 1：挖掘空间潜力，复合利用空间

难点 2：建设环境复杂，不利安全疏散
策略 2：借道多向疏散，巧用现有条件

难点 3：相邻建筑密集，采光通风困难
策略 3：设置内院中庭，改善采光通风

难点 4：空间布局局促，适老化难度大
策略 4：整合多元功能，加强细部设计

难点 5：现状建筑简陋，结构安全度低
策略 5：保证安全为主，保改翻建结合

难点 6：市政基础薄弱，雨污排放困难
策略 6：注重节能环保，采用独立设备

图 19.2 大栅栏社区养老服务驿站改造后外观及主入口

平面改造

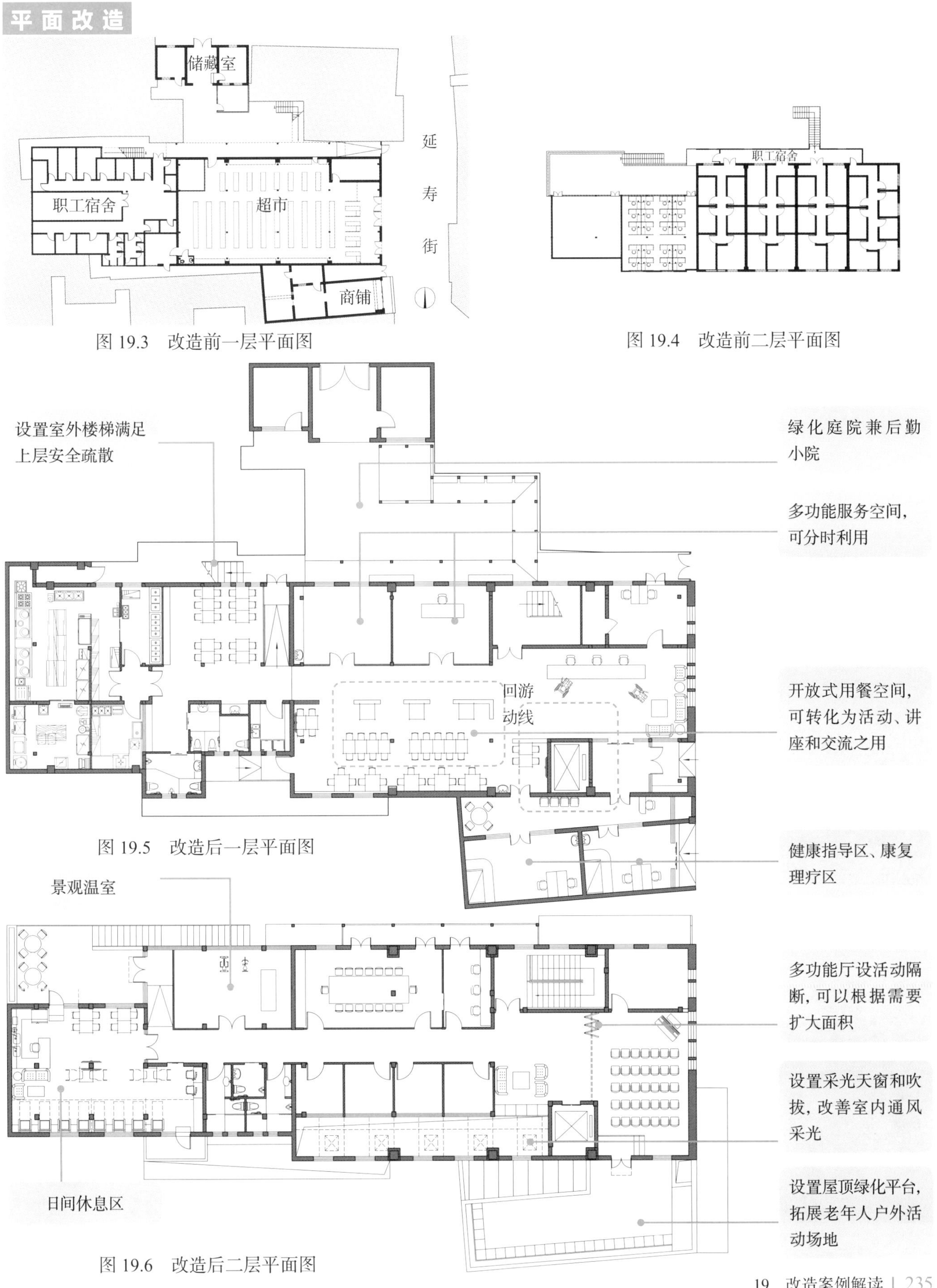

储藏室
职工宿舍
超市
商铺
延
寿
街
职工宿舍
设置室外楼梯满足上层安全疏散
绿化庭院兼后勤小院
多功能服务空间，可分时利用
回游动线
开放式用餐空间，可转化为活动、讲座和交流之用
健康指导区、康复理疗区
景观温室
多功能厅设活动隔断，可以根据需要扩大面积
设置采光天窗和吹拔，改善室内通风采光
设置屋顶绿化平台，拓展老年人户外活动场地
日间休息区

图 19.3　改造前一层平面图

图 19.4　改造前二层平面图

图 19.5　改造后一层平面图

图 19.6　改造后二层平面图

立面改造

图 19.7　改造前立面

图 19.8　改造后立面

结构改造

图 19.9　新旧结构处理

图 19.10　墙体加固

图 19.11　天窗处理

重点空间

图 19.12　改造后项目实景照片

适老化细部

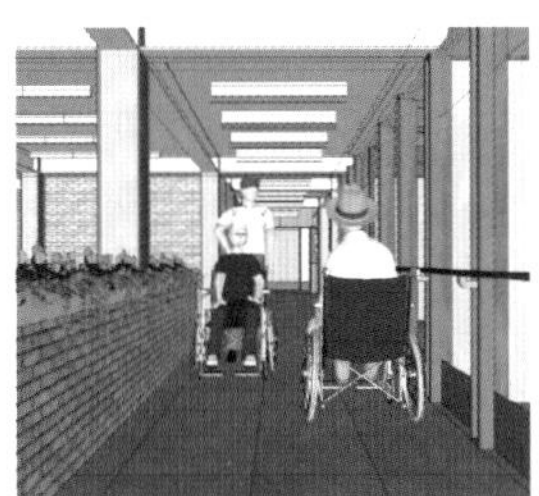

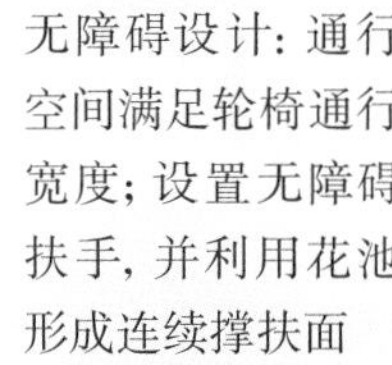

无障碍设计：通行空间满足轮椅通行宽度；设置无障碍扶手，并利用花池形成连续撑扶面

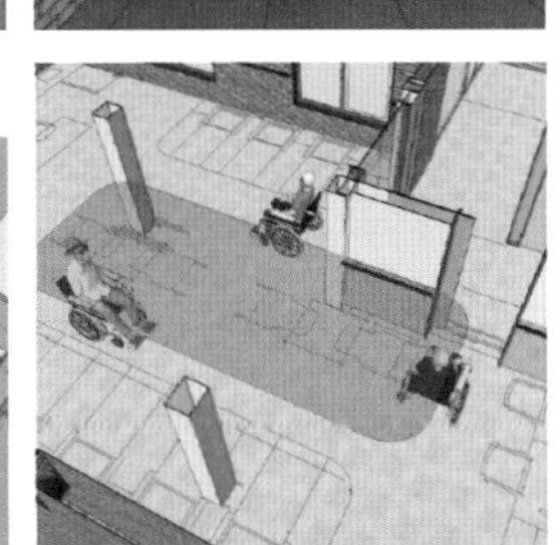

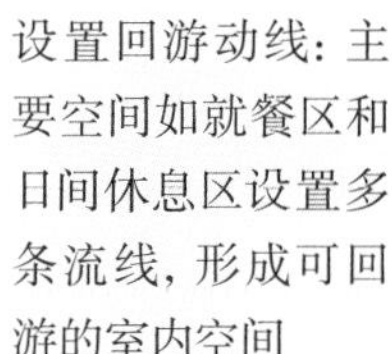

设置回游动线：主要空间如就餐区和日间休息区设置多条流线，形成可回游的室内空间

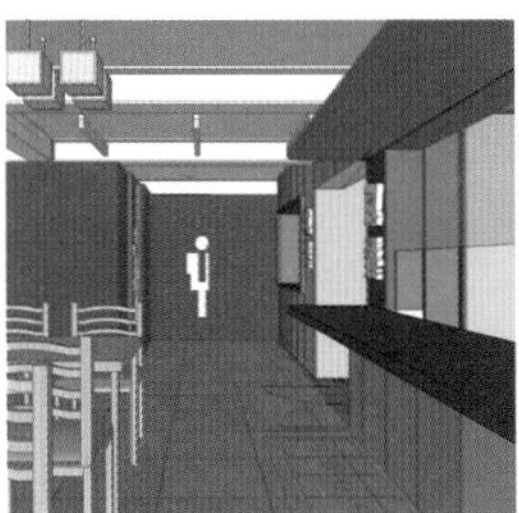

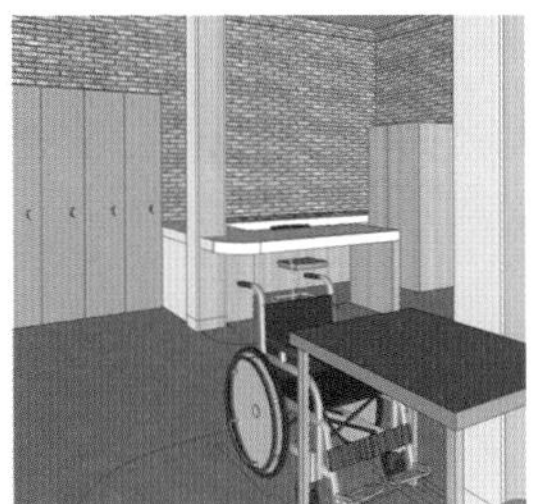

设置色彩分区和标识系统：通过差异化的色彩，划分不同功能区，引导老年人轻松识别与定位

图 19.13　适老化细部设计

后记与致谢

笔者团队涉足老年建筑研究领域 20 年，在社区养老服务设施建筑设计领域广泛开展国内外优秀案例的调查研究，承担了多项国家级和省部级科研课题，承担并参与多项各级标准的编制工作，主持多个项目的建设，积累了丰富的研究素材和宝贵的实践经验。

2017 年，笔者团队参加“十三五”国家重点研发计划项目《既有居住建筑宜居改造及功能提升关键技术》（2017YFC0702900），承担《既有居住建筑适老化宜居改造关键技术研究与示范》（2017YFC0702905）课题中社区养老服务设施改造的相关研究，深入探索城市既有建筑改造类社区养老服务设施的设计方法与关键技术，完成了中国老年学和老年医学学会发布的团体标准《城市既有建筑改造类社区养老服务设施设计导则》（T/LXLY005—2020）。本书正是基于上述科研项目和标准编写而成，与该标准配套使用，力求为既有建筑改造类社区养老服务设施的建设提供技术参考。

在本书付梓之际，感谢为上述研究和标准编制付出心血的所有人！感谢标准编制组各单位的积极配合，包括：清华大学建筑学院、北京清华同衡规划设计研究院有限公司、北京天华北方建筑设计有限公司、北京安馨养老产业投资有限公司、上海志贺建筑设计事务所（普通合伙）、北京道林建筑规划设计咨询有限公司。感谢“十三五”国家重点研发计划项目牵头承担单位中国建筑科学研究院有限公司和课题承担单位中国建筑设计研究院有限公司的大力支持。感谢标准评审委员会专家的悉心指导，包括：北京市民政局李树丛副处长，清华大学周燕珉教授、邵磊教授、程晓喜教授和林婧怡博士，北京建筑大学林文洁教授，北京大学武继磊教授，深圳市银幸现代养老服务有限公司何洪涛总经理，上海瑞福养老服务中心李传福主任，中国健康养老集团有限公司养老产业发展部张婧总经理，北京枫华老年互助资助中心马乃篪理事长，中国标准出版社殷爽副编审，中国老年学和老年医学学会标准化委员会陈首春总干事等。感谢吴艳珊、秦岭、闫佳慧、郑惠元、洪由美、苏程、傅怀颖、朱可人、白琦琦等研究骨干，感谢清华大学出版社张占奎等各位编辑，在你们的辛苦工作与帮助下，本书稿得以顺利呈现。

相信通过致力于养老事业的各位同仁之共同努力，我国的老年宜居环境建设必将拥有长足的进步和美好的未来！

程晓青　尹思谨　李佳楠　左杰

2021 年 6 月